数控设备故障诊断与维修

（第3版）

主　编　蒋洪平　王　蓓　刘彩霞

副主编　钱志芳　宋　浩

北京理工大学出版社

BEIJING INSTITUTE OF TECHNOLOGY PRESS

内 容 简 介

本书系统地介绍了数控机床故障诊断与维修的技术和方法，内容涉及数控机床的各个组成模块和常用检测仪器仪表。全书共分 8 章，分别介绍了数控机床故障诊断与维修基础，数控机床的选购、安装、调试及验收，数控机床机械结构故障诊断与维修，SIEMENS 系统数控机床的基本操作，数控机床电气系统故障诊断与维修，SIEMENS 系统的故障诊断与维修，伺服系统的故障诊断与维修，可编程控制器模块的故障诊断与维修。

本书既可作为职业院校数控技术应用专业、数控设备应用与维护专业、机电一体化专业、机电设备维修专业等的教学用书，也可作为企业培训数控机床维修人员的培训教材及从事数控机床维修工作的工程技术人员的参考用书。

图书在版编目（CIP）数据

数控设备故障诊断与维修/蒋洪平，王蓓，刘彩霞主编. —3 版. —北京：北京理工大学出版社，2018.8（2024.1重印）
ISBN 978 – 7 – 5682 – 6110 – 4

Ⅰ.①数…　Ⅱ.①蒋…②王…③刘…　Ⅲ.①数控机床–故障诊断–高等学校–教材②数控机床–维修–高等学校–教材　Ⅳ.①TG659

中国版本图书馆 CIP 数据核字（2018）第 190435 号

出版发行 / 北京理工大学出版社有限责任公司
社　　址 / 北京市海淀区中关村南大街 5 号
邮　　编 / 100081
电　　话 / （010）68914775（总编室）
　　　　　（010）82562903（教材售后服务热线）
　　　　　（010）68948351（其他图书服务热线）
网　　址 / http：//www.bitpress.com.cn
经　　销 / 全国各地新华书店
印　　刷 / 唐山富达印务有限公司
开　　本 / 787 毫米 × 1092 毫米　1/16
印　　张 / 20.5　　　　　　　　　　　　　　　责任编辑 / 孟雯雯
字　　数 / 481 千字　　　　　　　　　　　　　文案编辑 / 孟雯雯
版　　次 / 2018 年 8 月第 3 版　2024 年 1 月第 6 次印刷　责任校对 / 周瑞红
定　　价 / 59.00 元　　　　　　　　　　　　　责任印制 / 李志强

前 言

随着国内数控机床的日益普及，以及数控系统的不断更新换代，维修理论、技术和手段都发生了巨大的变化，机械制造领域对数控机床维修及应用人才的需求越来越突出。

本书在从事多年机床数控技术应用研究与教学的课程专家和行业专家指导下，以人才培养目标为依据，选择其在数控机床操作使用、诊断维修、设计改造等方面的实际经验编写而成，内容丰富，层次清晰，理论与实践相结合，较全面地介绍了数控机床故障诊断与维修的知识。

全书共分8章，分别介绍了数控机床故障诊断与维修基础，数控机床的选购、安装、调试及验收，数控机床机械结构故障诊断与维修，SIEMENS 系统数控机床的基本操作，数控机床电气系统故障诊断与维修，SIEMENS 系统的故障诊断与维修，伺服系统的故障诊断与维修，可编程控制器模块的故障诊断与维修。

本书以企业真实案例或产品为载体，以技能训练为主线，相关知识为支撑，遵循"必需、够用为度"原则，较好地处理理论教学与技能训练的关系；通过［本章知识点］［先导案例］、知识学习、［知识拓展］［先导案例解决］［生产学习经验］［本章小结］［思考与练习］等形式，引导学生明确学习目标、掌握知识与技能、丰富专业经验、强化策略选择，逐步提高生产中实际问题的发现、分析、解决和反思能力，不断提升职业核心竞争力。

本书既可作为职业院校数控技术应用专业、数控设备应用与维护专业、机电一体化专业、机电设备维修专业等的教学用书，也可作为企业培训数控机床维修人员的培训教材及从事数控机床维修工作的工程技术人员的参考用书。

本书由蒋洪平、王蓓、刘彩霞担任主编，钱志芳、宋浩担任副主编。参加编写的有蒋洪平（第1、6章），刘彩霞（第2、3章），钱志芳（第4章），王蓓（第5、7章），宋浩（第8章）。全书由蒋洪平教授统稿。蒋涵铎、陆纯娜、于爱珠、陆炳光等参与了技术资料收集、整理及部分文字处理工作。

本书在编写过程中参阅了大量有关数控机床故障诊断与维修的资料和教材，在此谨致谢意。

由于编者水平有限，书中难免存在问题和不妥之处，恳请读者批评指正。

编 者

2018 年 6 月

☑ **本门课程对应岗位**：

数控设备故障诊断与维修是数控技术、机电一体化和数控设备应用与维护等专业学生必修的专业核心课程。本课程的任务是使学生获得有关数控机床维修方面的基本知识、基础技能和职业基本素养。课程对应的工作岗位有：

1. 数控设备操作工；

2. 数控设备安装与调试工；

3. 数控设备维护与修理工；

4. 维修电工；

5. 现场生产管理员；

6. 现场设备管理员；

7. 现场工艺技术管理员；

8. 机电产品售后服务员；

☑ **岗位需求知识点**：

1. 数控机床故障诊断与维修的基本概念、基本思路和方法；

2. 数控机床故障诊断常用工具、仪器仪表的工作原理和基本操作要领；

3. 数控机床管理与维护的基本规范；

4. 数控机床选购、安装、调试及验收的基本要求；

5. 数控机床的基本操作；

6. 数控机床机械结构、电气系统、数控系统、伺服系统和可编程控制器（PLC）模块故障发生的原因和处理方法；

7. 故障诊断与维修技术的最新技术发展趋势。

AR 内容资源获取说明

➡扫描二维码即可获取本书 AR 内容资源！

Step1：扫描下方二维码，下载安装"4D 书城"APP；

Step2：打开"4D 书城"APP，点击菜单栏中间的扫码图标，再次扫描二维码下载本

书；Step3：在"书架"上找到本书并打开，即可获取本书 AR 内容资源！

目 录

第1章 数控机床故障诊断与维修基础

本章知识点

1. 数控机床的概念、组成、常用种类和特点；
2. 故障的概念、分类、机理分析和常规处理方法；
3. 数控机床操作维护规程、日常维护、定期维护和检查，数控机床安全生产要求；
4. 修理的概念、种类、组织方法与制度、技术资料和原则；
5. 数控机床故障诊断常用工具和仪器仪表；
6. 可靠性的概念和主要衡量指标；
7. 数控机床管理的意义和要求，数控机床的初期管理和使用要求；
8. TPM、5W1H 工作法和车间 5S 管理的基本知识。

先导案例

机床行业知名专家恩宝贵（原机械工业部机床司副总工程师）曾说过："目前国内机床产品在性能上与国际知名品牌的性能相差不大，为什么得不到客户的认可呢，关键在于可靠性。"那么什么是可靠性？它的衡量指标又有哪些呢？

1.1 数控机床概述

1.1.1 数控机床的定义

数控机床是由计算机控制的机电液一体化的精密加工设备。

国际信息处理联盟（IFIP）第五技术委员会对数控机床的定义是：数控机床是一个装有程序控制系统的机床。该系统能够逻辑地处理具有使用号码，或其他符号编码指令规定的程序。这里所说的程序控制系统，通常称作数控系统。

1.1.2 数控机床的组成

数控机床的组成框图如图 1-1 所示。

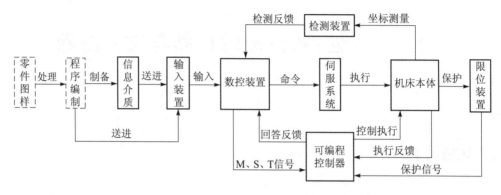

图 1-1 数控机床的组成框图

数控机床主要由三大部分组成，除了机床本体外，还包括数控机床特有的两部分，即对数控机床进行指挥、控制的数控装置和驱动机床执行机构实施运动的伺服系统。

1.1.3 常用数控金属切削机床

1. 普通数控机床

普通数控机床是与传统的普通机床工艺可行性相似的各种数控机床的统称。图 1-2 是数控车床，图 1-3 是数控铣床。

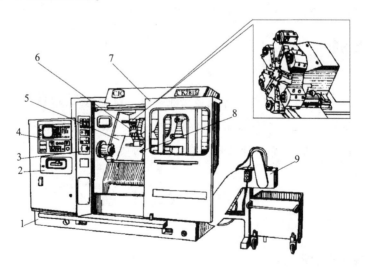

图 1-2 数控车床

1—床身；2—光电读带机；3—机床操作台；4—系统操作面板；
5—倾斜60°导轨；6—刀盘；7—防护门；8—尾座；9—排屑装置

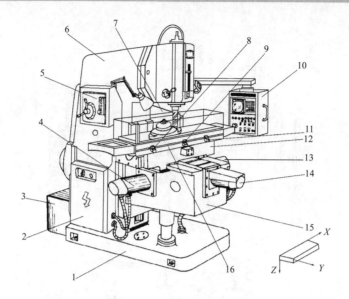

图1-3 数控铣床

1—底座；2—强电柜；3—变压器箱；4—升降进给伺服电动机；5—主轴变速手柄和按钮板；6—床身立柱；

7—数控柜；8，11—纵向行程限位保护开关；9—纵向参考点设定挡块；10—操纵台；12—横向溜板；

13—纵向进给伺服电动机；14—横向进给伺服电动机；15—升降台；16—纵向工作台

2. 加工中心

数控加工中心机床简称加工中心（即 MC），是带有刀库和自动换刀装置，并具有多种工艺手段的数控机床。

如图1-4所示是卧式加工中心，图1-5所示是立式加工中心。

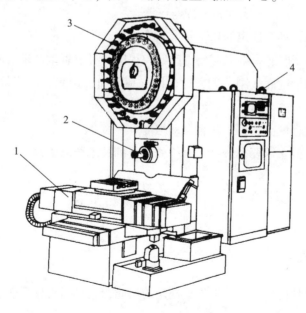

图1-4 卧式加工中心

1—工作台；2—主轴；3—刀库；4—数控柜

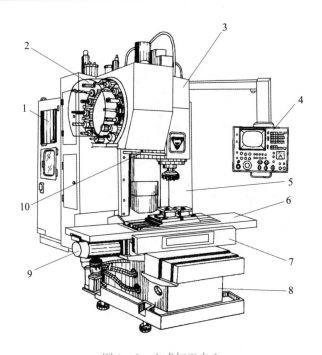

图1-5　立式加工中心

1—数控柜；2—刀库；3—主轴箱；4—操纵台；5—驱动电源柜；

6—纵向工作台；7—滑座；8—床身；9—X轴进给伺服电动机；10—换刀机械手

1.1.4　数控机床的特点

与普通机床相比，数控机床有如下特点：

（1）加工精度高，具有稳定的加工质量。

（2）加工零件改变时，一般只需要更改数控程序，可节省生产准备时间。

（3）机床本身的精度高、刚性大，可选择有利的加工用量，生产效率高（一般为普通机床的 3~5 倍）。

（4）机床自动化程度高，可以减轻劳动强度。

（5）对操作人员的素质要求较高，对维修人员的技术要求更高。

1.2　数控机床的故障

1.2.1　故障的概念

数控机床的故障是指数控机床丧失了规定的功能，它包括机械系统、数控系统和伺服系统等方面的故障。

数控机床是高度机电一体化的设备，它与传统的机械设备相比，内容上虽然也包括机械、电气、液压与气动方面的故障，但数控机床的故障诊断和维修侧重于电子系统、机械、气动乃至光学等方面装置的交接点上。由于数控系统种类繁多，结构各异，形式多变，给测试和监控带来了许多困难。

1.2.2 故障的分类

数控设备的故障是多种多样的，可以从不同角度对其进行分类。

1. 按起因分

从故障起因的相关性来看，数控机床的故障可分为关联性故障和非关联性故障。非关联性故障是指与数控系统本身的结构和制造无关的故障，故障的发生是由如运输、安装、撞击等外部因素人为造成的。关联性故障是指由于数控系统设计、结构或性能等缺陷造成的故障。关联性故障又可分为系统性故障和随机性故障。系统性故障是指系统一旦满足某种条件，如温度、振动等条件，就出现故障。随机性故障是指系统在完全相同的外界条件下，故障有时发生或不发生的情况。一般随机性故障存在着较大的偶然性，给故障的诊断和排除带来了较大的困难。

2. 按发生状态分

从故障发生的过程来看，数控机床的故障又分为突然故障和渐变故障。突然故障是指数控机床在正常使用的过程中，事先并无任何故障征兆而突然出现的故障。如因机器使用不当或出现超负荷而引起的零件折断；因设备各项参数达到极限而引起的零件变形和断裂等。渐变故障是指数控机床在发生故障前的某一时期内，已经出现故障的征兆，但此时（或在消除系统报警后）数控机床还能够正常使用，并不影响加工出的产品质量。渐变故障与机器构件材料的磨损、腐蚀、疲劳及蠕变等过程有密切的关系。

数控机床在使用过程中，由于相对运动产生摩擦，运动表面互相刮削、研磨，加上化学物质的侵蚀，造成零件的磨损。磨损过程大致分为下述 3 个阶段，如图 1−6 所示。

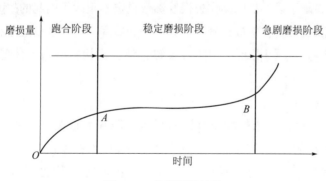

图 1−6 典型磨损过程

（1）初期磨损阶段

主要特征是摩擦表面的凸峰、氧化皮、脱炭层很快被磨去，使摩擦表面更加贴合，多发生于新机床启用初期。这一过程时间不长，而且对数控机床有益，通常称为"跑合"，如图 1−6 中的 *OA* 段。

（2）稳定磨损阶段

由于跑合，使运动表面工作在耐磨层，而且相互贴合，接触面积增加，单位接触面上的应力减小，因而磨损增加缓慢，可以持续很长时间，如图 1-17 中的 AB 段。

（3）急剧磨损阶段

当磨损逐渐积累，使零件表面抗磨层被磨耗超过极限程度，磨损速率急剧上升，理论上将正常磨损的终点 B 作为合理磨损的极限。

根据磨损规律，数控机床的修理应安排在稳定磨损终点 B 为宜，既充分利用原零件的性能，又防止急剧磨损出现，也可稍有提前，以预防急剧磨损，但不可拖后，若使机器带病工作，势必带来更大的损坏，造成不必要的经济损失。

3. 按影响程度分

从故障的影响程度来看，数控机床的故障分为完全失效故障和部分失效故障。完全失效故障是指数控机床出现故障后，不能再正常进行加工工件，只有等到故障排除后，才能让数控机床恢复正常工作的故障。部分失效故障是指数控机床丧失了某种或部分系统功能，而数控机床在不使用该部分功能的情况下，仍然能够正常加工工件的故障。

4. 按性质分

从故障出现的严重程度来看，数控机床的故障可分为危险性故障和安全性故障。危险性故障是指数控系统发生故障时，机床安全保护系统在需要动作时因故障失去保护作用，可能会造成人身伤亡或机床故障。安全性故障是指机床安全保护系统在不需要动作时发生动作，使得机床不能启动。

5. 按软硬件不同分

从故障发生的软硬件来看，数控机床的故障可分为软件故障和硬件故障两种。其中，软件故障是指由程序编制错误、机床操作失误、参数设定不正确等引起的故障。软件故障可通过认真阅读，理解随机资料，掌握正确的操作方法和编程方法来予以避免和消除。硬件故障是指由 CNC 电子元器件、润滑系统、换刀系统、限位机构、机床本体等硬件因素造成的故障。

6. 按诊断方式分

按诊断方式分，数控机床的故障有诊断显示故障和无诊断显示故障两种。现代数控系统大多都有较丰富的自诊断功能，如日本的 FANUC 数控系统、德国的 SIEMENS 数控系统等，报警号有数百条，所配置可编程控制装置报警参数也有数十条乃至上百条，当出现故障时自动显示报警号。维修人员利用这些报警号，较易找到故障所在。而在无诊断显示时，机床在某一个位置不动，不能循环进行下去，甚至用手动强行操作也无济于事。由于没有报警显示，维修人员只能根据故障出现前后的现象来判断，因此故障排除的难度较大。

1.2.3　故障的机理分析

故障机理是指诱发零件、部件、系统发生故障的物理、化学、电学与机械学过程，也可以说是形成故障的原因。故障机理还可以表述为数控机床的某种故障在达到表面化之前，其内部的演变过程及其因果关系。在研究故障机理时，需要考察的基本因素至少有3个。

1. 对象

指故障件本身的内部状态与结构对故障的诱发作用，即内因的作用，如机床的功能、特性、强度、内部应力、内部缺陷、设计方法、安全系数、安装条件等。

2. 原因

能引起设备与系统发生故障的破坏因素，如动作应力（质量、电流、电压、辐射能等）、环境应力（温度、湿度、放射线、日照等）、人为的失误（误操作、装配错误、调整错误等）以及时间的因素（环境随时间的变化、负荷周期、时间的推移）等故障诱因。

3. 结果

产生的异常状态，或者说基本因素2作用基本因素1的结果。基本因素1的状态超过某种界限，就发生故障而作为故障模式，即基本因素3。

故障机理可表示为

基本因素 1 （对象的状态内因）	+	基本因素 2 （外因、诱因）	=	基本因素 3 （作为结果的故障模式）

一般说来，故障模式反映故障机理的差别。但是，故障模式相同，其故障机理不一定相同；同一故障机理，也可能出现不同的故障模式。

故障的发生受空间、时间、设备（故障件）的内部和外界多方面因素的影响，有的是一种因素起主导作用，有的是多种因素综合起作用。为了弄清故障是怎样发生的，必须弄清各种直接和间接引发故障产生的因素及其所起的作用。

例如，图1-7为数控机床常用的一种空气开关，在使用中有多种原因可能造成接触功能失效，从而导致机床停机。图1-8表示了故障原因、故障机理和故障模式。

图1-7　数控机床常用的一种空气开关

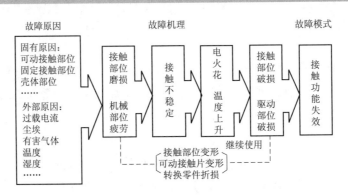

图 1-8　导致开关接触功能失效的过程

1.2.4　故障产生的规律

与一般设备相同，数控机床的故障率随时间变化的规律可用图 1-9 所示的浴盆曲线（也称失效率曲线）表示。整个使用寿命期，根据数控机床的故障频率大致分为 3 个阶段，即早期故障期、偶发故障期和耗损故障期。

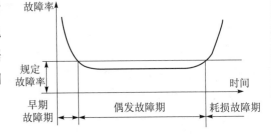

图 1-9　数控机床故障规律（浴盆曲线）

1. 早期故障期

早期故障期数控机床故障率高，但随着使用时间的增加迅速下降。这段时间的长短，随产品、系统的设计与制造质量而异，约为 10 个月。数控机床使用初期之所以故障频繁，原因大致如下。

（1）机械部分

机床虽然在出厂前进行过磨合，但时间较短，而且主要是对主轴和导轨进行磨合。由于零件的加工表面存在着微观的和宏观的几何形状偏差，部件的装配可能存在误差，因而，在机床使用初期会产生较大的磨合磨损，使设备相对运动部件之间产生较大的间隙，导致故障的发生。

（2）电气部分

数控机床的控制系统使用了大量的电子元器件，这些元器件虽然在制造厂经过了严格的筛选和整机拷机处理，但在实际运行时，由于电路的发热，交变负荷、浪涌电流及反电势的冲击，性能较差的某些元器件经不住考验，因电流冲击或电压击穿而失效，或特性曲线发生变化，从而导致整个系统不能正常工作。

（3）液压部分

由于出厂后运输及安装阶段的时间较长，使得液压系统中某些部位长时间无油，汽缸中润滑油干涸，而油雾润滑又不可能立即起作用，造成油缸或汽缸可能产生锈蚀。此外，新安装的空气管道若清洗不干净，一些杂物和水分也可能进入系统，造成液压气动部分的初期故障。

2. 偶发故障期

数控机床在经历了初期的各种老化、磨合和调整后，开始进入相对稳定的偶发故障期——正常运行期。正常运行期约为 10 年。在这个阶段，故障率低而且相对稳定，近似常数。偶发故障是由于偶然因素引起的。

3. 耗损故障期

耗损故障期出现在数控机床使用的后期，其特点是故障率随着运行时间的增加而升高。出现这种现象的基本原因是数控机床的零部件及电子元器件经过长时间的运行，由于疲劳、磨损、老化等原因，使用寿命已接近完结，从而处于频发故障状态。

1.2.5 故障的常规处理

当数控机床发生故障时，操作人员应采取紧急措施，停止运行，保护现场。如果操作人员不能及时排除故障，除应及时通告维修人员外，还应对故障做如下详细记录。

1. 故障的种类

1）机床处于何种运行方式（纸带方式、手动数据输入方式、存储器方式、点动操作方式、编辑方式、手轮操作方式等）？

2）数控系统状态显示的内容是什么？

3）定位误差超差情况如何？

4）刀具运动轨迹误差状态以及出现误差时的速度是否正常？

5）显示器上有报警吗？报警号是什么？

2. 故障出现情况

1）故障何时发生，一共发生了几次？此时旁边其他机床工作正常吗？

2）加工同类工件时，出现的概率如何？

3）故障是否与进给速度、换刀方式或螺纹切削有关？

4）故障出现在哪段程序上？

5）如果故障为非破坏性的，则将引起故障的程序段重复执行多次，观察故障的重复性。

6）将程序段的编程值与系统内的实际数值进行比较，看两者是否有差异，是否是程序输入错误？

7）重复出现的故障是否与外界因素有关？

3. 机床操作及运转情况

1）经过什么操作之后才发生故障？操作是否有误？

2）机床的操作方式正确吗？

3）机床调整状况如何？间隙补偿是否合适？

4）机床在运转过程中是否发生振动？

5）所用刀具的切削刃是否正常？

6）换刀时是否设置了偏移量？

4. 环境状况

1）周围环境温度如何？是否有强烈的振源？系统是否受到阳光的直射？

2）切削液、润滑油是否飞溅到了系统柜里？

3）电源电压是否有波动？电压值是多少？

4）近处是否存在干扰源？

5）系统是否处于报警状态？

6）机床操作面板上的倍率开关是否设定为"0"？

7）机床是否处于锁住状态？

8）系统是否处于急停状态？

9）熔丝是否烧断？

10）方式选择开关设定是否正确？进给保持按钮是否按下去了？

5. 机床和系统之间的接线情况

1）电缆是否完整无损？特别是在拐弯处是否有破裂、损坏？

2）交流电源线和系统内部电缆是否分开安装？

3）电源线、信号线是否分开布线？

4）信号屏蔽线接地是否正确？

5）继电器、电磁铁以及电动机等电磁部件是否装有噪声抑制器？

6. 有关穿孔纸带的检查

1）纸带阅读机开关是否正确？

2）有关纸带操作的设定是否正确？纸带安装是否正确？

3）纸带是否折、皱和存有污物？孔有无破损？

4）纸带的连接处是否完好？

7. 程序检查

1）是新编程序吗？检查程序的正确性。

2）故障是否发生在某一特定的程序段？

3）程序内是否包含有增量指令？刀具补偿的设定是否正确？

4）程序是否提前终了或中断？

1.3　数控机床的维护

1.3.1　数控机床操作维护规程

数控机床操作维护规程是指导操作人员正确使用和维护设备的技术性规范，每个操作人员必须严格遵守，以保证数控机床正常运行，减少故障，防止事故发生。

1. 数控机床操作维护规程的制定原则

1）一般应按数控机床操作顺序及班前、中、后的注意事项分列，力求内容精炼、简明、适用，属于"三好"、"四会"的项目，不再列入。

2）按照数控机床类别将结构特点、加工范围、操作注意事项、维护要求等分别列出，便于操作人员掌握要点，贯彻执行。

3）各类数控机床具有共性的内容，可编制统一的通用规程。

4）重点设备、高精度、大重型及稀有的关键数控机床，必须单独编制操作维护规程，并用醒目的标志牌张贴显示在机床附近，要求操作人员特别注意，严格遵守。

2. 操作维护规程的基本内容

1）班前清理工作场地，按日常检查卡规定项目检查各操作手柄、控制装置是否处于停机位置，安全防护装置是否完整牢靠，查看电源是否正常，并做好点检记录。

2）查看润滑、液压装置的油质、油量，按润滑图表规定加油，保持油液清洁，油路畅通，润滑良好。

3）确认各部分正常无误后，方可空车启动设备。先空车低速运转 3~5 min，查看各部分是否运转正常，润滑良好后方可进行工作。不得超负荷、超规范使用。

4）工件必须装卡牢固，禁止在机床上敲击工件。

5）合理调整行程挡块，要求定位正确紧固。

6）操纵变速装置必须切实转换到固定位置，使其啮合正常，停机变速时不得用反车制动变速。

7）数控机床运转中要经常注意各部位的情况，如有异常应立即停机处理。

8）测量工件、更换工装、拆卸工件都必须停机进行。离开机床时必须切断电源。

9）数控机床的基准面、导轨、滑动面要注意保护，保持清洁，防止损伤。

10）经常保持润滑及液压系统清洁。盖好箱盖，不允许有水、灰尘、铁屑等污物进入油箱及电器装置。

11）工作完毕和下班前应清扫机床设备，保持清洁，将操作手柄、按钮等置于非工作位置，切断电源，办好交接班手续。

各类数控机床在制定操作维护规程时，除上述基本内容外，还应针对各机床本身的特点、操作方法、安全要求、特殊注意事项等列出具体要求，便于操作人员遵照执行，操作人员应熟悉这些具体要求。

1.3.2 数控机床的日常维护

数控机床日常维护包括每班维护和周末维护，由操作人员负责。

1. 每班维护（每班保养）

班前要对设备进行点检，查看有无异状，检查油箱及润滑装置的油质、油量，并按润滑图表规定加油，检查安全装置及电源等是否良好，确认无误后，先空车运转待润滑情况及各部分运转正常后方可工作。设备运行中要严格遵守操作规程，注意观察运转情况，发现异常立即停机处理，对不能自己排除的故障应填写设备故障请修单交维修部检修，修理完毕由操作人员验收签字，修理人员在请修单上记录检修及换件情况，交车间机械员统计分析，掌握故障动态。下班前用约 15 min 时间清扫和擦拭设备，切断电源，在设备滑动导轨部位涂油，清理工作场地，保持设备整洁。

2. 周末维护（周末保养）

在每周末和节假日前，用 1~2 h 较彻底地清洗设备，清除油污，达到维护的"四项"要求，并由机械员（师）组织维修组检查、评分考核，公布评分结果。

1.3.3 数控机床的定期维护

数控机床定期维护（定期保养）是在维修人员辅导配合下，由操作人员进行的定期维修作业，按设备管理部门的计划执行。在维护作业中发现的故障隐患，一般由操作人员自行调整，不能自行调整的则以维修人员为主，操作人员配合，并按规定做好记录报送机械员（师）登记转设备管理部门存查。设备定期维护后要由机械员（师）组织维修组逐台验收，设备管理部门抽查，以作为对车间执行计划的考核。数控机床定期维护的主要内容有如下几个方面。

1. 每月维护

1）真空清扫控制柜内部；

2）检查、清洗或更换通风系统的空气滤清器；

3）检查全部按钮和指示灯是否正常；

4）检查全部电磁铁和限位开关是否正常；

5）检查并紧固全部电缆接头，并查看有无腐蚀、破损；

6）全面查看安全防护设施是否完整牢固。

2. 每两月维护

1）检查并紧固液压管路接头；

2）查看电源电压是否正常，有无缺相和接地不良；

3）检查全部电动机，按要求更换电刷；

4）液压电动机是否有渗漏，按要求更换油封；

5）开动液压系统，打开放气阀，排出油缸和管路中的空气；

6）检查联轴节、带轮和带是否松动和磨损；

7）清洗或更换滑块和导轨的防护毡垫。

3. 每季维护

1）清洗冷却液箱，更换冷却液；

2）清洗或更换液压系统的滤油器及伺服控制系统的滤油器；

3）清洗主轴齿轮箱，重新注入新润滑油；

4）检查连锁装置、定时器和开关是否正常运行；

5）检查继电器接触压力是否合适，根据需要清洗和调整触点；

6）检查齿轮箱和传动部件的工作间隙是否合适。

4. 每半年维护

1）抽取液压油液化验，根据化验结果，对液压油箱进行清洗换油，疏通油路，清洗或更换滤油器；

2）检查机床工作台水平，全部锁紧螺钉及调整垫铁是否锁紧，并按要求调整水平；

3）检查镶条、滑块的调整机构，调整间隙；

4）检查并调整全部传动丝杠负荷，清洗滚动丝杠并涂新油；

5）拆卸、清扫电动机，加注润滑油脂，检查电动机轴承，酌情予以更换；

6）检查、清洗并重新装好机械式联轴节；

7）检查、清洗和调整平衡系统，视情况更换钢缆或链条；

8）清扫电气柜、数控柜及电路板，更换维持 RAM 内容的失效电池。

要经常维护机床各导轨及滑动面的清洁，防止拉伤和研伤，经常检查换刀机械手及刀库的运行情况和定位情况。

1.3.4 数控机床的检查

数控机床的检查是及时掌握数控机床技术状况的有效手段。对数控机床进行精度、性能及磨损情况的检查，能了解数控机床运行的技术状态，及早发现故障征兆和性能隐患，使故障及时得到排除，防止突发故障和事故。因此，它是保证数控机床正常运行的一项重要工作，是维修活动的重要信息源，是做好修理准备并安排好修理计划的基础。

1. 日常检查

日常检查是一项由操作人员和维修人员每天执行的例行维护工作中的一项主要工作，其目的是及时发现数控机床运行的不正常情况，并予以排除。检查手段是利用人的感官、简单的工具或装在设备上的仪表和信号标志，如压力、温度、电压、电流的检测仪表和油标等。在检查时间上，班内在数控机床运行中对数控机床运行状况进行随机检查，在交接班时，由交接双方按交接规定内容共同进行。

日常点检是日常检查的一种好方法。所谓点检是指，为了维持数控机床规定的机能，按照标准要求（通常是利用点检卡）对数控机床的某些指定部位，通过人的感觉器官（目视、手触、问诊、听声、嗅诊）和检测仪器，进行有无异状的检查，使各部分的不正常现象能够及早发现。点检的作用如下。

1）能早期发现数控机床的隐患和劣化程度，以便采取有效措施及时加以消除，避免因突发故障而影响产量和质量，增加维修费用，缩短机床寿命，影响安全卫生。

2）可以减少故障重复出现，提高开动率。

3）可以使操作人员交接班内容具体化、格式化，易于执行。

4）可以对单台数控机床的运转情况积累资料，便于分析、摸索维修规律。

因此点检是一项非常重要的工作，它是数控机床管理重要的基础工作，是编制维修计划的重要依据。

表1-1为某加工中心的维护点检表。

表1-1 加工中心维护点检表

序号	检查周期	检查部位	检查要求
1	每天	导轨润滑油箱	检查油标、油量，及时添加润滑油，润滑泵能定时启动泵油及停止
2	每天	X、Y、Z轴向导轨面	清除切屑及脏物，检查润滑是否充分，检查导轨面有无划伤、损坏
3	每天	压缩空气气源压力	检查气动控制系统压力是否在正常范围
4	每天	气源自动分水滤气器和自动空气干燥器	及时清理分水滤气器中滤出的水分，保证自动空气干燥器工作正常
5	每天	气液转换器和增压器油面	发现油面不够时，及时补足油
6	每天	主轴润滑恒温油箱	工作正常，油量充足，调节温度范围
7	每天	机床液压系统	油箱、液压泵无异常噪声，压力表指示正常，管路及各接头无泄漏，工作油面高度正常
8	每天	液压平衡系统	平衡压力指示正常，快速移动时平衡阀工作正常
9	每天	CNC的输入/输出单元	光电阅读机清洁，机械结构润滑良好
10	每天	各种电气柜散热通风装置	各电气柜冷却风扇工作正常，风道过滤网无堵塞
11	每天	各种防护装置	导轨、机床防护罩等应无松动、泄漏
12	每半年	滚珠丝杠	清洗丝杠上旧的润滑脂，涂上新油脂
13	每半年	液压油路	清洗溢流阀、减压阀、滤油器，清洗油箱箱底，更换或过滤液压油
14	每半年	主轴润滑恒温油箱	清洗过滤器，更换润滑脂
15	每年	检查并更换直流伺服电动机炭刷	检查换向器表面，吹净炭粉，去除毛刺，更换长度过短的电刷，并应跑合后才能使用
16	每年	润滑液压泵、滤油器清洗	清理润滑油池底，更换滤油器
17	不定期	检查各轴导轨上镶条、压滚轮松紧装置	按机床使用说明书调整

续表

序号	检查周期	检查部位	检 查 要 求
18	不定期	冷却水箱	检查液面高度，切削液太脏时需更换并清理水箱底部，经常清洗过滤器
19	不定期	排屑器	经常清理切屑，检查有无卡住等
20	不定期	清理废油池	及时取走滤油池中废油，以免外溢
21	不定期	调整主轴驱动带松紧度	按机床说明书调整

日常点检在我国很多企业中已执行多年，实践证明其行之有效，建议对重点数控机床都执行点检。具体做法是对数控设备每班（或按一定时间）由操作人员按设备管理部门编制的重点数控设备点检卡逐项进行检查记录。某些进口数控设备往往有制造厂家提供的点检卡（有的称为点检规程），可直接使用。

点检卡的内容包括检查项目内容、检查方法、判别标准，并用各种符号进行记载。

表1-2为某企业的数控机床点检卡，供参考。

表1-2 数控机床点检卡

设备编号_____型号_____ 　　　　　　　　　　　　　　　　　　　年　　月

序号\内容	点检内容	1	2	3	……	30	31
1	检查电源电压是否正常（380 V±38 V）						
2	检查气源压力及过滤器情况，并及时放水						
3	检查液压油位、冷却液位是否达标						
4	检查液压泵启动后，主液压回路油压是否正常						
5	检查机床润滑系统工作是否正常						
6	检查冷却液回收过滤网是否有堵塞现象						
7	检查轴间找正过程中各轴向运动是否有异常						
8	检查在机构找正过程中，主轴定位、换刀动作、轴孔吹屑、防护门动作是否正常						
9	检查主轴孔内、刀链刀套内有无铁屑						
10	检查机床附件、罩壳和周围场地是否有异常和渗漏现象						
备注							

点检卡的制订工作，主要是选择合适的点检项目。这是一项复杂而重要的工作，因此要求编制人员是一位对设备结构、性能熟悉和技术经验丰富的人员。点检内容一般以选择对产品产量、质量、成本以及对设备维修费用和安全卫生这五个方面会造成较大影响的部位为点

检项目较为恰当。具体可包括下列部位。

1）影响人身或设备安全的保护、保险装置。

2）直接影响产品质量的部位。

3）在运行过程中需要经常调整的部位。

4）易被堵塞、污染的部位。

5）易磨损、损坏的零部件。

6）易老化、变质的零部件。

7）需经常清洗和更换的零部件。

8）应力特大的零部件。

9）经常出现不正常现象的部位。

10）运行参数、状况的指示装置。

制订点检卡时，一般可按图1-10的程序进行。同时要注意不宜选择难度大或需要花费较长时间的内容作为点检项目。项目的判断标准要简单、确切，便于操作人员掌握。

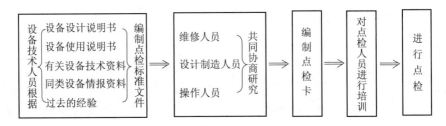

图1-10 制定点检卡的程序

点检工作一经推行，就应严格执行。操作人员通过感官进行点检后，应按日、按规定符号认真做好记录。维修人员根据标志符号对有问题的项目及时进行处理。凡是设备有异状而操作人员没有点检出来的，由操作人员负责；已点检出的，维修人员没有及时采取措施解决问题的，由维修人员负责。

为避免点检工作流于形式，使点检和填写点检卡这一工作能够持久、认真地进行，必须注意以下几点。

① 在实践中发现毫无意义的项目，以及很长时间内（如1~2年）一次问题也没有发生过的项目，应从点检卡中删除（涉及安全及保险装置的除外）。

② 经常出现异常而又未列入点检项目的部位（因而未能及时发现这些部位的异常情况），应加入点检项目中。

③ 判断标准不确切的项目，应重新修订。

④ 作业能力不合格的操作人员，不应勉强其承担点检任务。

⑤ 维修人员要实行巡回检查制度，点检结果发现有异常情况后应及时解决，不可置之不理、不能解决的，也应说明原因，并向上级报告。

⑥ 点检记录手续不要太烦琐，要力求简便。

2. 定期检查

定期检查是以维修人员为主，操作人员参加，定期地对设备进行的检查，其目的是发现并记录设备的隐患、异常、损坏及磨损情况。记录的内容，作为设备档案资料，需要进行分析处理，以便确定修理的部位、更换的零部件、修理的类别和时间，安排修理。

定期检查是一种有计划的预防性检查，检查间隔期一般在一个月以上。检查的手段除用人的感官外，主要是用检查工具和测试仪器，按定期检查卡上的要求逐条执行。在检查过程中，凡能通过调整予以排除的缺陷，应边检查边排除，并配合进行清除污垢及清洗换油。因此在生产实际中，定期检查往往与定期维护结合进行。若定期检查或日常检查发现有紧急问题，可口头及时地向设备管理部门反映，然后补办手续，以便尽快安排修理。

3. 精度检查

精度检查是对设备的几何精度及加工精度定期地、有计划地进行检测，以确定设备的实际精度，其目的是为设备的验收、调整、修理以及更新报废提供依据。精度检查的实质，是将设备实际测得的实际值与新设备出厂精度标准的允许值或使用单位所定生产工艺要求的精度标准允许值做比较，以确定其实际精度劣化的程度。

1.3.5 数控机床运行使用中的注意事项

1）要重视工作环境，数控机床必须在无阳光直射、有防震装置并远离有振动机床和环境适宜的地方，附近不应有焊机、高频设备等工作干扰，避免环境温度对设备精度的影响，必要时应采取适当措施加以调整；要经常保持机床的清洁。

2）操作人员不仅要有资格证，在入岗操作前还要由技术人员按所用机床对其进行专题操作培训，使操作人员熟悉说明书及机床结构、性能、特点，弄清和掌握操作盘上的仪表、开关、旋钮及各按钮的功能和指示的作用，严禁盲目操作和误操作。

3）数控机床用的电源电压应保持稳定，其波动范围应为 +10% ~ −15%，否则应增设交流稳压器，因为电源不良会造成系统不能正常工作，甚至引起系统内电子部件的损坏。

4）数控机床所需压缩空气的压力应符合标准，并保持清洁，管路严禁使用未镀锌的铁管，防止铁锈堵塞过滤器。要定期检查和维护气液分离器，严禁水分进入气路。最好在机床气压系统外增置气液分离过滤装置，增加保护环节。

5）润滑装置要清洁，油路要畅通，各部位润滑应良好，所加油液必须符合规定的质量标准，并经过滤。过滤器应定期清洗或更换，滤芯必须经检验合格后才能使用，这对有气垫导轨和光栅尺通气清洁的精密数控机床尤其重要。

6）电气系统的控制柜和强电柜的门应尽量少开。机加工车间空气中含有油雾、漂浮灰尘和金属粉尘，如落在数控装置内堆积在印制线路板或控制元件上，容易引起元件间绝缘电阻下降，导致元器件及印刷线路板的损坏。

7）经常清理数控装置的散热通风系统，使数控系统能可靠地工作。数控装置的工作温度一般应≤55~60 ℃，每天应检查数控柜上各个排风扇的工作是否正常，风道过滤器有否被灰尘堵塞。

8）数控系统的 RAM（储存器）后备电池的电压由数控系统自行诊断，低于工作电压时将自动报警提示。此电池用于断电后维持数控系统 RAM 储存器的参数和程序等数据，机床在使用中如果出现电池报警，就要求维修人员及时更换电池，以防储存器内数据丢失。

9）正确选用优质刀具不仅能充分发挥机床加工效能，也能避免不应发生的故障，刀具的锥柄、直径及定位槽等都应达到技术要求，否则换刀动作将无法顺利进行。

10）在加工工件前须先对各坐标进行检测，复查程序，对加工程序模拟试验正常后再加工。

11）操作人员在设备回到"机床零点"、"工作零点"、"控制零点"操作前，必须确定各坐标轴的运动方向无障碍物，以防碰撞。

12）数控机床的光栅尺属精密测量装置，不得碰撞和随意拆动。

13）数控机床的各类参数和基本设定程序的安全储存直接影响机床正常工作和性能的发挥，操作人员不得随意修改，如操作不当造成故障，应及时向维修人员说明情况以便寻找故障线索，进行处理。

14）数控机床机械结构简化，密封可靠，自诊功能日臻完善，在日常维护中除清洁外部及规定的润滑部位外，不得拆卸其他部位清洗。

15）数控机床较长时间不用时要注意防潮，停机两个月以上时必须给数控系统供电，以保证有关参数不致丢失。

1.3.6　数控机床安全生产要求

1）严禁取掉或挪动数控机床上的维护标记及警告标记。

2）不得随意拆卸回转工作台，严禁用手动换刀方式互换刀库中刀具的位置。

3）加工前应仔细核对工件坐标系原点的选择，检查加工轨迹是否与夹具、工件、机床干涉，新程序经校核后方能执行。

4）刀库门、防护挡板和防护罩应齐全，且灵活可靠。机床运行时严禁开电气柜门，环境温度较高时不得采取破坏电气柜门连锁开关的方式强行散热。

5）切屑排除机构应运转正常，严禁用手和压缩空气清理切屑。

6）床身上不能摆放杂物，设备周围应保持整洁。

7）数控加工中心安装刀具时，应使主轴锥孔保持干净。关机后主轴应处于无刀状态。

8）维修、维护数控机床时，严禁开动机床。发生故障后，必须先查明并排除机床故障，然后再重新启动机床。

9）加工过程中应注意机床显示状态，对异常情况应及时处理，尤其应注意报警、急停、超程等安全操作。

10）清理机床前，先将各坐标轴停在中间位置，按要求依次关闭电源，再清扫机床。

1.4 数控机床的修理

1.4.1 修理的概念

修理（Repair）是指为保证在用数控机床正常、安全地运行，以相同的新的零部件取代旧的零部件或对旧的零部件进行加工、修配的操作，这些操作不应改变数控机床的特性。

数控机床修理与数控机床改装存在着本质上的区别，修理仅仅是将磨损或损坏了的零部件通过规范的操作使它恢复到原设计状态，而改造就不一样了，它需要通过再设计去改变数控机床的整机或部件的性能。

1.4.2 修理的种类

数控机床中的各种零件到达磨损极限的经历各不相同，无论从技术角度还是从经济角度考虑，都不能只规定一种修理即更换全部磨损零件，但也不能规定过多而影响数控机床有效使用时间。通常将修理划分为3种，即大修、中修和小修。

1. 大修

数控机床大修主要是根据数控机床的基准零件已到磨损极限，电子器件的性能已严重下降，而且大多数易损零件也用到规定时间，数控机床的性能已全面下降而确定。大修时需将数控机床全部解体，一般需将数控机床拆离基础，在专用场所进行。大修包括修理基准件，修复或更换所有磨损或已到期的零件，校正坐标，恢复精度及各项技术性能，重新油漆。此外，结合大修可进行必要的改装。

2. 中修

中修与大修不同，不涉及基准零件的修理，主要修复或更换已磨损或已到期的零件，校正坐标，恢复精度及各项技术性能，只需局部解体，并且仍然在现场进行。

3. 小修

小修的主要内容是更换易损零件，排除故障，调整精度，可能发生局部不太复杂的拆卸工作，在现场进行，以保证数控机床正常运转。

上述3种修理的工作范围、内容及工作量各不相同，在组织数控机床修理工作时应予以明确区分。大修与中、小修，其工作目的与经济性质是完全不同的。中、小修的主要目的在于维持数控机床的现有性能，保持正常运转状态。通过中、小修之后，数控机床原有价值不发生增减变化，属于简单再生产性质。而大修的目的在于恢复原有一切性能，在更换重要部件时，并不都是等价更新，还可能有部分技术改造性质的工作，从而引起数控机床原有价值发生变化，属于扩大再生产性质。因此，大修与中、小修的款项来源应是不同的。

由上所述可知，在组织数控机床修理时，应将日常保养、检查、大修、中修、小修加以明确区分。

1.4.3 修理的组织方法和制度

1. 修理的组织方法

数控机床修理的组织方法对于提高工作效率、保证修理质量、降低修理成本有着重要的影响。常见的修理方法有以下几种。

（1）换件修理法

即将需要修理的部件拆下来，换上事先准备好的储备部件。此法可降低修理停留时间，保证修理质量，但需要较多的周转部件，占用较多的流动资金，适于大量同类型数控机床修理的情况。

（2）分部修理法

即将各数控机床某一独立部分同时修理，分为若干次，依次进行。此法可利用节假日修理，减少停工损失，适用于大型复杂的数控机床。

（3）同步修理法

即将相互紧密联系的数台数控机床同时修理，此法适于流水生产线及柔性制造系统（FMS）等。

2. 修理的制度

根据数控机床磨损的规律，"预防为主，养修结合"是数控机床检修工作的正确方针。但是，在实际工作中，由于修理期间除了会发生各种维修费用以外，还会引起一定的停工损失，尤其在生产繁忙的情况下，往往由于吝惜有限的停工损失而宁愿让数控机床"带病"工作，不到万不得已时决不进行修理，这是极其有害的做法。由于对磨损规律了解的不同，对预防为主的方针的认识不同，因而在实践中产生了不同的数控机床修理制度，主要有以下几种。

（1）随坏随修

即坏了再修，也叫事后修，事实上是等出了事故后再安排修理。这常常已经造成了很大的损坏，有时已到了无法修复的程度。即使可以修复，也将带来更多的耗费，需要更长的时间，造成更大的损失。应当避免随坏随修的现象。

（2）计划预修

这是一种有计划的预防性修理制度，其特点是根据磨损规律，对数控机床进行有计划的维护、检查与修理，预防急剧磨损的出现，是一种正确的修理制度。根据执行的严格程度不同，又可分为3种。

① 强制修理。即对数控机床的修理日期、修理类别制订合理的计划，到期严格执行计划规定的内容。

② 定期修理。预订修理计划以后，结合实际检查结果，调整原订计划确定具体的修理日期。

③ 检查后修理。即按检查计划，根据检查结果制订修理内容和日期。

（3）分类维修

分类维修的特点是将数控机床分为 A、B、C 三类。A 类为重点数控机床，B 类为非重点数控机床，C 类为一般数控机床。对 A、B 两类采用计划预修，而对 C 类采取随坏随修的办法。

选取何种修理制度，应根据生产特点、数控机床重要程度、经济得失的权衡，综合分析后确定。但应坚持以预防为主的原则，减少随坏随修的现象，也要防止过分修理带来的不必要的损失（过分修理，即对可以工作到下一次再修理的零件予以强制更换，不必修却予以提前换修）。

1.4.4　数控机床修理的技术资料

技术资料是分析故障的依据，是解决问题的前提条件。因此，一定要重视数控机床技术资料的收集及日常管理的工作。

由于数控机床所涉及的技术领域较多，因此资料涉及的面也较广，主要有以下几类。

1. 设备的安装和调试资料

主要有安装基础图、搬运吊装图、检验精度表、合格证、装箱单、购买合同中技术协议所规定的功能表等。

2. 设备的使用操作资料

如设备制造厂编制的使用说明书、设备所配数控系统的编程手册、操作手册等。

3. 维修保养资料

维修保养资料主要包括以下几种。

1）设备制造厂编制的维修保养手册。

2）数控系统生产厂提供的有关资料，主要有数控系统维修手册、诊断手册、参数手册、固定循环手册、伺服放大器及伺服电动机的参数手册和维护调整手册，以及一些特殊功能的说明书、数控系统的安装使用手册等。

3）设备的电气图纸资料，如设备的电气原理图、电气接线图、电器元件位置图，可编程控制器部分的梯形图或语句表、输入输出点的定义表，梯形图中的计时器、计数器、保持继电器的定义及详细说明，所用的各种电器的规格、型号、数量、生产厂家等明细表。

4）机械维修资料，主要有设备结构图，运动部件的装配图，关键件、易耗件的零件图，零件明细表等。如加工中心应携带的机械资料有：各伺服轴的装配图，主轴单元组件图，主轴拉、松刀及吹气部分结构图，自动刀具更换部分、自动工作台交换部分以及旋转轴部分的装配图，上述各部分的零件明细表，各机械单元的调整资料等。

5）有关液压系统的维修调整资料，包括液压系统原理图、液压元件安装位置图、液压管路图、液压元件明细表、液压电动机的调整资料、液压油的标号及检验更换周期资料、液压系统清理方法及周期等。

6）气动部分的维修调整资料，主要有气动原理图、气动管路图、气动元件明细表，有关过滤、调压、油化雾化的调整资料，使用的雾化油的牌号等。

7）润滑系统维修保养资料，数控机床一般采用自动润滑单元，设备制造厂应提供的资料有润滑单元管路图、元件明细表、管道及分配器的安装位置图、润滑点位置图、所用润滑油的标号、润滑周期及润滑时间的调整方法等。

8）冷却部分的维修保养资料，数控机床冷却部分有切削液循环系统、电气柜空调冷却器、有关精密部件的恒温装置等，这些部分的主要资料是安装调整维修说明书。

9）有关安全生产的资料，如安全警示图、保护接地图、设备安全事项、操作安全事项等。

10）设备使用过程中的维修保养资料，如维修记录、周期保养记录、设备定期调试记录等。

1.4.5　数控机床的现场修理

1. 修理前的准备阶段

当修理人员接到来自生产现场的通知后，应尽可能直接与现场操作人员联系、接触，以便尽快地获取现场情况和故障信息，如数控系统的型号、机床主轴驱动和伺服进给驱动装置的类型、报警指示或故障现象、现场有无必要的备件等。据此可预先分析故障出现的原因和部位，并携带有关的技术资料以及维修用的工具、仪器和备件等赶赴现场。

2. 现场修理阶段

这是修理工作的核心部分。现场修理是对数控机床（主要是数控系统）出现的故障进行诊断与检测，分析判断故障原因，找出故障部位，更换损坏的元器件，通过调整和试机，使数控系统和数控机床恢复正常运行的工作过程。

现场修理的首要任务就是故障诊断，即对系统或外围线路进行检测，确定有无故障，并指出故障发生的部位，将故障从整机定位到插线板，甚至定位到元件级。通常在资料较齐全的情况下，通过分析，能判断发生故障的原因和位置。对一个故障，有时用一种方法即可找到并排除，有时却要用多种方法，如故障现象分析法、系统分析法、信号追踪法、I/O接口信号法、试探交换法等。根据故障现象判断故障可能发生的部分，再按照故障特征与各部位的具体特点，逐个部位进行检查，逐步缩小故障范围。对各种判断故障点的方法的掌握程度，一方面取决于修理人员对数控机床原理和结构熟悉的程度，另一方面也取决于测试技术的发展程度。

故障定位后，接着进行换件。这就要求修理人员熟悉元器件的种类、规格、工作原理和使用条件，以便找出合适的替代元器件。其次，微电子元器件从故障板上的更换、拆卸与重焊要比传统机械设备维修时的装拆工作复杂和困难得多，除了要求修理人员经验丰富、操作熟练之外，还要配备一些专用维修工具与仪器。

3. 修理后的处理阶段

设备修理后的处理对设备重新投入使用后的技术维护与管理很重要。修理工程技术人员应向操作人员说明本次故障的操作原因，并传授有关数控机床正常使用的要求与方法以及数控机床的维护保养和一般故障的分析判断方法，最好使操作者能够正确、科学地处理一些简单故障。当不能排除故障时，应妥善地保护好现场，并向专门修理人员反映真实情况和发生过程。

根据修理中所出现的故障率统计，修理人员要向操作者或用户说明哪些元器件易损，指导订购一些必要的备件或辅助装置，力求排除一切不稳定的因素。

4. 建立修理档案

修理档案包括技术档案和故障档案。

（1）技术档案

有的设备附有较完整的技术资料。如设备操作说明书，编程说明书，设备配置及物理位置，控制系统框图，部件线路原理图，可供测试点的状态，输入输出信号，检测元件、执行元件的物理位置及编号，设备各部件间的连接图表，控制系统的程序清单等。

（2）故障档案

操作人员应在故障发生时详细记录故障日期、时间，设备的工作方式，故障前后的现象，显示器的状态，参数寄存器的状态以及报警等情况。修理人员应记录在排除故障过程中对故障原因的分析过程，记录故障排除方法、修理时间等内容并将故障形式作出编号，建立起相应的故障档案。

故障档案的建立，有利于修理人员不断总结经验，提高故障分析能力；不仅可以提高重复故障的修理速度，还可以分析设备的故障率及可修理性；通过分析某种故障频繁发生的原因，有利于纠正原设计中或替代元器件选用上的一些不当之处。

应当注意，对于没有技术资料或没有完整技术资料的数控机床，修理人员应对设备各部件的物理位置、功能、控制系统的线路原理等进行测试，尽快建立起相应的技术档案。有不少企业，只要设备能运行，就不愿意做这项工作。要知道，设备不可能永远不坏，到坏的时候再进行，就会延长修理周期，增加修理成本。这对于那些大、精、尖的贵重设备来讲，会造成严重的经济损失。

5. 修理中的注意事项

1）从整机中取出某块线路板时，应注意记录其相对应的位置、连接电缆号。对于固定安装的线路板，还应按先后取下相应的连接部件及螺钉做记录，并妥善保管。装配时，拆下的东西应全部用上，否则装配不完整。

2）电烙铁应放在顺手位的前方，并远离维修的线路板。烙铁头应适应集成电路的焊接，避免焊接时碰伤别的元器件。

3）测量线路间的阻值时，应断开电源。

4）线路板上大多刷有阻焊膜，因此测量时应找相应的焊点作为测试点，不要铲除阻焊膜。有的线路板全部都覆有绝缘层，则只能在焊点处用刀片刮开绝缘层。

5）数控机床上的线路板大多是双面金属孔化板或多层孔化板，印刷线路细而密，不应随意切断印刷线路。因为一旦切断，不易焊接，且切线时易切断相邻的线。确实需要切线时，应先查清线的方向，定好切断的线数及位置。测试后切记要恢复原样。

6）在没有确定故障元件的情况下，不应随意拆换元器件。

7）拆卸元件时应使用吸锡器，切忌硬取。同一焊盘不应长时间加热及重复拆卸，以免损坏焊盘。

8）更换新的器件，其引脚应做适当的处理。焊接中不应使用酸性焊油。

9）记录线路上的开关、跳线位置，不应随意改变。互换元器件时要注意标记各板上的元件，以免错乱。

10）查清线路板的电源配置及种类，根据检查的需要，可分别供电或全部供电。对于直接接入了高压的线路板或板内的高压发生器，操作时应注意安全。

11）检查时由粗到细逐渐缩小维修范围，并做好修理记录。

1.4.6　修理中的元器件替代

在修理中若已判断某一元器件损坏，这时如果有同样的备件，将其换上，或者停机等买来备件后再换上，这当然最好。但如果没有同样的备件，或很难买到同样的备件，则应考虑替代的问题。另外由于生产的需要，不允许设备长时间停机，虽然有些元器件可以买到，但手头上有可以替代的元器件，也应考虑替代。因此修理人员应该熟练地掌握元器件的替代知识。

在元器件替代时，修理人员应能熟练地识别元器件标志，而在测绘中，如何识别一个元器件也是一个很重要的问题，各类元器件的标识方法，可查阅相关的元器件标准手册，此处不再详列。对目前尚未形成国际标准化系列或国内标准化系列的产品，对某些厂家为某一特定功能而专门制造的产品，只能按厂家标准，查找有关资料。

进行元器件替代时应注意以下事项。

（1）电容器的替代

首先考虑标称容量及耐压，其次考虑介质材料。在对振荡、定时、带通滤波等电路中的电容器进行替代时，应严格采用同等容量的电容器。在其他对容量要求不高的电路中进行电容器替代时，可用容量相近的电容器替代。滤波电容器对容量可以放宽，电解电容器应注意耐压及正负极性。

（2）电阻器的替代

对线性电路要采用精密电阻，使误差范围小，与元器件精度相适应。在数字（逻辑）电路中，应注意满足额定功率，阻值范围可放宽，多采用金属膜电阻器件。

（3）半导体器件的替代

事先应记下各电极的位置，拆焊时不要损坏边邻器件，取下后应再次确认其损坏与否。最好取同厂家、同系列产品替代。或通过查手册，找到原元器件的主要参数，按这些参数和以下各种条件去选购替代元器件，即做到材料相同（锗—锗、硅—硅相对应），极性相同（PNP—PNP、NPN—NPN），种类相同（三极管—三极管、场效应管—场效应管），特性相同（最大直流耗散功率 P_{CM} 应等于或大于原损坏器件的 P_{CM}，而且应测量和计算元器件在电路中的实际功耗 P_C，并保证替代件的 $P_{CM} > P_C$。最大允许直流电流 I_{CM} 应大于原损坏件的 I_{CM}，而且也要实测计算实际电流 I_C，并保证替代件的 $I_{CM} > I_C$。在最高耐压方面，替代件的主要参数应大于元器件。在频率特性方面，替代件的主要参数应等于或大于元器件）。

一般来讲，特性、功能、耐压及频率满足后，即可替代。但某些场合，如低噪声放大，还要考虑满足开关参数，有些还应考虑直流电流放大系数。对于大功率元器件，应考虑安装尺寸及散热器的安装问题。

若一时找不到合适的替代件，可以用满足特性要求的高频管取代低频管，用开关管取代高频管，用低放大倍数的管子组成达林顿电路替代高放大倍数的管子等。

许多元器件尽管为同一厂家所生产，甚至是同一型号，但性能却相差甚远。因此，在维修中应以元器件手册为准并配合以实际检测。

（4）集成电路的替代

替代之前要确认该集成电路芯片是否确实损坏，因为集成电路芯片管脚多，拆卸困难（尤其对多层板要有专用拆卸工具），人为损坏较多。数字集成电路替代简单，因已标准化，故只要系列、序号相同，无须考虑制造厂家，均可替代。

在 TTL 电路中，当工作电压为 +5 V 时，各系列可互换，但首先要考虑速度问题，原则上以高代低。若要以低代高，则应认真考虑能否满足和适应电路的具体要求或条件。

在 CMOS 电路中，替代时除考虑速度外，还要考虑工作电压。CMOS 电路中 74 系列的74HCT 可取代 LS-TTL 电路。

对模拟集成电路最好是用同一厂家、同一型号的予以替代，还要注意工作电压要求。寻找替代器件时，要按手册提供的特性参数查找同类件或类似件。

1.4.7 数控机床对修理人员的基本要求

提高数控机床的开动率，缩短故障诊断的时间，修理人员是关键。

对数控机床修理人员的要求为：

1）修理人员应熟练掌握数控机床的操作技能，熟悉编程工作，了解数控系统的基本原理与结构组成，这对判断是操作不当或编程不当造成的故障十分必要。

2）修理人员必须详细熟读数控机床有关的说明书，了解有关规格、操作说明、修理说明，以及系统的性能、结构布局、电缆连接、电气原理图和机床梯形图等，实地观察机床的运行状态，使实物和资料相对应，做到心中有数。

3）修理人员除会使用传统的仪器仪表外，还应具备使用多通道示波器、逻辑分析仪和频谱分析仪等现代化、智能化仪器的技能。

4）修理人员要提高工作能力和效率，必须借鉴他人的经验，从中获得有益的启发。在完成一次故障诊断及排除故障后，应对故障诊断工作进行回顾和总结，分析能否有更快、更好的解决方法，一个有代表性的诊断检修捷径是从重复故障中总结出来的。因此，维修人员在经过一定阶段的实践后，对一些故障形式就比较熟悉，以后不需要很多测试也能识别故障症状。

5）做好故障诊断及修理记录，分析故障产生的原因及排除故障的方法，归类存档，为以后的故障诊断提供技术依据。

1.4.8　数控机床故障诊断与修理应遵循的原则

数控机床的故障复杂，诊断排除起来都比较难。在数控机床故障检测排除时，应遵循如下原则。

1. 先外部后内部

数控机床是机械、液压、电气一体化的机床，故其故障的发生必然要从机械、液压、电气这三者综合反映出来。数控机床的故障诊断与修理要求修理人员掌握先外部后内部的原则，即当数控机床发生故障后，修理人员应先采用望、闻、听、问、摸等方法，由外向内逐一进行检查。比如：数控机床中，外部的行程开关、按钮开关、液压气动元件以及印制电路板插头座、边缘接插件与外部或相互之间的连接部位、电控柜插座或端子排这些机电设备之间的连接部位，因其接触不良造成信号传递失灵，是产生数控机床故障的重要因素。此外，由于工业环境中，温度、湿度变化较大，油污或粉尘对元件及电路板的污染，机械的振动等，对于信号传送通道的接插件都将产生严重影响。在检修中随意的启封、拆卸，不适当的大拆大卸，往往会扩大故障，使机床大伤元气，丧失精度，降低性能。

2. 先机械后电气

由于数控机床是一种自动化程度高、技术复杂的先进机械加工设备。一般来讲，机械故障较易察觉，而数控系统故障的诊断则难度要大些。先机械后电气就是在数控机床的检修中，首先检查机械部分是否正常，行程开关是否灵活，气动、液压部分是否正常等。从经验来看，数控机床的故障中有很大一部分是由于机械部分动作失灵而引起的。所以在故障检修之前，首先注意排除机械性故障，往往可以达到事半功倍的效果。

3. 先静后动

修理人员本身要做到先静后动，不可盲目动手，应先询问机床操作人员故障发生的过程及状态，阅读机床说明书、图样资料后，方可动手查找和处理故障。其次，对有故障的机床也要本着先静后动的原则，先在机床断电的静止状态下，通过观察测试、分析，确认为非恶性循环性故障或非破坏性故障后，方可给机床通电，在运行工况下，进行动态的观察、检验和测试，查找故障。对恶性的破坏性故障，必须先排除危险后，方可通电，在运行工况下进行动态诊断。

4. 先公用后专用

公用性的问题往往影响全局，而专用性的问题只影响局部。如机床的几个进给轴都不能运动，这时应先检查和排除各轴公用的 CNC、PLC、电源、液压等部分的故障，然后再设法排除某轴的局部问题。又如电网或主电源故障是全局性的，因此一般应首先检查电源部分，看看熔丝是否正常、直流电压输出是否正常。总之，只有先解决影响全局的主要矛盾，局部的、次要的矛盾才有可能迎刃而解。

5. 先简单后复杂

当出现多种故障互相交织掩盖，一时无从下手时，应先解决容易的问题，后解决难度较大的问题。常常在解决简单故障的过程中，难度大的问题也可能变得容易，或者在排除简易故障时受到启发，对复杂故障的认识更为清晰，从而也有了解决办法。

6. 先一般后特殊

在排除某一故障时，要先考虑最常见的可能原因，然后再分析很少发生的特殊原因。例如：数控机床不返回参考点故障，常常是由于零点开关或者零点开关挡块位置窜动所造成。一旦出现这一故障，应先检查零点开关或者挡块位置，在排除这一常见的可能性之后，再检查脉冲编码器、位置控制等环节。

1.4.9 提高数控机床修理技术的方法

1. 多提问

数控机床修理人员要养成多问的习惯，这包括：

（1）问专家

如果有机会碰到机床厂家验收数控机床或者厂家技术人员来调试、维护和修理数控机床，应该珍惜这样的机会，因为能够由此获得大量的资料和一些数控机床调试、维护和修理的方法和技巧。要多问，不懂的要弄清楚。有这样的机会，通过努力，一定能学到很多知识。

（2）问操作人员

数控机床出现故障后，为了尽可能多地了解故障情况，修理人员必须多向操作人员询问，了解故障是什么时候发生的，怎样发生的，故障现象是什么，造成的损害或者效果是什么。

在没有出现故障时，也要经常询问操作人员，了解机床的运行情况和异常情况，以便决定是否要对机床进行维护，或者为日后的维护和修理提供必要的第一手资料。

（3）问其他修理人员

数控机床出现故障后，很多故障诊断排除起来很困难，遇到难题时，要多向其他修理人员请教，从中可以得到很多经验教训，对提高修理水平和排除故障的能力大有好处。出现难以排除的故障时，还可以及时询问机床制造厂家的技术人员或者数控系统方面的专业人员，有时经过请教讨论，很快就会排除故障，并在此过程中受益匪浅。

当其他人员修理机床，自己没有机会参加时，可以在故障处理后向他们询问，了解故障现象，怎样排除的，有何经验教训，从而提高自己的修理水平。

2. 多阅读

数控机床的修理人员要养成经常阅读的好习惯，这样可提高对数控知识、数控机床原理、数控机床修理技术等知识水平。

（1）要多阅读数控技术资料

目前关于数控技术原理与数控机床维护和修理的理论书籍很多，要多看这方面的书籍，以提高理论水平。理解和掌握数控技术的原理，对修理数控机床大有好处。

（2）要多阅读数控系统的资料

要多看数控系统方面的资料，了解掌握数控系统的工作原理、PLC 控制系统的工作原理、伺服系统的工作原理。通过多看数控系统方面的资料，可以了解、掌握 NC 和 PLC 的机床数据的含义和使用方法、数控系统的操作与各个菜单的含义和功能，以及如何通过机床自诊断功能诊断故障。要掌握 PLC 系统的编程语言。有了这些积累，在排除数控机床的故障时，才能得心应手。

（3）要多阅读梯形图

了解数控机床梯形图的运行程序是掌握数控机床工作原理的方法之一。掌握了数控机床的 PLC 梯形图的流程对数控机床的故障修理大有益处，特别是一些没有故障显示的故障，通过对 PLC 梯形图的监测，大部分故障都会迎刃而解。

（4）要多看数控机床的图样资料

多看数控机床的电气图样，可以掌握每个电气元件的功能和作用，掌握机床的电气工作原理，并可以熟悉图样的内容和各元器件之间的关系。在出现故障时，能顺利地从图样中找到相关信息，为快速排除机床故障打好基础。

（5）要多阅读外文资料

现在国内使用的很多数控机床都是进口的，而且许多国产的数控机床使用的是进口数控系统，所以能够多阅读原文资料对了解数控机床和数控系统的工作原理是非常必要的，同时也可以提高修理人员的外语水平，可以很容易看懂外文图样和系统的外文报警信息。

3. 多观察

善于观察对修理数控机床来说是非常重要的，因为许多故障都很复杂，只有仔细观察、善于观察，找到问题的切入点，才有利于故障的诊断和排除。

（1）多观察机床工作过程

多观察机床的工作过程，可以了解掌握机床的工作顺序，熟悉机床的运行，在机床出现故障时，可以很快地发现不正常因素，提高数控机床的故障排除速度。

例如一台专用数控机床在工件加工结束后，机械手把工件带到进料口，而没有在出料口把工件释放。根据平常对机床的观察，工件加工结束后，工作过程是这样的：首先机械手插入环形工件，然后机械手在圆弧轨道上带动工件向上滑动，到出料口时，机械手退出工件，加工完的工件进入出料口，而机械手继续向上滑动直至进料口。因为了解机床的工作过程，通过故障现象判断，可能是系统没有得到机械手到达出料口的到位信号。检测机械手到达出料口到位信号是通过接近开关 12PX6 检测的，接入 PLC，输入 I12.6，但经检查，该接近开关正常，没有问题，那么可能是碰块与接近开关的距离有问题。经检查，这个距离确实有些偏大，原因是接近开关有些松动，将接近开关的位置调整好并紧固后，机床工作恢复正常。

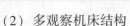

（2）多观察机床结构

多观察机床结构，包括机械装置、液压装置、各种开关位置及机床电气柜的元件位置等，从而可以了解机床的结构以及各个结构的功能。在机床出现故障时，因为熟悉机床结构，很容易就会发现发生故障的部位，从而尽快排除故障。

（3）多观察故障现象

对于复杂的故障，反复观察故障现象是非常必要的，只有把故障现象弄清楚了，才有利于故障的排除。所以数控机床出现故障时，要注重对故障现象的观察。

例如一台采用 SIEMENS 3 系统的数控机床经常出现报警 114 "Control loop hardware"，指示 Y 轴伺服控制环有问题，关机再开，机床还可以工作。反复观察故障现象，发现每次出现故障报警时，Y 轴都是运动到 210 mm 左右。为了进一步确认故障，开机后不做轴向运动，在静态时几个小时也不出故障报警，因此怀疑这个故障与运动有关。根据机床工作原理，这台机床的位置反馈元件采用光栅尺，光栅尺的电缆随滑台一起运动，每班都要往复运动上千次，因此怀疑连接电缆可能由于经常运动而使个别导线折断，导致接触不良。对电缆进行仔细检查，发现有一处确实有部分导线折断，将电缆折断部分拆开，焊接处理后，机床运行再也没有出现这个报警。

4. 多思考

（1）全方位分析

修理数控机床时要冷静，要进行多方面分析，不要不经仔细思考就贸然下手。

例如一台采用 FANUC 0TC 系统的数控车床，工作中突然出现故障，系统断电关机，重新启动，系统启动不了，检查发现 24 V 电源自动开关断开，对负载回路进行检查发现对地短路。短路故障是非常难发现故障点的，如果逐段检查非常烦琐。所以没有贸然下手，而是对图样进行分析，并向操作人员询问故障是在什么情况下发生的。据操作人员反映，在踩完脚踏开关之后，机床就出现故障了。根据这一线索，首先检查脚踏开关，发现确实是脚踏开关对地短路，处理后，机床恢复了正常工作。

（2）知其所以然

一些数控机床出现故障后，有时在检查过程中会发现一些问题，如果把发现的问题弄清楚，有助于对机床原理的理解，也有助于故障的修理。要知其然，还要知其所以然。

例如一台采用 FANUC 0TC 系统的数控机床出现自动开关跳闸报警，打开电气柜发现 110 V 电源的自动开关跳闸，检查负载没有发现电源短路和对地短路，但在接通电源开关的时候，电源总开关直接跳闸，因此怀疑 110 V 电源负载有问题。为了进一步检查故障，将 110 V 电源自动开关下面连接的两根电源线拆下一根，这时开总电源，电源可以加上，但在数控系统准备好后，按机床准备按钮时，这个自动开关又自动跳闸。对 110 V 电源负载进行逐个检查，发现卡盘卡紧电磁阀 3SOL1 线圈短路。如图 1 - 11 所示，当机床准备时，PLC 输出 Q3.1 输出高电平，继电器 K31 得电，K31 触点闭合，110 V 电源为电磁阀 3SOL1 供电，因为线圈短路电流过大，所以 110 V 电源的自动开关跳闸。更换电磁阀后机床恢复正常工作。

但为什么另一个电源线一接上，总电源开关接通后就跳闸呢？顺着这根连线进行检查，发现连接到电气柜的门开关上，接着发现经过门开关后又连接到电源总开关的脱扣线圈上，如图 1 - 12 所示，原来是起保护作用，当电气柜打开时，不允许非专业人员合上总电源。知道这样的功能，对修理其他机床也有参考作用，避免走弯路。

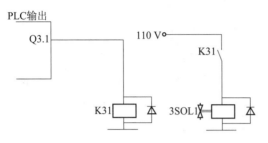

图 1 - 11　卡盘卡紧电气控制原理图

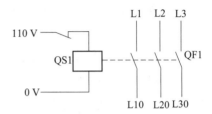

图 1 - 12　总电源开关图

（3）防患于未然

数控机床出现故障后，在修理过程中，发现问题后，不但要解决问题，还要研究发生故障的原因，并采取措施防止故障再次发生，或者延长使用时间。

例如一台采用 SIEMENS 810 系统的数控机床出现报警 1321 "Control loop hardware"（控制环硬件），指示 Z 轴反馈回路有问题，经检查为编码器损坏，更换编码器后故障消除。研究故障产生的原因，原来是机床切削液排出不畅，致使编码器和电缆插头浸泡在切削液中。为此采取措施，在编码器附近加装排水装置和溢流装置，使编码器再也不会浸在切削液中，防止故障再次发生。

又如一台采用 SIEMENS 810 系统的数控机床在磨削加工时，磨轮撞到工件上，致使 7 万余元的进口磨轮报废。分析故障原因，是编码器出现故障，更换编码器后，机床工作恢复正常。研究故障发生的原因，一是该机床采用油冷却，冷却油雾进入编码器，使编码器工作不稳定；二是执行加工程序时，砂轮首先快速接近工件，在距离工件 0.5 mm 时使用磨削速度磨削工件。为了减少故障频次和损失，首先采取保护措施使编码器尽量少进油雾，其次对加工程序进行改进，在距离工件 10 mm 时停止快移，然后以 5 倍磨削速度进给到距离工件 0.5 mm 的位置，然后再进行磨削，这样即使编码器出现问题，也不至于磨轮撞到工件，只可能将工件磨废，减少损失，并可以及时发现问题。

5. 多实践

（1）积累修理经验

多处理数控机床的故障，可以积累修理经验，提高修理水平和处理问题的能力，并能更多地掌握修理技巧。

（2）在实践中学习

在修理中学习修理，排除机床故障的过程也是学习的过程。机床出现故障时，分析故障的过程，也是对机床和数控系统工作原理熟悉的过程，并且通过对故障疑点的逐步排查，可以掌握机床的工作程序，了解引起故障的各种因素，也可以发现一些规律。通过在实践中的学习，可以积累经验，如果再出现相同的故障，虽然不一定是同一原因，但根据以往的处理经验，很快就可以排除故障。另外还可以举一反三，虽然有许多故障是第一次发生，但通过实践中积累的经验可以触类旁通，提高修理机床的能力和效率。

例如一台采用 SIEMENS 3M 系统的数控机床，在排除数控机床找不到参考点的故障时，发现 Y 轴编码器有问题，更换编码器时，系统出现报警 114 "Control loop hardware"（控制环硬件），指示 Y 轴伺服控制环出现问题。经检查发现编码器电缆插头没有连接好，有了这样的经验后，数控机床以后出现 114 报警时，从检查伺服反馈回路入手，很快就能确诊故障。

6. 多交流

（1）交流如何排除故障

当数控机床出现故障难以排除时，可以成立小组，取长补短，使用鱼刺图，采用头脑风暴的方法，群策群力，从故障现象出发，尽可能多地列出可能的故障原因，然后逐一排查，最终找出故障的真正原因，从而排除故障。通过这样的过程，小组成员的修理水平都会得到相应的提高。

（2）交流工作结果和经验

故障修理后进行讨论，交流经验，可以起到成果共享、共同提高的作用。

7. 多总结

机床故障排除后，要善于总结，做好记录。这个记录包括故障现象、分析过程、检查过程、排除过程，在这些过程中遇到的问题是如何解决的，以及一些经验教训和心得体会，以便于起到举一反三的作用。经常进行总结可以发现一些规律和一些常用的修理方法，从而实现从实践到理论的升华。

1.4.10 数控机床维修（包括维护和修理）的意义

数控机床是一种高投入的高效自动化机床。由于其投资比普通机床高得多，因此降低数控机床故障率，缩短故障修复时间，提高机床利用率是十分重要的工作。

任何一台数控设备都是一种过程控制设备，它要求实时控制每一时刻都能准确无误地工作。任何部分的故障和失效，都会使机床停机，从而造成生产的停顿，因而掌握和熟悉数控系统的工作原理、组成结构是做好维修工作的基础，并显得十分重要。此外，尤其对引进的数控设备，大都花费了几十万甚至上千万美元，在许多行业中，这些设备均处于关键工作岗位上的关键工序，若在出现故障后不能及时得到维修，将会给生产单位造成很大的损失。

虽然现代 CNC 系统的可靠性不断提高，但在运行过程中因操作失误，外部环境的变化等仍免不了出现故障。为此，数控机床应具有自诊断能力，能采取良好的故障显示、检测方法，及时发现并能很快确定故障部位和原因，令操作人员或维修人员及时排除故障，尽快恢复工作。

1.5 数控机床维修常用工具和仪器仪表

1.5.1 数控机床维修常用工具

1. 电烙铁

最常用的焊接工具，一般应采用 30 W 左右的尖头、带接地保护线，最好使用恒温式电烙铁。

2. 吸锡器

常用的是便携式手动吸锡器，也可采用电动吸锡器。

3. 扁平集成电路拔放台

包括防静电 SMD 片状元件、扁平集成电路热风拆焊台，可换多种喷嘴。

4. 旋具类

规格齐全的一字和十字螺丝刀各一套。旋具宜采用树脂或塑料手柄。为方便对伺服驱动器进行调整与装卸，还应配备无感螺旋刀与梅花形六角旋具各一套。

5. 钳类

常用的有平头钳、尖嘴钳、斜口钳、剥线钳、压线钳和镊子。

6. 扳手类

大小活络扳手，各种尺寸的内、外六角扳手各一套。

7. 其他

剪刀，刷子，吹尘器，清洗盘，尺（平尺、刀口尺和 90°角尺），垫铁（90°垫铁、55°角度面垫铁、水平仪垫铁），杠杆千分尺，游标万能角度尺，检验棒（带标准锥柄检验棒、圆柱检验棒和专用检验棒），弹性手锤（木槌、铜锤），化学用品（松香、纯酒精、清洁触点用喷剂、润滑油）等。

1.5.2 数控机床维修常用仪表

1. 百分表

百分表用于测量零件相互之间的平行度、轴线与导轨的平行度、导轨的直线度、工作台台面平面度，以及主轴的端面圆跳动、径向圆跳动和轴向窜动。

2. 杠杆百分表

杠杆百分表用于受空间限制的工件，如内孔跳动、键槽等。使用时应注意使测量运动方向与测头中心垂直，以免产生测量误差。

3. 千分表和杠杆千分表

千分表和杠杆千分表的工作原理与百分表和杠杆百分表一样，只是分度值不同，常用于精密机床的修理。

4. 比较仪

比较仪可分为扭簧比较仪与杠杆齿轮比较仪两种。扭簧比较仪特别适用于精度要求比较高的跳动量的测量。

5. 水平仪

水平仪是机床制造和修理中最常用的测量仪器之一，用来测量导轨在垂直面内的直线度、工作台台面的平面度以及零件相互之间的垂直度、平行度等，水平仪按其工作原理可分为水准式水平仪和电子水平仪。水准式水平仪有条式水平仪、框式水平仪和合像水平仪三种结构形式。

6. 光学平直仪

在机械维修中，常用来检查床身导轨在水平面内和垂直面内的直线度，检验用平板的平面度。光学平直仪是当前导轨直线度测量方法中较先进的仪器之一。

7. 经纬仪

经纬仪是机床精度检查和维修中常用的高精度的仪器之一，常用于数控铣床和加工中心的水平转台和万能转台分度精度的精确测量，通常与平行光管组成光学系统来使用。

8. 转速表

转速表常用于测量伺服电动机的转速，是检查伺服调速系统的重要依据之一，常用的转速表有离心式转速表和数字式转速表等。转速表外形如图 1 – 13 所示。

9. 万用表

包含有指针式和数字式两种，万用表可用来测量电压、电流、电阻等。

10. 相序表

用于检查三相输入电源的相序，在维修晶闸管伺服系统时是必需的。

图 1 – 13 转速表外形
（非接触式激光转速表）

11. 逻辑测试笔

对芯片或功能电路板的输入注入逻辑电平脉冲，用逻辑测试笔检测输出电平，以判别其功能正常与否。通过红、绿两个指示灯的显示，可对逻辑电路做如下测试：

①测试逻辑电路是处于高电平还是低电平，或是不高不低的假高电平（空状态）。

②测试逻辑电路输出脉冲的极性（正脉冲还是负脉冲）。

③测试逻辑电路输出的是连续脉冲还是单脉冲。

④对逻辑电路输出脉冲的占空度进行大概的估计。

1.5.3 数控机床维修常用仪器

1. 示波器

主要用于模拟电路的测量，它可以显示频率相位、电压幅值，双频示波器可以比较信号相位关系，可以测量测速发电机的输出信号，其频带宽度在 5 MHz 以上，有两个通道。它可以调整光栅编码器的前置信号处理电路，进行 CRT 显示电路的维修。示波器外形如图 1 - 14 所示。

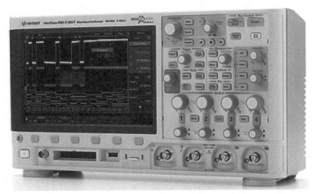

图 1 - 14   示波器外形

2. 测振仪

测振仪是振动检测中最常用、最基本的仪器，它将测振传感器输出的微弱信号放大、变换、积分、检波后，在仪器仪表或显示屏上直接显示被测设备的振动值大小。为了适应现场测试的要求，测振仪一般都做成便携式与笔式测振仪，测振仪外形如图 1 - 15 所示。

测振仪用来测量数控机床主轴及电动机的运行情况，甚至整机的运行情况，可根据所需测定的参数、振动频率和动态范围，传感器的安装条件，机床的轴承型式（滚动轴承或滑动轴承）等因素，分别选用不同类型的传感器。常用的传感器有涡流式位移传感器、磁电式速度传感器和压电加速度传感器。目前常用的测振仪有美国本特利公司的 TK - 81、德国申克公司的 VIBROME-TER - 20、日本 RI - 0N 公司的 VM - 63 以及一些国产的仪器。

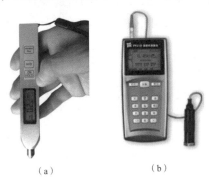

（a）   （b）

图 1 - 15   测振仪外形

（a）笔式测振仪；（b）便携式测振仪

一般情况下，以在现场最便于使用的，作为测振的绝对判断标准，它是针对各种典型对象制定的，例如国际通用标准 ISO2372 和 ISO3945。

相对判断标准适用于同台设备。当振动值的变化达到 4 dB 时，即可认为设备状态已经发生变化。所以，对于低频振动，通常实测值达到原始值的 1.5 ~ 2 倍时为注意区，约 4 倍时为异常区；对于高频振动，将原始值的 3 倍定为注意区，约 6 倍时为异常区。实践表明，评价机器状态比较准确可靠的办法是用相对标准。

3. 红外测温仪

红外测温仪是利用红外辐射原理，将对物体表面温度的测量转换成对其辐射功率的测量，采用红外探测器和相应的光学系统接收被测物不可见的红外辐射能量，并将其转换成便于检测的其他能量形式予以显示和记录，红外测温仪外形如图 1-16 所示。

按红外辐射的不同响应形式，红外测温仪分为光电探测器和热敏探测器两类。红外测温仪用于检测数控机床容易发热的部件，如功率模块、导线接点、主轴轴承等。主要制造厂商有中国昆明物理研究所的 HCW 系列，中国西北光学仪器厂的 HCW-1、HCW-2，中国深圳江洋光公司的 IR 系列，美国 LAND 公司的 CYCLOPS、SOLD 型。

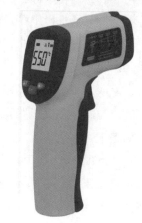

利用红外原理测温的仪器还有红外热电视、光机扫描热像仪以及焦平面热像仪等。红外诊断的判定主要有温度判断法、同类比较法、档案分析法、相对温差法以及热像异常法。

4. 激光干涉仪

图 1-16　红外测温仪外形

激光干涉仪可对机床、三坐标测量机及各种定位装置进行高精度的（位置和几何）精度校正，可完成各项参数的测量，如线性位置精度、重复定位精度、角度、直线度、垂直度、平行度及平面度等。其次，它还具有一些选择功能，如自动螺距误差补偿（适用大多数控系统）、机床动态特性测量与评估、回转坐标分度精度标定、触发脉冲输入/输出功能等。

激光干涉仪用于机床精度的检测及长度、角度、直线度、直角等的测量，精度高、效率高、使用方便、测量长度可达十几米甚至几十米，精度达微米级，其外形如图 1-17 所示。

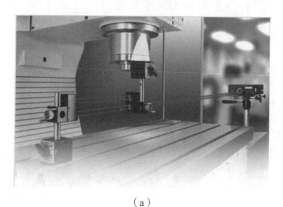

（a）　　　　　　　　　　　　　　　　（b）

图 1-17　激光干涉仪的外形

（a）英国雷尼绍激光干涉仪；（b）激光干涉仪（检测机床导轨）

5. PLC 编程器

不少数控系统的 PLC 必须使用专用的编程器才能对其进行编辑、调试、监控和检查，如 SIEMENS 的 PG710、PG750、PG685，OMRON 的 GPC01-GPC04 等。这些编程器可以对 PLC 程序进行编辑和修改，监视输入和输出状态及定时器、移位寄存器的变化值。在运行状态下修改定时器和计数器的设置值，可强制内部输出，对定时器、计数器和移位寄存器进行置位和复位等；带有图形功能的编程器还可显示 PLC 梯形图。

6. 短路追踪仪

短路是电气维修中经常碰到的故障现象，使用万用表寻找短路点往往很费劲。如遇到电路中某个元器件击穿短路，由于在两条连线之间可能并接有多个元器件，用万用表测量出哪一外元器短路比较困难。再如，对于变压器绕组局部轻微短路的故障，一般万用表测量也无能为力。而采用短路故障追踪仪可以快速找出电路板上的任何短路点，如焊锡短路、总线短路、电源短路、多层电路板短路、芯片及电解电容器内部短路、非完全短路等。短路追踪仪外形如图 1 – 18 所示。

7. 数域测试仪器

主要用来对数控系统的故障进行诊断，常用的数域测试仪器如下。

（1）逻辑分析仪

逻辑分析仪是按多线示波器的思路发展而成，不过它在测量幅度上已按数字电路的高低电平进行了

图 1 – 18　短路追踪仪外形

"1" 和 "0" 的量化，在时间轴上也按时钟频率进行了数字量化。因此可以测得一系列的数字信息，再配以存储器及相应的触发机构或数字识别器，使多通道上同时出现的一组数字信息与测量者所规定的触发数字相符合，触发逻辑分析仪便将需要分析的信息存储下来，其外形如图 1 – 19 所示。

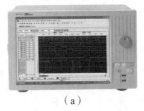

（a）　　　　　　　　　　　　　　（b）

图 1 – 19　逻辑分析仪外形

（a）Keysight 16900 系列逻辑分析系统；（b）LAB7504（产品型号）

（2）特征分析仪

它可从被测系统中取得 4 个信号，即启动、停止、时钟和数据信号，使被测电路在一定信号的激励下运行起来，其中时钟信号决定进行同步测量的速率。因此，可将一对信号 "锁定" 在窗口上，观察数据信号波形特征。

（3）故障检测仪

这种新的数据监测仪根据各自的出发点不同，具有不同的结构和测试方法。有的是按各种不同时序信号来同时激励标准板和故障板，通过比较两种板对应节点响应波形的不同来查找故障；有些则是根据某一被测对象类型，利用一台微机配以专门接口电路及连接工装夹具与故障相连，再编写有关的测试程序对故障进行检测。

（4）IC 在线测试仪

这是一种使用通用微机技术的新型数字集成电路在线测试仪器，它的主要特点是能对电

路板上的芯片直接进行功能、状态和外特性测试，确认其逻辑功能是否失效。它所针对的是每个器件的型号以及该型号器件具备的全部逻辑功能，而不管这个器件应用在何种电路中，因此它可以检查各种电路板，而且无须图样资料或了解其工作原理，为缺乏图样资料而使维修工作无从下手的数控维修人员提供一种有效的手段，目前在国内的应用日益广泛。IC 在线测试仪外形如图 1 - 20 所示。

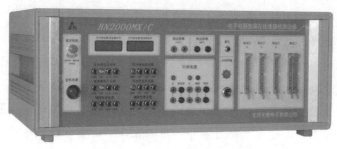

图 1 - 20　IC 在线测试仪外形

（5）微机开发系统

这种系统配置了进行微机开发的软、硬件工具。在微机开发系统的控制下对被测系统中的 CPU（中央处理单元）进行实时仿真，从而取得对被测系统的实时控制。

8. 故障诊断系统

由分析软件、微型计算机和传感器组成多功能的故障检测系统，可实现多种故障的检测和分析。如图 1 - 21 所示的是某公司开发的故障检测系统，该系统硬件由笔记本电脑与轻便的采集箱及可靠耐用的传感器（振动加速度传感器、光电转速传感器、钳形电流传感器）等组成，组件配接灵活，可靠性高，适合现场使用；全中文版 Windows 功能软件包由三个功能模块组成：实时振动分析故障诊断软件可以通过振动分析，诊断设备机械类故障；交流异步电动机诊断专家系统借助电流频谱，自动诊断交流异步电动机转子故障及动态偏心故障；动平衡软件则帮助失衡转子实现现场动平衡。

图 1 - 21　故障检测系统外形

知识拓展

随着数控机床在生产实际中的应用越来越广泛，伴随着的机床故障诊断与维修技术也逐步受到人们的重视。

1. 远程诊断系统

随着计算机和通信技术的飞速发展，当前大多数的数控系统都支持数控机床与网络的连接，因此，对数控机床进行远程的监控和诊断就随之发展起来。图1-22就是一个数控机床故障远程诊断系统的典型结构。在该系统中，数控机床通过数控系统的网络接口（以太网口、RS-232接口等）与局域网相连，在车间设置了一台设备诊断服务器。该服务器可以实现数控机床的远程监控和简单的诊断，如果设备诊断服务器不能诊断出结果，则还可以利用远程诊断中心进行诊断。在这个诊断过程中，数控机床、设备诊断服务器、远程诊断中心通过通信线路进行信息交互。这种诊断方式可以以最快的速度对数控机床的故障进行定位，找出排除故障的方法，从而减少故障停机时间，还可以减少设备维修费用。

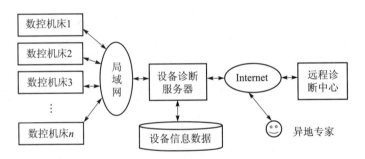

图1-22　数控机床远程诊断系统框架

目前，国内的华中数控在这方面投入了大量的人力和物力进行研究，并已经取得了阶段性的成果。而在国外，如SIEMENS数控系统，在远程诊断的研究与应用方面技术更为成熟。SIEMENS的远程诊断产品能使用户在个人计算机面前轻松地操纵远在车间里的机床设备。在一台装用Windows的个人计算机上使用该工具，用户不但可以实时地观看机床运行时的画面，并且能够像现场人员一样进行相应的交互式操作，诸如编辑、修改加工程序数据，监控各轴当前的状态，编辑、修改PLC程序，进行文件传输，所有这一切都是建立在调制解调器（Modem）或局域网通信的基础之上。

2. 自修复系统

自修复系统是在系统内安装了备用模块，并在CNC系统的软件中装有自修复程序。当该软件在运行时一旦发现某个模块有故障时，系统一方面将故障信息显示在CRT上，另一方面自动寻找是否有备用模块。如果存在备用模块，系统将使故障模块脱机而接通备用模块，从而使系统较快地恢复到正常工作状态。在美国Cincinnati Milacron公司生产的950CNC系统的机箱内安装有一块备用的CPU板，一旦系统中所用的4块CPU板中的任何一块出现故障时，均能立即启用备用板替代故障板。

3. 专家故障诊断系统

专家故障诊断系统是一种"基于知识"（Knowledge-Based）的人工智能诊断系统，它的实质是在某些特定领域内应用大量专家的知识和推理方法求解复杂的实际问题的一种人工智能计算机程序。

通常，专家故障诊断系统由知识库、推理机、数据库以及解释程序、知识获取程序等部分组成，如图1-23所示。

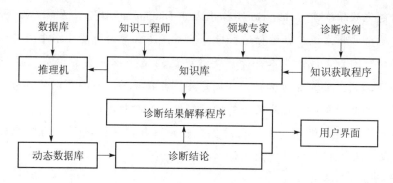

图1-23 专家故障诊断系统

专家故障诊断系统的核心部分为知识库和推理机。其中知识库存放着求解问题所需的专业知识，推理机负责使用知识库中的知识去解决实际问题。知识库的建造需要知识工程师和领域专家的相互合作，把领域专家的知识和经验整理出来，并用系统的知识方法存放在知识库中。当解决问题时，用户向系统提供一些已知数据，就可从系统处获得专家水平的结论。对于数控机床，专家故障诊断系统主要用于故障监测、故障分析、故障处理3个方面。在FANUC15系统中，已将专家故障诊断系统用于故障诊断。使用时，操作人员以简单的会话问答方式，通过数控系统上的MDI/CRT操作装置就能如同专家亲临现场一样，快速地进行CNC系统的故障诊断。

4. 应用人工神经网络（ANN）进行故障诊断

人工神经元网络，简称神经网络，它是在对人脑思维研究的基础上，模仿人的大脑神经元结构特征，应用数学方法将其简化、抽象并模拟，而建立的一种非线性动力学网络系统。目前常用的几种算法有误差反向传播（BP）算法、双向联想记忆（BAM）模型和模糊认识映射（FCM）等。由于神经网络系统具有处理复杂多模式及进行联系、推测、容错、记忆、自适应、自学习等功能，作为一种新的模式识别技术和知识处理方法，人工神经网络在故障诊断领域中显示出极大的应用潜力，这是数控机床故障诊断技术新的发展途径。

人工神经网络在故障诊断领域的应用主要集中于以下3个方面。

① 从模式识别角度应用神经网络作为分类器进行故障诊断。

② 从预测角度应用神经网络作为动态预测模型进行故障诊断。

③ 从知识处理角度建立基于神经网络的故障诊断专家系统。

同时，将神经网络和专家故障诊断系统结合起来，发挥二者各自的优点，更有助于数控机床的故障诊断。

5. "基于行为"的智能化故障诊断技术

"基于行为"（Behavior-Based）的计算机辅助诊断的基本原理是：从某台机器的实际运行状态出发，"自下而上"，即从具体到一般（而"基于知识"的专家故障诊断系统则是"自上而下"，即从一般到特殊），从机器工况状态的变化判断其故障属性。按此原理构建的基于行为的智能化故障诊断（Behavior-Based Fault Diagnosis，BFD）系统，如图1－24所示，其核心内容是一个诊断系统应在运行过程中，不断提高自身的智能化水平，即诊断系统应当具有智能化功能。BFD系统的基本目标就是最终达到完全根据实际设备的运行行为，决定诊断系统的实际工况，经过自动识别，自我完善，自我提高，从而可以从具备初级智能的简单系统发展成为高级智能的、针对某一特定设备的专用诊断系统。

BFD系统的一个突出优点是在缺乏设备先验诊断知识的情况下，仍然能够通过与实际设备行为的交互作用，建立一个有效的诊断系统。

BFD系统的关键技术为：

① 故障行为征兆的自动获取；

② 故障的自动诊断策略和程序；

③ BFD的知识表示和处理；

④ BFD的自学习、自完善技术；

⑤ 设备的行为预测技术。

6. 虚拟现实在故障诊断系统中的应用

虚拟现实（Virtual Reality，VR）是在综合计算机图形技术、计算机仿真技术、传感技术、显示技术等多种科学技术的基础上发展起来的。它利用计算机及其外设和软件而产生另一种境界的仿真，为用户创造一个实时反映实体对象变化与相互作用的三维图形世界，并通过头盔显示器、数据手套等辅助传感器设备，向用户提供一个观察并与该虚拟世界交互的多维用户界面，使用户可以直接参与和探索仿真对象在所处环境中的作用与变化，具有较强的"身临其境"之感。

由于机械设备的有些故障不能在实验台上进行模拟，而虚拟现实则可以发挥其特点，

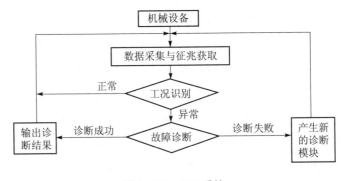

图1－24　BFD系统

进行仿真研究，弥补了某些故障难以现实模拟的不足。利用现代通信技术的国际互联网、局域网络（包括有线或无线网络）、调制解调器等，可以研制虚拟故障诊断环境，实现设备的远程诊断。在虚拟故障诊断环境中，在某一固定地点的专家或多个不同地点的专家可以投入到在另一个地方（异地）发生的事件或过程中去，通过计算机网络及调制解调器传输数据，从而实现在专家面前的计算机中再现现场设备的运行情况或发生故障的过程，经专家诊断系统进行分析和诊断，作出决策处理，并通过网络及调制解调器反馈到现场，进行指导，并解决问题。对于数控机床故障诊断来说，这是一种很有发展前途的诊断技术。

先导案例解决

1. 可靠性的定义

可靠性是体现产品耐用和可靠程度的一种性能。它是在设计时赋予产品的。可靠性的定义是，产品在规定的条件下和规定的时间内，完成规定功能的能力。所谓"规定的条件"是指设计时考虑的环境条件（如温度、压力、湿度、振动、大气腐蚀等）、负荷条件（载荷、电压、电流等）、工作方式（连续工作或断续工作）、运输条件、存储条件及使用维护条件等。

数控机床的可靠性又分为固有可靠性、使用可靠性和环境可靠性3个方面。固有可靠性是指数控机床在设计、制造之后所具有的可靠性。使用可靠性是数控机床在使用和维修过程中表现出来的可靠性。环境可靠性是数控机床在周围环境的影响下所具有的可靠性。固有可靠性是数控机床所能达到的可靠性的最高水平。由于各种因素的影响，数控机床的使用可靠性与其固有可靠性会有很大的差距。

2. 可靠性的主要衡量指标

衡量可靠性的主要标准是平均无故障工作时间（MTBF）、平均故障修复时间（MTTR）和有效度（A）。

平均无故障工作时间（MTBF），是指可修复产品在相邻两次故障间系统能正常工作时间的平均值。

$$MTBF = 总工作时间/总故障次数$$

平均故障修复时间（MTTR），是指可修复设备从出现故障到能正常工作所用的平均修复时间。

$$MTTR = 总故障停机时间/总故障次数$$

由于数控设备免不了出现故障，这就要求排除故障的修理时间越短越好。用平均有效度A来衡量，其计算方法如下：

$$A = MTBF/ (MTBF + MTTR)$$

目前，根据机械加工的特点及具体要求，对于一般用途的数控系统，其可靠性的指标至少应达到 MTBF≥3 000 h，A≥0.95。现在数控机床整机的 MTBF 已达到 8000 h 以上。

3. 影响可靠性的因素

数控机床在出厂之前，制造厂家在可靠性方面已有多方面的考虑，也采取了大量的措施。用户买来之后，为了保证数控机床的正常使用还应注意以下几个问题。

（1）电网质量

供数控机床使用的电源电压应在规定的误差范围之内，＋10%、－15%、频率为 50 ±1 Hz，三相应力求平衡。数控机床所在地的接地电阻要符合接地标准。

（2）安装环境

数控机床 CNC 系统对环境是有一定要求的，安装时应远离振动源、污染源，不应直接有强日光照射，通风要良好，温差不应过大。一般数控机床都标定使用温度和保存温度，应该按照规定执行。

（3）操作者水平

人为的因素也是造成故障产生的原因，数控机床的操作者应该经过专门的培训，取得职业资格证书方可上机操作，否则可能造成机床的损坏直至危及人身安全，这样的教训已经不少。

（4）日常维护

日常维护可保持数控机床在良好的状态下运行，延长机床的寿命。同时还可及时发现隐患并排除，以免造成重大损失。

（5）设备的动态保存

如果一台数控机床由于某种原因导致不能连续工作，并且无破坏性危险，在停机期间最好不要切断电源。如停机时间较长应定时（一周或两周）通电空运行，使机床各部件不会出现不良现象，延长机床寿命。

恩宝贵介绍，日本机床厂家在可靠性方面做得比较好，例如 FANUC 系统平均无故障工作时间达 125 个月以上。在国内，台湾地区机床厂商在可靠性方面也下了很多功夫。例如机械手、滚珠丝杠等进行 100 万次的可靠性试验，通过试验，工艺、材料上隐存的问题就会自然显现，从而促使企业尽快改进。他认为，提高可靠性要从设计开始，一直到加工、装配、出厂检验以及配套件选购的一系列生产过程。其中，可靠性试验工作绝不能省，刀库、机械手、工作台、滚珠丝杠、液压件、电器开关等必须要通过严格的可靠性试验。

为了评价分析产品可靠性而进行的试验称为可靠性试验。可靠性试验是对产品进行可靠性调查、分析和评价的一种手段。试验结果为故障分析、研究采取的纠正措施、判断产品是否达到指标要求提供依据。根据可靠性统计试验所采用的方法和目的，其可以分为可靠性验证试验和可靠性测定试验。可靠性测定试验是为测定可靠性特性或其量值而做的试验，通常用来提供可靠性数据。可靠性验证试验是用来验证设备的可靠性特征值是否符合其规定的可靠性要求的试验，一般将可靠性鉴定和验收试验统称为可靠性验证试验。

可靠性试验目的通常有以下几个方面：

（1）在研制阶段用以暴露试制产品各方面的缺陷，评价产品可靠性达到预定指标的情况；

（2）生产阶段为监控生产过程提供信息；

（3）对定型产品进行可靠性鉴定或验收；

（4）暴露和分析产品在不同环境和应力条件下的失效规律及有关的失效模式和失效机理；

（5）为改进产品可靠性，制定和改进可靠性试验方案，为用户选用产品提供依据。

对于不同的产品，为了达到不同的目的，可以选择不同的可靠性试验方法。可靠性试验有多种分类方法：

（1）如以环境条件来划分，可分为包括各种应力条件下的模拟试验和现场试验；

（2）以试验项目划分，可分为环境试验、寿命试验、加速试验和各种特殊试验；

（3）若按试验目的来划分，则可分为筛选试验、鉴定试验和验收试验；

（4）若按试验性质来划分，也可分为破坏性试验和非破坏性试验两大类。

惯用的分类法，是把它归纳为环境试验、寿命试验、筛选试验、现场使用试验和鉴定试验等五大类。

● 生产学习经验 ●

【案例1-1】在生产实际中，我们应该如何管理数控机床？

【案例1-2】什么是TPM？

【案例1-3】什么是5W1H工作法？

【案例1-4】什么是5S管理？

【案例1-5】雷尼绍ML10（RENISHOW ML10）激光干涉仪为机床检定提供了一种高精度仪器，它精度高，达到±1.1 PPM（在0℃~40℃下），测量范围大（线性测长40 m，任选80 m），测量速度快（60 m/min），分辨率高（0.001 μm），便携性好。由于雷尼绍激光干涉仪具有自动线性误差补偿功能，可方便恢复机床精度，受到使用者的欢迎。生产实际中，ML10激光干涉仪在精度检测中的应用内容有哪些呢？

案例1-1

案例1-2

案例1-3

案例1-4

案例1-5

本章小结 BENZHANGXIAOJIE

本章主要学习了数控机床故障诊断与维修方面的基本概念、原理和方法。本章的学习重点是数控机床故障的概念和分类，可靠性的概念和主要衡量指标，修理的概念和种类，数控机床管理的基本规范、数控机床操作维护规程、日常维护、定期维护和检查，数控机床故障诊断常用仪器仪表；学习难点是故障的机理分析和常规处理方法，修理的原则和新技术原理分析，数控机床日常维护、定期维护和检查的内容如何确定？有关 TPM、5W1H 工作法和车间 5S 管理方面的基本知识仅作了解。

思考与练习

1-1　数控机床的概念是什么？

1-2　数控机床的主要组成部分有哪些？

1-3　简述数控机床的常用种类和特点。

1-4　什么是数控机床的故障？故障产生的规律是什么？出现故障如何处理？

1-5　数控机床操作维护规程的制定原则是什么？

1-6　数控机床定期维护的主要内容是什么？

1-7　点检的作用是什么？对一台数控车床和加工中心，你认为哪些是重要部位？

1-8　简述点检卡的制订程序。

1-9　数控机床运行使用中的注意事项有哪些？

1-10　数控机床安全生产要求有哪些？

1-11　什么是修理？修理的种类有哪些？修理有哪些组织方法？数控机床修理的技术资料有哪些？

1-12　什么是现场修理？如何建立技术档案？如何建立故障档案？

1-13　数控机床修理中要注意些什么？

1-14　半导体器件在替代时要考虑哪些方面？

1-15　数控机床对修理人员的基本要求是什么？

1-16　数控机床故障诊断与修理应遵循的原则是什么？

1-17　提高数控机床修理技术的方法有哪些？

1-18　数控机床故障诊断常用工具有哪些？

1-19　数控机床故障诊断常用仪器仪表有哪些？

1-20　什么是远程诊断系统？什么是自修复系统？什么是专家故障诊断系统？什么是"基于行为"的智能化故障诊断技术？

1-21　什么是可靠性？可靠性的衡量指标有哪些？影响可靠性的因素是什么？

1-22 数控机床管理的基本要求是什么？

1-23 数控机床初期管理的含义是什么？主要内容有哪些？

1-24 数控机床的使用要求有哪些？

1-25 "四会""四项要求"和"五项纪律"的含义是什么？

1-26 TPM、5W1H 工作法和车间 5S 管理的基本含义是什么？

本章知识点

1. 数控机床选购时遵循的原则和考虑的因素；
2. 数控机床安装的要求和步骤；
3. 数控机床调试的步骤；
4. 数控机床验收的依据和检验的内容。

先导案例

　　国外金属切削专家认为，一台价值25万美元的数控机床，效率的发挥在很大程度上取决于一把价值30美元立铣刀的性能。我们应如何理解这句话呢？

2.1　数控机床的选购

数控机床的正确选用可以预防和减少故障的产生，必须认真对待。

2.1.1　数控机床选购的一般原则

1. 实用性
实用性指明确用数控机床来解决生产中的哪一个或哪几个问题。
2. 经济性
经济性指所选用的数控机床在满足加工要求的条件下，所支付的代价是最经济的或者是较为合理的。
3. 可操作性
可操作性指用户选用的数控机床要与本企业的操作和维修水平相适应。
4. 稳定可靠性
稳定可靠性指机床本身的质量，选择名牌产品能保证数控机床工作时稳定可靠。

20 世纪 80 年代以来，我国已能生产多种多样的数控机床，尤其是进入 21 世纪以来，许多数控机床在技术性能上已趋向完善，并在发展国民经济中发挥着重要的作用。数控机床确实具有普通机床所不具备的许多优点，但它并不能完全取代普通机床，也还不能以最经济的方式解决机械加工中的所有问题。如何从品种繁多、价格高昂的设备中选择适用的设备，如何使这些设备在机械制造中充分发挥作用，如何正确、合理地选购与主机相配套的附件及软件技术，已成为广大用户十分关心的问题。

2.1.2 数控机床选购时需考虑的因素

选择及购买数控机床是为了及时制造高质量的产品，迅速占领市场，获取利润，故应做好充分准备，向机床厂提出具体要求。

1. 确定要加工的零件

用成组技术（GT）是较科学的方法，其基础是相似性。将结构、几何形状、尺寸、材料、毛坯形状、加工表面加工精度等近似的零件，用分类编码的方法划分零件族，制定成组工艺，使之有可能简化编程，减少机床调整时间，减少工装、刀具、量具数量等，从而取得更大效益。世界上 GT 的分类编码系统很多，我国原机械工业部组织制定的 JLBM—1 分类编码系统如图 2 - 1 所示。

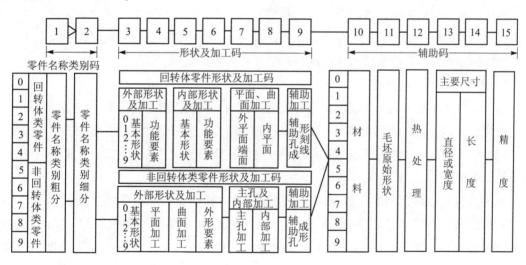

图 2 - 1 JLBM—1 分类编码系统总体结构

使用上述编码系统分组时会遇到相似尺度掌握的问题，所以还需要结合从实践中总结出的经验。有的工厂将其简化为自己的分类方法，例如轴套类、法兰类，短轴类、长轴类，箱体类、拨叉类、钣金类等，分类较粗但很实用。

2. 选择数控机床的种类

数控机床的类型、规格繁多，不同类型的数控机床都有其不同的使用范围和使用要求，每一种数控机床都有最适合其加工的典型零件。如加工轴类零件，选用数控车床；加工板类，即箱盖、壳体和平面凸轮等零件，则应选用立式加工中心或数控铣床；加工复杂箱体类，即箱体、泵体、壳体等零件，则应选用卧式加工中心。

另外，当工件只需要钻削或只需要铣削时，就不要购买加工中心；能用数控车床加工的零件就不要用车削中心；能用三轴联动的机床加工零件就不要选用四轴或五轴联动的机床。

3. 选择数控系统

经过半个多世纪的发展，世界上数控系统的种类、规格非常多。

为了与机床相匹配，在选择数控系统时应注意以下几个方面。

（1）根据数控机床类型选择相应的数控系统

数控系统有适用于车、铣、镗、磨、冲压、造型等加工类别，所以应有针对性地进行选择。

（2）根据数控机床的设计指标选择数控系统

往往是具备基本功能的系统较便宜，而具有选择功能的却较昂贵。

（3）订购时要考虑周全

订购时应把所需的系统功能一次订齐，不能遗漏，对于那些价格增加不多，但对使用会带来方便的功能，应当配置齐全。另外，选用数控系统及机床的种类不宜过多、过杂，否则会给使用、维修带来很大困难。

4. 选择数控机床的规格

数控机床规格的选择，应结合确定的典型零件尺寸，选用相应的规格以满足加工典型零件的需要。数控机床的主要规格包括工作台面的尺寸、坐标轴数及行程范围、主轴电动机功率和切削扭矩等。在选择数控机床的规格时要注意机床的型号。

5. 选择数控机床的精度

数控机床的精度等级应根据典型零件关键部位的加工精度要求来决定。

影响机械加工精度的因素很多，如机床的制造精度、插补精度、伺服系统的随动精度以及切削温度、切削力、各种磨损等。而用户在选用机床时，主要应考虑综合加工精度是否能满足加工要求。

目前，世界各国都制定了数控机床的精度标准。机床生产厂商在数控机床出厂前大都按照相应标准进行了严格的控制和检验。实际上机床制造精度都是很高的。实际精度均有相当的储备量，即实际的允差值要比标准的允差值小 20% 左右。在各项精度标准中，最主要的是定位精度、重复定位精度，对于加工中心和数控铣床，还有一项铣圆精度，见表 2 – 1。

表 2 – 1 数控机床的精度　　　　　　　　　　　　　　　　　　　　mm

精度项目	普通型	精密型
单轴定位精度	±0.01/300 或全程	±0.005/全程
重复定位精度	±0.006	±0.003
铣圆精度	0.03 ~ 0.04	0.015

6. 刀具系统

刀具系统是维持机床正常运转费用较高的项目。

（1）刀柄系统

① 加工中心常用刀柄分类见表 2-2。

表 2-2　刀柄分类

种类	标准	结构特点				备注
		型号	拉钉	机械手夹持部位	传递扭矩的键槽	
7:24 锥柄	ISO7388 JB3381 GB3837 DIN69871 DIN2080 BT（日本） VDI（德）等	标准型号　40 45 50	钢球拉力	施力锥面 45°	各国各厂 不尽相同	在机械手夹持部位。 型号为 20、25 的，部分无此键槽
		扩展型号　20 25 30 35 60	夹爪拉力			型号为锥柄大端直径舍入值
HSK （中空锥度刀柄）	DIN69893	40 45 50 60	不用拉钉	有，按 DIN69893 制造	在锥度小端	
注：刀柄和拉钉必须与机床主轴拉刀机构和换刀机械手适配。						

　　模块式工具系统初始投资大，机床台数较多或零件品种较多时，可能划算。非模块式工具系统单件刀具价格低，若所购品种不多并且可多台机床共用，多种零件共用，可能划算。做决定时必须仔细分析与计算。另外，采用刀柄标准要统一，可节约开支，便于管理。考察刀具生产厂的质量、信誉和经营管理情况也很重要。

　　加工中心上还有一些特殊刀柄，见表 2-3。

表 2-3　特殊刀柄

名　称	用　途
增速头刀柄	可将小孔加工用刀具的转速提升 3~7 倍
多轴动力头刀柄	可用来同时加工多个小孔
万能铣头刀柄	可改变刀具轴线和主轴轴线间的夹角
内冷却刀柄	切削液经刀具内的通孔直达切削点，冲屑冷却
高速磨头刀柄	可进行磨削加工
接触式测头"刀柄"（三维接触式传感器）	和刀具一样置入刀库，换入主轴后使用各种测量循环程序进行：工件找正，工件零点测定，工件几何尺寸测量，工件几何位置测量，数字化仪测实物生成加工程序（测头"刀柄"上有电池供电的信号发送器，机床适当部位安装信号接收器）

② 数控车床用刀柄的特点比较见表2-4。

表2-4 数控车床用刀柄的特点比较

项目	刀块式	圆柱齿条式
定位方式	凸键和轴向键	圆柱，刀柄端面，齿条齿形面
手动更换	不方便，费时	快捷
刚度	好	稍差
和外部刀库自动交换刀具的可能性	尚不能自动松、夹	可自动松、夹
注：有将整个刀库盘进行交换的机床。		

③ 用于车削中心的动力刀具刀柄，刀柄尾部有驱动齿轮驱动刀具轴旋转。刀具轴上可装各种刀具，特点见表2-5。

表2-5 动力刀具的特点

种类	用途	刀具
刀具轴线平行于Z轴	用于主轴锁定后在工件端面上进行各种加工	钻头、丝锥、立铣刀等
	利用主轴C轴功能铣螺纹	螺纹铣刀
	主轴和自驱刀具轴有固定速比，用"刀"加工六角面	圆周上均布的"飞刀"
	利用主轴C轴功能和X轴进行插补，在工件端面上铣直槽、非同心圆槽	立铣刀
刀具轴线垂直于Z轴	主轴分度后锁定，在工件外圆上钻孔、攻螺纹，铣平面，铣槽	钻头、丝锥、立铣刀、键槽铣刀
	利用主轴C轴功能和Z轴进行插补，在工件圆上铣螺线槽等	立铣刀
刀具轴线与Z轴夹角可调	铣斜面 在斜面上钻孔、攻螺纹孔，铣槽	立铣刀、钻头、丝锥、键槽铣刀
电主轴磨头	内外磨削	内外圆砂轮
接触式测头	用于工件主动测量	

（2）刀库类型和刀库容量的选择

① 车床多用刀库盘的盘上有8~12个刀座位，车削中心可有2~3个刀库盘。

② 加工中心的刀库类型繁多，刀库容量为8~120把，见表2-6。

表2-6 常用刀库形式及刀库容量

类型	容量/把	说 明
直线刀库	8~12	主轴可在 X、Y、Z 3 个坐标轴上移动，主轴接近刀库，完成取刀放刀； 不用机械手换刀，可靠； 换刀时间较长； 卧式机床占用加工空间
圆盘刀库	12~30	多用于立式机床； 不用机械手，换刀时主轴沿 Z 轴运动升至换刀位； 刀库移至主轴下，主轴沿 Z 轴运动放刀、取刀，刀库再移开； 换刀时间为 8~15 s
链式刀库	40~120	多用于卧式机床； 用机械手换刀； 选刀和加工时间重合，机械手双动同时取刀、放刀； 换刀时间 5~10 s，最快 0.5~1 s

加工中心上的新型刀库见表 2-7。

表2-7 新型刀库

类型	容量	说 明
弹夹式刀库	可变	机械手换刀，刀库可整体交换，缩短配刀时间，便于进入 FMS
格子箱式刀库	可变	
大容量刀库	200 多把	机械手换刀，200 多把 50 号锥柄刀具分布在巨大的半球上

③ 在选择刀库容量时，需要对整个零件组的加工内容进行分析，统计需要用的刀具数。刀具过多，则用机械手换刀出现故障的概率大。工序适当分散和采用复合刀具可减少刀具数，用复合刀具还可提高加工效率，值得考虑。表 2-8 给出的刀库容量可作参考，刀库容量 30 把，可覆盖 85% 的工件。

表2-8 刀库容量与工件数量的关系

工件种数所占的百分比/%	18	50	17	10	5
所需刀具数/把	<10	<20	<30	<40	<50

7. 选择功能及附件的选择

选购数控机床时，除了要认真考虑它应具备的基本功能及基本件外，还可根据需要选择随机程序编制、运动图形显示、人机对话程序编制等功能和自动测量装置、接触式测头、红外线测头、刀具磨损和破损检测等附件。

8. 选择机床制造厂

目前，各品牌机床制造商已普遍重视产品的售前、售后服务，协助用户对典型工件做工艺分析，进行加工、可行性工艺试验，并承担成套技术服务，包括工艺装备设计、程序编制、安装调试、试切工件直至全面投入生产的一条龙服务。

9. 经济性分析

（1）投资计算

投资计算由会计人员进行，计算方法较多，常用的有：

① 利润率。投资获益与占用资金之比。

$$一定时期的利润率 = \frac{利润率}{某段时期} = \frac{利润/某段时段}{所占用资本} \times 100\%$$

$$平均利用率 = \frac{平均利润}{0.5 \times 投资额} \times 100\%$$

② 回收期投资额 I。

$$I = \sum_{t=1}^{m}(A_t + G_t)$$

式中，I 为投资额；t 为年数；A_t 为 t 年折旧费；G_t 为 t 年的收益；m 为回收期（年）。

回收期计算方法有多种，这里可以采用平均计算法。

$$回收期 = \frac{投资额}{每年平均回收额}（年）$$

（2）无法量化的费用

数控机床具有更大的柔性，适应"适时制造"或"订单制造"。力争更少的废品损失，更少的检查费用，更短的生产周期，需要的操作人员数量减少（例如实行多机床管理），但要支付较高的人员培训费用，维护费用也较高。

（3）投资心理

用数控机床建立声誉；乐于试用先进设备。

10. 机床的噪声和造型

绿色制造和清洁生产是现代化制造重要的内容之一。对于机床噪声，各国都有明确的标准。目前声音品质也被列为评价机床质量的标准之一。不少机床不但控制噪声等级，而且对杂音控制也提出了要求。即机床运转时，除噪声等级不允许超标外，还不应该有不悦耳杂音产生。不悦耳杂音一般指虽不超出噪声标准规定的等级，但是却可以听到的怪异声响。

机床造型也可以统称为机床的观感质量，机床造型技术是人机工程学在机床行业的实际应用。机床造型对工业安全、人体卫生和生产效率产生着潜在的但又非常重要的影响。

2.2　数控机床的安装

2.2.1　对安装地基和安装环境的要求

在确定购置某机床制造厂的数控机床后，即可根据该制造厂提供的机床安装地基图进行施工。在安装前要考虑机床重量和重心位置、与机床连接的电线、管道的铺设、预留地脚螺栓和预埋件的位置。一般小型数控机床的地基比较简单，只用支撑件调整机床的水平，无须用地脚螺栓固定。中型、重型机床需要做地基，精密机床应安装在单独的地基上，并在地基周围设置防震沟。地基平面尺寸不应小于机床支承面积的外廓尺寸，并考虑安装、调整和维修所需尺寸。机床的安装位置应远离各种干扰源，应避免阳光照射和热辐射的影响，其环境温度和湿度应符合说明书的规定。机床绝对不能安装在产生粉尘的车间里。另外，机床旁应留有足够的工件运输和存放空间。机床与机床、机床与墙壁之间应留有足够的通道。

2.2.2 数控机床的安装步骤

1. 拆箱

拆箱前应仔细检查包装箱外观是否完好无损。若包装箱有明显的损坏，应通知发货单位，并会同运输部门查明原因，分清责任。拆箱后，首先找出随机携带的有关文件，按清单清点机床零部件数量和电缆数量。

2. 就位

机床的起吊应严格按说明书上的吊装方法进行。注意机床的重心和起吊位置。起吊时，必须在机床上升时使机床底座呈水平状态。在使用钢丝绳时，在钢丝绳下应垫上木块或垫板，以防打滑。待机床吊起离地面 100 ~ 200 mm 时，仔细检查悬吊是否稳固。然后将机床缓缓地送至安装位置，并使垫铁、调整垫板、地脚螺栓对号入座。

3. 找平

按照机床说明书调整机床的水平精度。机床放在基础上，应在自由状态下找平，然后将地脚螺栓均匀地锁紧。找正安装水平的基础面，应在机床的主要工作面（如机床导轨面或装配基面）上进行。在评定机床安装水平时，对于普通机床，水平仪读数不大于 0.04/1 000 mm，对于精密机床，水平仪读数不大于 0.02/1 000 mm。在测量安装精度时，应选取一天中温度恒定的时候。避免使用为了适应调整水平的需要，而使机床产生强迫变形的安装方法。否则将引起机床基础件的变形，从而引起导轨精度和导轨相配件的配合与连接的变化，使机床精度和性能受到破坏。高精度数控机床可采用弹性支承进行调整，抑制机床振动。

4. 清洗

除各部件因运输需要而安装的紧固工件（如紧固螺钉、连接板、楔铁等）外，应清洗各连接面、各运动面上的防锈涂料。清洗时不能使用金属或其他坚硬刮具，不得用棉纱或纱布，要用浸有清洗剂的棉布或绸布。清洗后涂上机床规定使用的润滑油。此外也要做好各外表面的清洗工作。

5. 连接

（1）机床解体零件及电缆、油管和气管的连接

对一些解体运输的机床（如加工中心），待主机就位后，将在运输前拆下的零部件安装

在主机上。在组装中，要特别注意各接合面的清理，并去除由于磕碰形成的毛刺；要尽量使用原来的定位元件，将各部件恢复到机床拆卸前的位置，以利于下一步的调试。

主机装好后即可连接电缆、油管和气管。在机床随机文件中，有电气连接图、气液压的管路图，每根电缆、油管、气管接头上都应有标牌，电气柜和各部件的插座也有相应的标牌，根据接线图、接管图把这些电缆、管道一一对号入座。在连接中，要注意清洁除污和可靠地插接及密封。在连接电缆的插头和插座时，必须仔细清洁并检查有无松动和损坏。这些工作必须事先做好，否则在调试中发生故障后再来检查清理，就需花费大量的时间。安装电缆后，一定要把紧固螺钉拧紧，保证接头插杆的接触完全可靠。在油管、气管连接中，要特别防止异物从接口进入管路，造成整个液压系统发生故障，每个接头必须拧紧，否则到调试时，若在一些大的分油器上发现有油管渗漏，常常要拆卸一大批管子，使返修工作量加大。

（2）机床数控系统的连接

① 数控系统的开箱检查。

无论是单个购入的数控系统还是与机床配套整机购入的数控系统，到货开箱后都应仔细检查。检查系统本体及与之配套的进给速度控制单元和伺服电动机、主轴控制单元和主轴电动机的包装是否完整无损，实物和订单是否相符。此外，还应检查数控柜内各插接件有无松动现象，接触是否良好。

② 外部电缆的连接。

数控系统外部电缆的连接，指数控装置与 MDI/CRT 单元、强电柜、机床操作面板、进给伺服电动机和主轴电动机动力线、反馈信号线的连接等，这些连接必须符合随机提供的连接手册的规定。最后还要进行地线的连接。数控机床地线的连接十分重要，良好的接地不仅对设备和人身的安全十分重要，同时能减少电气干扰，保证机床的正常运行。地线一般都采用辐射式接地法，即数控柜中的信号地、强电地、机床地等连接到公共接地点上，公共接地点再与大地相连。数控柜与强电柜之间的接地电缆要足够粗，截面积要在 6 mm^2 以上。地线必须与大地接触良好，机床设备接地电阻一般要求小于 4 Ω。

③ 电源线的连接。

数控系统电源线的连接，指数控柜电源变压器输入电缆的连接和伺服变压器绕组抽头的连接。对于进口的数控系统或数控机床更要注意，由于各国供电制式不尽一致，国外机床生产厂家为了适应各国不同的供电情况，无论是数控系统的电源变压器，还是伺服变压器都有多个抽头，必须根据我国供电的具体情况，正确地连接。

6. 确认

（1）输入电源电压、频率及相序的确认

① 输入电源电压和频率的确认。

我国供电制式是交流 380 V，三相；交流 220 V，单相，频率为 50 Hz。有些国家的供电制式与我国不一样，不仅电压幅值不一样，频率也不一样，例如日本，交流三相的线电压是220 V，单相是 100 V，频率是 60 Hz。出口的设备为了满足各国不同的供电情况，一般都配有电源变压器，变压器上设有多个抽头供用户选择使用。电路板上设有 50 Hz/60 Hz 频率转换开关。所以，对于进口的数控机床或数控系统一定要先看懂随机说明书，按说明书规定的方法连接。通电前一定要仔细检查输入电源电压是否正确，频率转换开关是否已置于 50 Hz 位置。

② 电源电压波动范围的确认。

检查用户的电源电压波动范围是否在数控系统允许的范围之内。一般数控系统允许电压在额定值的 85% ~ 110% 波动，而欧美的一些系统要求更高一些。由于我国供电质量不太好，电压波动大，电气干扰比较严重。如果电源电压波动范围超过数控系统的要求，需要配备交流稳压器。实践证明，采用了稳压措施后会明显地减少故障，提高了数控机床的稳定性。

③ 输入电源电压相序的确认。

目前数控机床的进给控制单元和主轴控制单元的供电电源，大都采用晶闸管控制元件，如果相序不对，接通电源可能使进给控制单元的输入熔丝烧断。

检查相序的方法很简单，一种是用相序表测量，如图 2 - 2（a）所示，当相序接法正确时相序表按顺时针方向旋转；否则就是相序错误，这时可将 R、S、T 中任意两条连接电线对调一下位置就行了。另一种是用双线示波器来观察两相之间的波形，如图 2 - 2（b）所示，两相在相位上相差 120°。

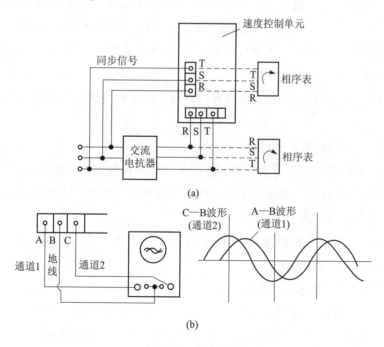

图 2 - 2　相序测量

（a）相序表法；（b）示波器法

④ 确认直流电源输出端是否对地短路。

各种数控系统内部都有直流稳压电源单元，为系统提供所需的 + 5 V、± 15 V、± 24 V 等直流电压。因此，在系统通电前应当用万用表检查其输出端是否有对地短路的现象。如有短路，必须查清短路的原因，排除之后方可通电，否则会烧坏直流稳压电源。

⑤ 接通数控柜电源，检查各输出电压。

在接通电源之前，为了确保安全，可先将电动机动力线断开。这样，在系统工作时不会引起机床运动。但是应根据修理说明书的介绍对速度控制单元做一些必要的设定，使其不致因断开电动机动力线而造成报警。接通数控柜电源后，首先检查数控柜内各风扇是否旋转，这也是判断电源是否接通的最简便方法。随后检查各印制电路板上的电压是否正常，各种直流电压是否在允许的范围之内。一般来说，±24 V 允许误差 ±10% 左右，±15 V 的误差不超过 ±10%，对 +5 V 电源要求较高，误差不能超过 ±5%，因为 +5 V 是供给逻辑电路用的，波动太大，会影响系统工作的稳定性。

⑥ 检查各熔断器。

熔断器是设备的"卫士"，时刻保护着设备的安全。除供电主线路上熔断器外，几乎每一块电路板或电路单元都装有熔断器，当过负荷、外电压过高或负载端发生意外短路时，熔断器能马上被熔断而切断电源，起到保护设备的作用，所以一定要检查熔断器的质量和规格是否符合要求。

（2）短路棒的设定和确认

数控系统内的印制电路板上有许多用短路棒短路的设定点，需要对其适当设定以适应各种型号机床的不同要求。一般来说，用户购入的如果是整台数控机床，这项设定已由机床厂完成，用户只需确认一下即可。但对于单体购入的数控装置，用户则必须根据需要自行设定。因为数控装置出厂时是按标准方式设定的，不一定适合具体用户的要求。不同的数控系统设定的内容不一样，应根据随机的维修说明书进行设定和确认。主要设定内容有以下 3 个方面。

① 控制部分印制电路板上的设定。

包括主板、ROM 板、连接单元、附加轴控制板、旋转变压器或感应同步器的控制板上的设定。这些设定与机床回基准点的方法、速度反馈用检测单元、检测增益调节等有关。

② 速度控制单元电路板上的设定。

在直流速度控制单元和交流速度控制单元上都有许多设定点，这些设定用于选择检测元件的种类、回路增益及各种报警。

③ 主轴控制单元电路板上的设定。

无论是直流还是交流主轴控制单元上，均有一些用于选择主轴电动机电流极性和主轴转速等的设定点。但数字式交流主轴控制单元上已用数字设定代替短路棒设定，故只能在通电时进行设定和确认。

（3）数控系统各种参数设定的确认

设定数控系统参数包括 PLC 参数等的目的，是当数控装置与机床相连时，能使机床具有最佳的工作性能。即使是同一种数控系统，其参数设定也随机床而异。数控机床出厂时都随机附有一份参数表。参数表是一份很重要的技术资料，必须妥善保存。当进行机床维修，特别是当系统中的参数丢失或发生了错乱，需要重新恢复机床性能时，参数表是不可缺少的依据。

对于整机购进的数控机床，各种参数已在机床出厂前设定好，无须用户重新设定，但对照参数表进行一次核对还是必要的。显示已存入系统存储器的参数的方法，随各类数控系统而异，大多数可以通过按压 MDI/CRT 单元上的 PARAM（参数）键来进行。显示的参数内容应与机床安装调试完成后的参数一致，如果参数有不符合的，可按照机床维修说明书提供的方法进行设定和修改。

如果所用的进给和主轴控制单元是数字式的，那么它的设定也都是用数字设定参数，而不用短路棒。此时，须根据随机所带的说明书一一确认。

（4）确认数控系统与机床间的接口

现代的数控系统一般都有自诊断功能，在 CRT 画面上可以显示数控系统与机床接口以及数控系统内部的状态。在带有可编程控制器 PLC 时，可以反映出从 NC 到 PLC、从 PLC 到机床（MT），以及从 MT 到 PLC、从 PLC 到 NC 的各种信号状态。至于各个信号的含义及相互逻辑关系，随每个 PLC 的梯形图而异。用户可根据机床厂提供的梯形图说明书（内含诊断地址表），通过自诊断画面确认数控系统与机床之间的接口信号状态是否正确。

完成上述步骤，可以认为数控系统已经调整完毕，具备了机床联机通电调试的条件。此时，可以切断数控系统的电源，连接电动机的动力线，恢复报警设定，准备通电调试。

2.3 数控机床的调试

2.3.1 通电前的外观检查

1. 机床电器检查

打开机床电控箱，检查继电器、接触器、熔断器、伺服电动机速度控制单元插座等有无松动现象，如有松动现象应恢复正常状态；有锁紧机构的接插件一定要锁紧；有转接盒的机床一定要检查转接盒上的插座、接线有无松动。

2. CNC 电箱检查

打开 CNC 电箱门，检查各类插座，包括各类接口插座、伺服电动机反馈线插座、主轴脉冲发生器插座、手摇脉冲发生器插座、CRT 插座等，如有松动要重新插好，有锁紧机构的一定要锁紧。

按照说明书检查各个印刷线路板上的短路端子的设置情况，一定要符合机床生产厂所设定的状态，确实有误的应重新设置。一般情况下无须重新设置，但用户一定要对短路端子的设置状态做好原始记录。

3. 接线质量检查

检查所有的接线端子，包括强、弱电部分在装配时机床生产厂自行接线的端子及各电动机电源线的接线端子。每个端子都要用旋具紧固一次，直到用旋具拧不动为止（弹簧垫圈要压平），各电动机插座一定要拧紧。

4. 电磁阀检查

所有电磁阀都要用手推动数次，以防止长时间不通电造成的动作不良。如发现异常，应做好记录，以备通电后确认修理或更换。

5. 限位开关检查

检查所有限位开关动作的灵活性及固定是否牢固，发现动作不良或固定不牢的应立即处理。

6. 操作面板上按钮及开关检查

检查操作面板上所有按钮、开关、指示灯的接线，发现有误应立即处理。检查 CRT 单元上的插座及接线。

7. 地线检查

要求有良好的地线。外部保护导线端子与电器设备任何裸露导体零件和机床外壳之间的电阻数值不能大于 0.1 Ω，机床设备接地电阻一般要求小于 4 Ω。

8. 电源相序检查

用相序表检查输入电源的相序，确认输入电源的相序与机床上各处标定的电源相序绝对一致。

2.3.2 机床总电压的接通

1. 接通机床总电源

检查 CNC 电箱、主轴电动机冷却风扇、机床电器箱冷却风扇的转向是否正确，润滑、液压等处的油标指示以及机床照明灯是否正常，各熔断器有无损坏，如有异常应立即停电检修，无异常可以继续进行。

2. 测量强电各部分的电压

特别是要测量供 CNC 及伺服单元用的电源变压器的初、次级电压，并做好记录。

3. 观察有无漏油

特别是供转塔转位、卡紧、主轴换挡以及卡盘卡紧等处的液压缸和电磁阀。如有漏油，应立即停电修理或更换。

2.3.3 CNC 系统电箱通电

1）按 CNC 电源通电按钮，接通 CNC 电源。观察 CRT 显示，直到出现正常画面为止。如果出现 ALARM 显示，应该寻找故障并排除，然后再重新送电检查。

2）打开 CNC 电箱，根据有关资料上给出的测试端子的位置测量各级电压，有偏差的应调整到给定值，并做好记录。

3）将状态开关置于适当的位置，如日本 FANUC 系统应放置在 MDI 状态，选择到参数页面，逐条、逐位地核对参数，这些参数应与随机所带参数表符合。如发现有不一致的参数，应弄清各个参数的意义后再决定是否修改。如齿隙补偿的数值可能与参数表不一致，这在进行实际加工后可随时进行修改。

4）将状态选择开关放置在 JOG 位置，将点动速度放在最低挡，分别进行各坐标正反方向的点动操作，同时用手按与点动方向相应的超程保护开关，验证其保护作用的可靠性。然后，再进行慢速的超程试验，验证超程撞块安装的正确性。

5）将状态开关置于回零位置，完成回零操作。无特殊说明时，数控机床的回零方向一般是在坐标的正方向，观察回零动作的正确性。

有些机床在设计时就规定不首先进行回零操作，即参考点返回的动作不完成就不能进行其他操作。因此，遇此情况应首先进行本项操作，然后再进行上一步的操作。

6）将状态开关置于 JOG 位置或 MDI 位置，进行手动变挡（变速）试验。验证后将主轴调速开关放在最低位置，进行各挡的主轴正反转试验，观察主轴运转情况和速度显示的正确性，然后再逐渐升速到最高速度，观察主轴运转的稳定性。

7）进行手动导轨润滑试验，使导轨有良好的润滑。

8）逐步变化快移超调开关和进给倍率开关，随意点动刀架，观察速度变化的正确性。

2.3.4 手动数据输入试验

1）将机床锁住开关放在接通位置，用手动数据输入指令进行主轴任意变挡、变速试验。测量主轴实际转速，并查看主轴速度显示值，误差应在 ±5% 以内，若误差超过 ±5% 应予以调整（此时对主轴调速系统应进行相应的调速）。

2）进行转塔或刀座的选刀试验，以检查刀座正转、反转和定位精度的正确性。

3）功能试验，用手动数据输入方式指令 G01、G02、G03 并指定适当的主轴转速、F码、移动尺寸等，同时调整进给倍率开关，观察功能执行情况及进给率变化情况。

4）给定螺纹切削指令，而不给主轴转速指令，观察执行情况，如不能执行则为正确，因为螺纹切削要靠主轴脉冲发生器的同步脉冲。然后增加主轴转动指令，观察螺纹切削的执行情况。（除车床外，其他机床不进行此项试验）

5）根据订货的情况不同，循环功能也不同，可根据具体情况对各个循环功能进行试验。为防止意外情况发生，最好先将机床锁住进行试验，然后再放开机床进行试验。

2.3.5 编辑功能试验

将状态选择开关置于 EDIT 位置，自行编制一简单程序，尽可能多地包括各种功能指令和辅助功能指令，移动尺寸以机床最大行程为限，同时进行程序的增加、删除和修改。

2.3.6 自动状态试验

将机床锁住，用编辑功能试验时编制的程序进行空运转试验，验证程序的正确性。然后放开机床分别将进给倍率开关、快移修调开关、主轴速度修调开关进行多种变化，使机床在上述各开关的多种变化的情况下进行充分的运行后再将各超调开关置于100%处，使机床充分运行，观察整机的工作情况是否正常。

2.3.7　外设试验

1）连接打印机，将程序和参数打印出来，验证辅助接口的正确性。参数表保存以备用。

2）将计算机与CNC相连，将程序输入CNC，确认程序并执行一次，验证输入接口的正确性。

至此，一台数控机床才算调试完毕。当然，由于数控机床型号不同，开机调试步骤也略有不同，上述步骤仅供参考。

2.4　数控机床的验收

2.4.1　验收依据

验收的依据是相关标准及合同约定。

相关的国内标准：

GB/T17421.1—1998　机床检验通则第1部分：在无负荷或精加工条件下机床的几何精度。

GB/T16462—1996　数控卧式车床精度检验。

GB/T4020—1997　卧式车床精度检验。

JB/T8324.2—1996　简式数控卧式车床技术条件。

JB/T8324.1—1996　简式数控卧式车床精度。

JB/T8771.1—1998　加工中心检验条件第1部分：卧式和带附加主轴头机床的几何精度检验（水平主轴）。

JB/T8771.4—1998　加工中心检验条件第4部分：线性和回转轴线的定位精度和重复定位精度检验。

JB/T8771.5—1998　加工中心检验条件第5部分：工件夹持托板的定位精度和重复定位精度检验。

JB/T8771.7—1998　加工中心检验条件第7部分：精加工试件精度检验。

JB/T6561—1993　数控电火花线切割机导轮技术条件。

JB/T8832—2001　机床数字控制系统通用技术条件。

JB/T8329.1—1999　数控床身铣床精度检验。

2.4.2　开箱检验和外观检查

数控机床到厂后，设备管理部门要及时组织有关人员开箱检验。参加检验的人员应包括设备管理人员和设备安装人员、设备采购员等。如果是进口设备，还须有进口商务代理、海关商检人员等。检验的主要内容有：

1）装箱单。

2）核对应有的随机操作、维修说明书、图样资料、合格证等技术文件。

3）按合同规定，对照装箱单清点附件、备件、工具的数量、规格及完好状况。

4）检查主机、数控柜、操作台等有无明显碰撞损伤、变形、受潮、锈蚀等现象，并逐项如实填写"设备开箱验收登记卡"存档。

开箱验收如果发现缺件、型号不符或设备已遭受碰撞损伤、变形、受潮、锈蚀等严重影响设备质量的情况，应及时向有关部门反映、查询、取证或索赔。

开箱检验虽然是一项清点工作，但也很重要，不能忽视。

机床外观检查是指不用仪器只用肉眼可以进行的各种检查。机床外观要求一般可按照通用机床的有关标准，但数控机床是价格高昂的高技术设备，对外观的要求就更高，对各防护罩、油漆质量、机床照明、切屑处理、电缆电线、气管路的布线和固定等都有比较高的要求。

2.4.3　精度检验

数控机床精度分为几何精度、定位精度和切削精度3类。

1. 几何精度检验

数控机床的几何精度检验，又称静态精度检验。几何精度是综合反映机床的各关键零部件及其组装后的几何形状误差。数控机床的几何精度检验和普通机床的几何精度检验在检测内容、检测工具及检测方法上基本类似，只是检测要求更高。

目前，国内检测机床几何精度的常用检测工具有精密水平仪、精密方箱、直角尺、平尺、平行光管、千分表、测微仪、高精度检验棒及一些刚性较好的千分表杆等。每项几何精度的具体检测办法见各机床的检测条件及标准，但检测工具的精度等级必须比所测的几何精度高一个等级，否则测量的结果将是不可信的。

普通立式加工中心几何精度检验的主要内容有以下几项。

1）工作台面的平面度；

2）沿各坐标方向移动的相互垂直度；

3）沿 X、Y 坐标轴方向移动时工作台面的平行度；

4）沿 X 坐标轴方向移动时工作台面 T 形槽侧面的平行度；

5）主轴的轴向窜动；

6）主轴孔的径向跳动；

7）主轴箱沿 Z 坐标轴方向移动时主轴轴心线的平行度；

8）主轴回转轴心线对工作台面的垂直度；

9）主轴箱沿 Z 坐标轴方向移动的直线度。

卧式机床要比立式机床多几项与平面转台有关的几何精度。

可以看出，第一类精度要求是机床各运动大部件如床身、立柱、溜板、主轴箱等运动的直线度、平行度、垂直度的要求；第二类是对执行切削运动主要部件主轴的自身回转精度及直线运动精度（切削运动中进刀）的要求。因此，这些几何精度综合反映了该机床的机械坐标系的几何精度和代表切削运动的部件主轴在机械坐标系的几何精度。

工作台面及台面上 T 形槽相对机械坐标系的几何精度要求是反映数控机床加工中的工件坐标系对机械坐标系的几何关系，因为工作台面及定位基准 T 形槽都是工件定位或工件夹具的定位基准，加工工件用的工件坐标系往往都以此为基准。

几何精度检测对机床地基有严格要求，必须在地基及地脚螺栓的固定混凝土完全固化以后才能进行。精调时先要把机床的主床身调到较精密的水平面，然后再调其他几何精度。考虑到水泥基础不够稳定，一般要求在使用数个月到半年后再精调一次机床水平。有些几何精度项目是互相联系的，如立式加工中心中 Y 轴和 Z 轴方向的相互垂直度误差，因此，对数控机床的各项几何精度检测工作应在精调后一气呵成，不允许检测一项调整一项分别进行，否则会造成由于调整后一项几何精度而把已检测合格的前一项精度调成不合格。

在检测工作中要注意尽可能消除检测工具和检测方法的误差，例如，检测主轴回转精度时检验心棒自身的振摆和弯曲等误差；在表架上安装千分表和测微仪时由表架刚性带来的误差；在卧式机床上使用回转测微仪时重力的影响；在测头的抬头位置和低头位置的测量数据误差等。

机床的几何精度在机床处于冷态和热态时是不同的，应按国家标准的规定即在机床稍有预热的状态下进行检测，所以通电以后机床各移动坐标往复运动几次，主轴按中等的转速回转几分钟之后才能进行检测。

2. 定位精度检验

数控机床定位精度，是指机床各坐标轴在数控系统控制下运动所能达到的位置精度。数控机床的精度又可以理解为机床的运动精度。普通机床由手动进给，定位精度主要决定于读数误差，而数控机床的移动是靠数字程序指令实现的，故定位精度决定于数控系统和机械传动误差。机床各运动部件的运动是在数控装置的控制下完成的，各运动部件在程序指令控制下所能达到的精度直接反映加工零件所能达到的精度，所以，定位精度是一项很重要的检测内容。

定位精度检测的主要内容为：直线运动定位精度、直线运动重复定位精度、直线运动轴机械原点的复归精度、直线运动失动量的检测、回转运动的定位精度、回转运动的重复运动定位精度、回转运动失动量的检测、回转轴原点的复归精度。

测量直线运动的检测工具有：测微仪、成组块规、标准刻度尺、光学读数显微镜和双频激光干涉仪等。标准长度测量以双频激光干涉仪为准。回转运动检测工具有：360 齿精确分度的标准转台或角度多面体、高精度圆光栅及平行光管等。

（1）直线运动定位精度检测

直线运动定位精度一般都在机床和工作台空载条件下进行。按国家标准和国际标准化组织的规定（ISO 标准），对数控机床的检测应以激光测量为准，如图 2 - 3 （a）所示。在没有激光测距仪的情况下，可以用标准刻度尺，配以光学读数显微镜进行比较测量，如图 2 - 3 （b）所示。但是，测量仪器精度必须比被测的精度高 1~2 个精度等级。

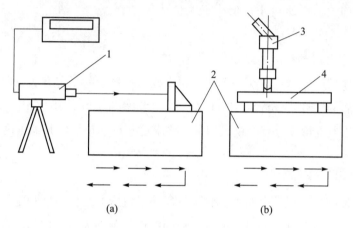

(a)   (b)

图 2 - 3　直线运动定位精度检测方法

（a）激光测量；（b）标准尺测量

1—激光测距仪；2—工作台；3—光学读数显微镜；4—标准刻度尺

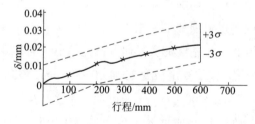

图 2 - 4　定位精度曲线

为了反映出多次定位中的全部误差，ISO 标准规定每一个定位点按五次测量数据算平均值和散差 $\pm 3\sigma$，这时的定位精度曲线是一个由各定位平均值连贯起来的一条曲线加上 $\pm 3\sigma$ 散差带构成的定位点散差带，如图 2 - 4 所示。

（2）直线运动重复定位精度检测

检测用的仪器与检测定位精度所用的相同。一般检测方法是在靠近各坐标行程中点及两端的任意 3 个位置进行测量，每个位置用快速移动定位，在相同条件下重复做 7 次定位，测出停止位置数值并求出读数最大差值，以 3 个位置中最大一个差值的 1/2，附上正负号，作为该坐标的重复定位精度。它是反映轴运动精度稳定性的最基本的指标。

（3）直线运动的原点返回精度

原点返回精度，实质上是该坐标轴上一个特殊点的重复定位精度，因此它的测定方法完全与重复定位精度相同。

（4）直线运动失动量的测定

直线运动的失动量，也叫直线运动反向误差，它包括该坐标轴进给传动链上驱动部件（如伺服电动机、伺服液压电动机和步进电动机等）的反向死区，各机械运动副的反向间隙和弹性变形等误差的综合反映。误差越大，则定位精度和重复定位精度也越差。

失动量的测定方法是在所测量坐标轴的行程内，预先向正向或反向移动一个距离并以此停止位置为基准，再在同一方向给予一定的移动指令值，使之移动一段距离，然后再往相反方向移动相同的距离，测量停止位置与基准位置之差，如图 2 - 5 所示。在靠近行程的中点及两端的 3 个位置分别进行多次测定（一般为 7 次），求出各个位置上的平均值，以所得平均值中最大值为失动测量值。

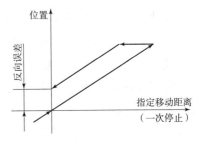

图 2 - 5　反向误差测定

（5）回转工作台运动精度的测定

回转运动各项精度的测定方法同上述各项直线运动精度的测定方法，但用于检测回转精度的仪器是标准转台、平行光管（准直仪）等。考虑到实际使用要求，一般对 00、900、1 800、2 700 等几个直角等分点作重点测量，要求这些点的精度较其他角度位置的精度要提高一个等级。

3. 切削精度检验

机床的切削精度是一项综合精度，它不仅反映了机床的几何精度和定位精度，同时还包括了试件的材料、环境温度、刀具性能以及切削条件等各种因素造成的误差和计量误差。为了反映机床的真实情况，要尽量排除其他因素的影响。切削试件时可参照验收标准中的有关要求进行，或按机床厂规定的条件，如试件材料、刀具技术要求、主轴转速、切削深度、进给速度、环境温度以及切削前的机床空运转时间等进行。切削精度检验可分单项加工精度检验和加工一个标准的综合试件精度检验两种。国内多以单项加工为主。

要保证切削精度，就必须要求机床的几何精度和定位精度的实际误差比允差小。例如某台加工中心的直线运动定位允差为 ±0.01 mm/300 mm，重复定位允差为 ±0.007 mm，失动量允差为 0.015 mm，但镗孔的孔距精度要求为 0.02 mm/200 mm。不考虑加工误差，在该坐标定位时，若在满足定位允差的条件下，只算失动量允差加重复定位允差（0.015 mm + 0.014 mm = 0.029 mm），即已大于孔距允差 0.02 mm。所以机床的几何精度和定位精度合格，切削精度不一定合格。只有定位精度和重复定位精度的实际误差小于允差，才能保证切削精度合格。因此，当单项定位精度有个别项目不符合时，可以以实际的切削精度为准。一般情况下，各切削精度的实测误差值为允差值的 50%，个别关键项目则在允差值的 1/3 左右。对影响机床使用的关键项目，如果实测值超差，应视为不合格。

2.4.4　数控机床性能及数控功能检验

1. 机床性能的检验

机床性能主要包括主轴系统、进给系统、自动换刀系统、电气装置、安全装置、润滑装置、气液装置及各附属装置等的性能。

机床性能的检验内容一般有十多项，不同类型机床的检验项目有所不同。有的机床有气压、液压装置，有的机床没有这些装置；有的还有自动排屑装置、自动上料装置、主轴润滑恒温装置、接触式测头装置等。对于加工中心，还有刀库及自动换刀装置、工作台自动交换装置以及其他的附属装置，这些装置工作是否正常可靠都要进行全面、细致的检验。

数控机床性能的检验与普通机床基本一样，主要是通过试运转，检查各运动部件及辅助装置在启动、停止和运行中有无异常现象及噪声，润滑系统、油冷却系统以及各风扇等工作是否正常。

（1）主轴系统

① 用手动方式选择高、中、低3个主轴转速，连续进行5次正转和反转的启动和停止动作，检验主轴动作的灵活性和可靠性。同时，观察负载表上的功率显示是否符合要求。

② 用数据输入方式，主轴从最低一级转速开始运转，逐级提到允许的最高转速，实测各级转速，允差为设定值的±10%，同时观察机床的振动。主轴在长时间高速运转后（一般为2小时）允许温升为15℃。

③ 连续操作主轴准停装置5次，检查动作的可靠性和灵活性。

（2）进给系统

① 分别沿各坐标轴进行手动操作，检验正反方向的低、中、高速进给和快速移动后的启动、停止、点动等动作的平衡性和可靠性。

② 用手动数据输入方式（MDI）测定G00和G01下的各种进给速度，允差±5%。

（3）自动换刀（ATC）系统

① 检查自动换刀系统的可靠性和灵活性，包括在手动操作和自动运行时刀库满负荷条件下（装满各种刀柄）的运动平稳性，以及刀库内刀号选择的准确性等。

② 根据技术指标，测定自动交换刀具的时间。

（4）机床噪声

机床运转时的总噪声不得超过标准（80 dB）。数控机床由于大量采用电调速装置，主轴箱的齿轮往往不是最大噪声源，而主轴电动机的冷却风扇和液压系统的液压泵的噪声等则可能成为最大噪声源。

（5）电气装置

在运转试验前后分别做一次绝缘检查，检查接地线质量，确认绝缘的可靠性。

（6）数控装置

检查数控柜的各种指示灯，检查纸带阅读机、操作面板、电气柜冷却风扇等的动作及功能是否正常可靠。

（7）安全装置

检查对操作者的安全性和机床保护功能的可靠性。如各种安全防护罩，机床运动坐标行程极限保护自动停止功能，各种电流电压过载保护和主轴电动机过热过负荷时紧急停止功能等。

（8）润滑装置

检查定时定量润滑装置的可靠性，检查润滑油路有无渗漏，到各润滑点的油量分配等功能的可靠性。

（9）气、液装置

检查压缩空气和液压油路的密封、调压功能，液压油箱的正常工作情况。

（10）附属装置

检查机床各附属装置的工作可靠性。如冷却装置能否正常工作，排屑器的工作质量，冷却防护罩有无泄漏，APC交换工作台工作是否正常，带重负载的工作台面自动交换是否正常，配置接触式测头的测量装置能否正常工作及有无相应测量程序等。

2. 数控功能的检验

数控系统的功能随所配机床类型的不同而有所不同，同型号的数控系统所具有的标准功能是一样的。但是一台较先进的数控系统所具有的控制功能是很全的，对于一般用户来说并不是所有的功能都需要，有些功能可以由用户根据本单位生产实际需要和经济情况选择，这部分功能叫选择功能。当然，选择功能越多价格越高。数控功能的检测验收要按照机床配备的数控系统的说明书和订货合同的规定，用手动方式或程序方式检测该机床应该具备的主要功能。

数控功能检验的主要内容有：

（1）运动指令功能

检验快速移动指令和直线插补、圆弧插补指令的正确性。

（2）准备功能指令

检验坐标系选择、平面选择、暂停、刀具长度补偿、刀具半径补偿、螺距误差补偿、反向间隙补偿、镜像功能、极坐标功能、自动加减速、固守循环及用户宏程序等指令的准确性。

（3）操作功能

检验回原点、单程序段、程序段跳读、主轴和进给倍率调整、进给保持、紧急停止、主轴和冷却液的启动和停止等功能的准确性。

（4）CRT显示功能

检验位置显示、程序显示、各菜单显示以及编辑修改等功能的准确性。

数控功能检验的最好办法是编一个考机程序，让机床在空载下自动运行16 h或32 h。这个考机程序应包括：

1）主轴传动要包括标称的最低、中间和最高转速在内五种以上速度的正转、反转及停止等运行。

2）沿各坐标轴的运动要包括标称的最低、中间和最高进给速度及快速移动，进给移动范围应接近全行程，快速移动距离应在各坐标轴全行程的1/2以上。

3）一般自动加工所用的一些功能和代码要尽量用到。

4）自动换刀应至少交换刀库中2/3以上的刀号，而且都要装上重量在中等以上的刀柄进行实际交换。

5）必须使用的特殊功能，如测量功能、APC 交换和用户宏程序等。

用以上这样的程序连续运行，检查机床各项运动、动作的平稳性和可靠性，并且在规定时间内不允许出故障，否则要在修理后重新开始规定时间考核，不允许分段进行累积到规定运行时间。

 知识拓展

1. 一台卧式加工中心出厂时的几何精度检测项目（表 2-9）

表 2-9　卧式加工中心几何精度检验项目

序号	检验内容		检验方法	允许误差	备注
1	主轴箱沿 Z 轴方向移动的直线度	a X 轴方向		0.04/1000	
		b Z 轴方向			
		c Z-X 面内 Z 轴方向		0.01/500	
2	工作台沿 X 轴方向移动的直线度	a X 轴方向		0.04/1000	
		b Z 轴方向			
		c Z-X 面内 Z 轴方向		0.01/500	

序号	检验内容		检验方法	允许误差	备注
3	主轴箱沿 Y 轴方向移动的直线度	a $X-Y$ 平面		0.01/500	
		b $Y-Z$ 平面			
4	工作表面的直线度	X 方向		0.015/500	
		Z 方向		0.015/500	
5	X 轴移动工作台面的平行度			0.02/500	
6	Z 轴移动工作台面的平行度			0.02/500	

续表

序号	检验内容		检验方法	允许误差	备注
7	X 轴移动工作台边界与定位器基准面的平行度			0.015/300	
8	各坐标轴之间的垂直度	X 和 Y 轴		0.015/300	
		Y 和 Z 轴		0.015/300	
		X 和 Z 轴		0.015/300	

序号	检验内容		检验方法	允许误差	备注
9	回转工作台表面的振动			0.02/500	
10	主轴轴向跳动			0.005 mm	
11	主轴径向跳动	a 靠主轴端		0.01 mm	
		b 离主轴端 300 mm 处		0.02 mm	
12	主轴中心线对工作台面的平行度	a $Y-Z$ 平面内		0.015/300	
		b $X-Z$ 平面内			
13	回转工作台回转90°的垂直度			0.01 mm	
14	回转工作台中心线到边界定位器基准面之间的距离精度	工作台 A		±0.02 mm	
		工作台 B			

续表

序号	检验内容		检验方法	允许误差	备注
15	交换工作台的重复交换定位精度	X轴方向		0.01 mm	
		Y轴方向			
		Z轴方向			
16	各交换工作台的等高度			0.02 mm	
17	分度回转工作台的分度精度			10″	

2. 一台斜床身、带转盘刀架的卧式数控车床几何精度检测项目（表2-10）

表2-10　卧式数控车床精度检验

序号	检验内容		检验方法	允许误差/mm	备注
1	往复台Z轴方向运动的直线度	a Z轴方向垂直平面内		0.05/1000	
		b X轴方向垂直平面		0.05/1000	
		c X轴方向水平面内		全长 0.01	

71

序号	检验内容		检验方法	允许误差/mm	备注
2	主轴端面跳动			0.02	
3	主轴径向跳动			0.02	
4	主轴中心线与往复台 Z 轴方向运动的平行度	a 垂直平面内		0.02/300	
		b 水平平面内		0.02/300	
5	主轴中心线与 X 轴的垂直度			0.02/200	
6	主轴中心线与刀具中心线的偏离程度	a 垂直平面内		0.05	
		b 水平平面内		0.05	

续表

序号	检验内容		检验方法	允许误差/mm	备注
7	床身导轨面的平行度	*a* 垂直平面内		0.02	
		b 水平平面内			
8	往复台 *Z* 轴方向运动与尾座中心线平行度	*a* 垂直平面内		0.02/100	
		b 水平平面内		0.01/100	
9	主轴与尾座中心线之间的高度偏差	*a* 垂直平面内		0.03	
		b 水平平面内			
10	尾座回转径向跳动			0.02	

3. 数控卧式加工中心切削精度检验内容（表2-11）

表2-11 卧式加工中心切削精度检测项目

序号	检验内容		检验方法	允许误差/mm	备注
1	镗孔精度	圆度	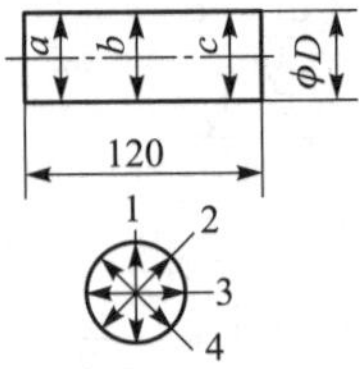	0.01	
		圆柱度		0.01/100	
2	端铣刀铣平面精度	平面度	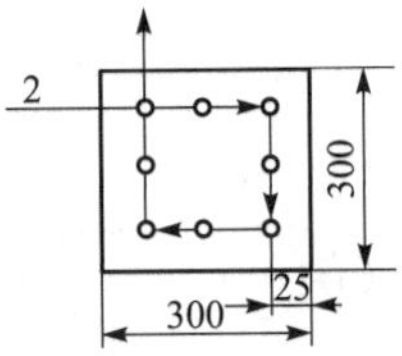	0.02	
		阶梯差			
3	端铣刀侧面精度	垂直度		0.02	
		平行度			
4	镗孔孔距精度	X 轴方向	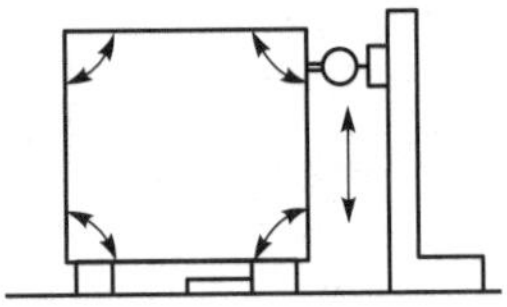	0.02	
		Y 轴方向			
		对角线方向		0.03	
		孔径偏差	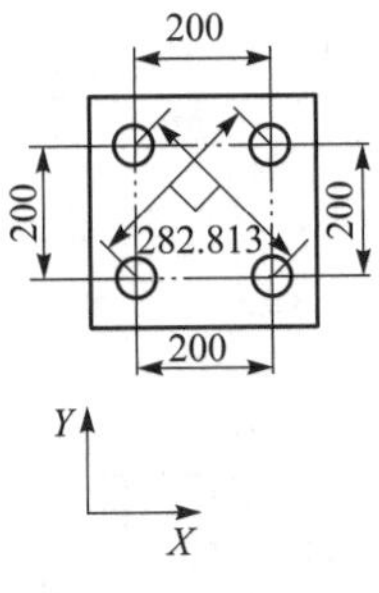	0.01	

续表

序号	检验内容		检验方法	允许误差/mm	备注
5	立铣刀铣削四周面精度	直线度		0.01/300	
		平行度		0.02/300	
		厚度差		0.03	
		垂直度		0.02/300	
6	两轴联动铣削直线精度	直线度		0.015/300	
		平行度		0.03/300	
		垂直度		0.03/300	
7	立铣刀铣削圆弧精度			0.02	

4. 数控卧式车床切削精度检验内容（表2-12）

表2-12 卧式车床切削精度检验内容

序号	简图和试件尺寸	检验性质切削条件	检验项目	允许误差/mm $D \leqslant 800$	$800 < D \leqslant 1500$	检验工具	备注 参照JB2670有关条款
P1	$L \approx D/2$ 或 $D/3$，取其中较小值 $L_{Smax} = 500$ mm $d > L/4$	在转塔刀架一个工位上，装夹单刃车刀，精车圆柱形试件	精车外圆的精度：a. 圆度（在试件固定端检验）b. 直径的一致性（试件同一轴向平面内直径的变化）	a 0.007 | 0.010 b 在300测量长度上为0.03		圆度仪千分尺	3.1、4.1、4.2 工件材料：45钢 切削速度：100～150 m/min 切削深度：0.1～0.15 mm 进给量≤0.1 mm/r 机夹可转位车刀 刀片材料：YW3涂层
P2	$d_{mim} = D/2$	在刀架上装夹单刃车刀，精车端面 $D > 800$ mm 时车削3个带	精车端面的增面度（加工直径小于50 mm的棒料，机床不检验此项）	300 直径上为0.020（只许凹）		平尺、块规或指示器	3.1、3.2.2、4.1、4.2 工件材料：灰铸铁 切削速度：100 m/min 切削深度：0.1～0.15 mm 进给量小于或等于0.1 mm/r 机夹可转位车刀 刀片材料：YW3涂层
P3	$L \geqslant 2d$，但不得小于75 mm d 接近 Z 轴丝杠直径	精车600螺纹，其螺距不超过 Z 轴丝杠螺距的一半（允许使用顶尖）	精车螺纹的螺距累积误差	任意60测量长度上为：0.020			3.1、4.1、4.2 螺纹表面应光洁无凹陷及波纹 具备螺距误差补偿装置、间隙补偿装置的机床，应在使用这些装置的条件下进行试验

序号	车削综合试件检验		
P4	简图和试件尺寸	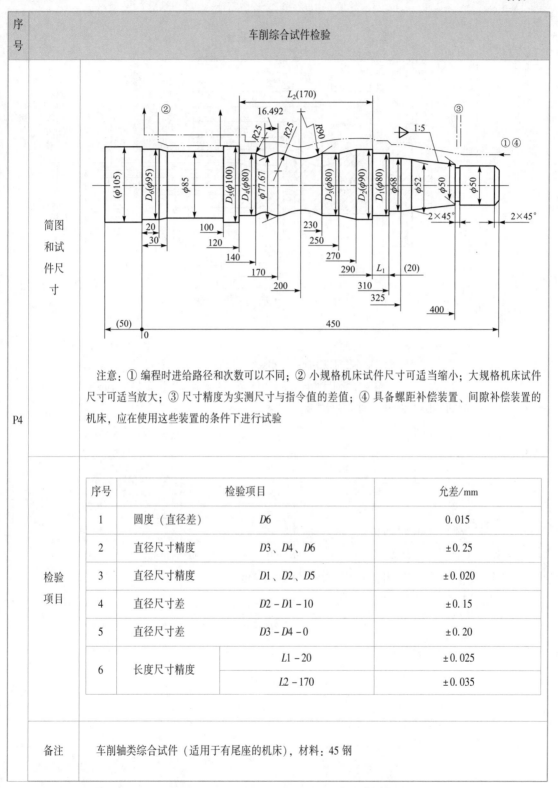 注意：① 编程时进给路径和次数可以不同；② 小规格机床试件尺寸可适当缩小；大规格机床试件尺寸可适当放大；③ 尺寸精度为实测尺寸与指令值的差值；④ 具备螺距补偿装置、间隙补偿装置的机床，应在使用这些装置的条件下进行试验		

检验项目

序号	检验项目		允差/mm
1	圆度（直径差）	D6	0.015
2	直径尺寸精度	D3、D4、D6	±0.25
3	直径尺寸精度	D1、D2、D5	±0.020
4	直径尺寸差	D2 − D1 − 10	±0.15
5	直径尺寸差	D3 − D4 − 0	±0.20
6	长度尺寸精度	L1 − 20	±0.025
		L2 − 170	±0.035

备注：车削轴类综合试件（适用于有尾座的机床），材料：45 钢

续表

序号	车削综合试件检验
P5	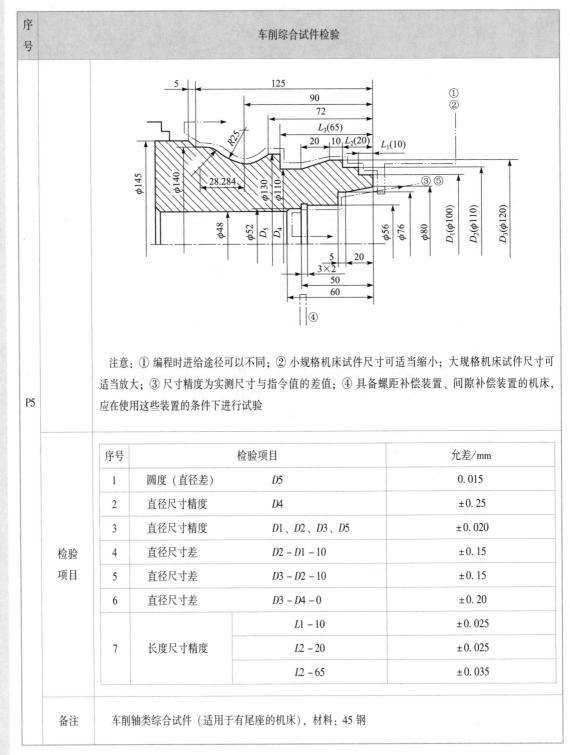 注意：① 编程时进给途径可以不同；② 小规格机床试件尺寸可适当缩小；大规格机床试件尺寸可适当放大；③ 尺寸精度为实测尺寸与指令值的差值；④ 具备螺距补偿装置、间隙补偿装置的机床，应在使用这些装置的条件下进行试验

	序号	检验项目		允差/mm
检验项目	1	圆度（直径差）	$D5$	0.015
	2	直径尺寸精度	$D4$	±0.25
	3	直径尺寸精度	$D1$、$D2$、$D3$、$D5$	±0.020
	4	直径尺寸差	$D2-D1-10$	±0.15
	5	直径尺寸差	$D3-D2-10$	±0.15
	6	直径尺寸差	$D3-D4-0$	±0.20
	7	长度尺寸精度	$L1-10$	±0.025
			$L2-20$	±0.025
			$L2-65$	±0.035
备注	车削轴类综合试件（适用于有尾座的机床），材料：45钢			

先导案例解决

数控机床选选购时需考虑的因素很多，其中机床附件的选择就是重要的一条。为了充分发挥数控机床的作用，增强其加工能力，必须配置必要的附件和刀具。切忌花了几十万元或上百万元购来的一台机床，却因缺少一个几十元的附件或刀具而不能正常使用。因此，在购买主机时要一并购进部分易损件及其他附件。

为数控机床配备性能良好的刀具是降低成本、获得最大综合经济效益的关键措施之一。一般要为数控机床配备足够的刀具，以便充分发挥数控机床功能，使所选数控机床能加工多个产品品种，防止不必要的闲置和浪费。

● 生产学习经验 ●

【案例2-1】数控设备安装调试验收合格后，在正式投入使用前还必须做哪些准备工作？

【案例2-2】一台数控设备经过一年的运行，很多移动部件都发生了不同程度的磨损，其位置精度都会发生变化。即使未到大修年限，一般精密级的数控机床都应重新进行位置精度的测试及补偿，这也属于机床维修及维护的重要部分。对于大修的数控机床更需要进行位置精度的测试及补偿。如何进行软件补偿？原理及方法是什么？

案例2-1

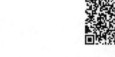
案例2-2

本章小结
BENZHANGXIAOJIE

本章主要学习了数控机床在选购、安装、调试及验收方面的一些基本知识。数控机床的效能能否极大地发挥，取决于在这些环节上的正确处理。本章的学习重点是数控机床选购时的考虑因素、数控机床的安装步骤、调试要求，学习难点是如何对数控机床进行精度检验。

思考与练习

2-1 数控机床选购的一般原则是什么？

2-2 数控机床选购时需考虑的因素有哪些？

2-3 数控机床安装对地基和环境的要求是什么？

2-4 数控机床的安装步骤是什么？

2-5 数控机床的调试包括哪些步骤？

2-6 从哪几个方面来对数控机床进行验收？

2-7 数控机床开箱检验的内容有哪些？

2-8 普通立式加工中心几何精度检验的主要内容是什么？

2-9 数控机床定位精度的主要检测内容有哪些？

2-10 机床性能的检验项目有哪些？

2-11 简述数控机床螺距误差补偿原理。

第3章

数控机床机械结构故障诊断与维修

本 章知识点

1. 数控机床机械结构的基本组成、特点和故障诊断方法；

2. 主运动系统的常见故障及其诊断与维修；

3. 进给运动系统的常见故障及其诊断与维修；

4. 刀库和换刀机械手的常见故障及其诊断与维修；

5. 数控机床液压和气压传动系统的常见故障及其诊断与维修

先导案例

一台数控铣床，使用多年一直很稳定，最近操作者反映 X 轴工作台起动、停车或换向时振动，加工圆弧曲线零件时，光洁度较差。如何诊断与排除故障？

3.1 机械结构的基本组成及特点

3.1.1 机械结构的基本组成

由于计算机、自动控制、信息处理、传感器、动力元件等技术的飞速发展，以及为适应高生产率的需要，数控机床的机械结构已从初期对通用机床局部结构的改进，逐步发展到形成数控机床的独特机械结构，在功能和性能上较普通机床都有很大的增强和提高。

数控机床机械结构的基本组成为：

1）机床基础件，又称为机床大件，通常是指床身、立柱、横梁、滑座和工作台等。它们是整台机床的基础和框架，其功能是支承机床本体的其他零部件，并保证这些零部件在工作时固定在基础件上，或者在它们的导轨上运动。

2）主运动传动系统，其功能是实现主运动。

3）进给运动传动系统，其功能是实现进给运动。

4）实现工件回转、分度定位的装置和附件，如回转工作台。

5）实现某些部件动作和辅助功能的系统和装置，如液压、气动、润滑、冷却、排屑、防护等。

6）刀库、刀架及自动换刀装置（ATC）。

7）工作台交换装置（APC）。

8）特殊功能装置，如刀具破损检测、精度检测和监控装置等。

9）各种反馈装置和元件。

3.1.2 机械结构的特点

数控机床是按数控系统给出的指令自动地进行加工的，与普通机床在加工过程中需要人手动进行操作、调整的情况大不相同，这就要求数控机床的机械结构要适应自动化控制的需要。数控机床不仅要求有很高的加工精度、加工效率以及稳定的加工质量，而且还要求加工时能工序集中，一机多用，这就要求数控机床的机械结构不仅要有较好的刚度和抗振性，还要尽量减少热变形和运动部件产生温差引起的热负载。数控机床要充分满足工艺复合化和功能集成化的要求。所谓"工艺复合化"，就是一次装夹，多工序加工；而"功能集成化"则是指工件的自动定位，机内对刀、刀具破损监控，机床与工件精度检测和补偿等功能。

数控机床为达到高精度、高效率、高自动化程度，其机械结构应具有以下特点。

1. 高刚度

因为数控机床要在高速和重载下工作，所以机床的床身、主轴、立柱、工作台和刀架等主要部件均需具有很高的刚度，工作中应无变形或振动。例如，床身应合理布置加强肋，能承受重载与重切削力；工作台与滑板应具有足够的刚度，能承受工件重量并使工作平稳；主轴在高速下运转，应能承受大的径向扭矩和轴向推力；立柱在床身上移动，应平稳且能承受大的切削力；刀架在切削加工中应十分平稳且无振动。

2. 高灵敏性

数控机床工作时，要求精度比通用机床高，因而运动部件应具有高灵敏度。导轨部件通常用贴塑导轨、静压导轨和滚动导轨等，以减少摩擦力，在低速运动时无爬行现象。工作台的移动，由直流或交流伺服电动机驱动，经滚珠丝杠或静压丝杠传动。主轴既要在高刚度和高速下回转，又要有高灵敏度，因而多采用滚动轴承或静压轴承。

3. 高抗振性

数控机床的运动部件，除了应具有高刚度、高灵敏度外，还应具有高抗振性，在高速重载下应无振动，以保证加工工件的高精度和高表面质量。

4. 热变形小

机床的主轴、工作台、刀架等运动部件，在运动中易产生热量，为保证部件的运动精度，要求各运动部件的发热量少，以防止产生热变形。因此，立柱一般采用双壁框式结构，在提高刚度的同时，使零件结构对称，防止因热变形而产生倾斜偏移。为使主轴在高速运动中产生的热量少，通常采用恒温冷却装置。为减少电动机运转发热的影响，在电动机上安装有散热装置或热管消热装置。

5. 高精度保持性

为了保证数控机床长期具有稳定的加工精度，要求数控机床具有高的精度保持性。除了各有关零件应正确选材外，还要求采取一些工艺措施，如淬火和磨削导轨、粘贴耐磨塑料导轨等，以提高运动部件的耐磨性。

6. 高可靠性

数控机床在自动或半自动条件下工作，尤其是在柔性制造系统中的数控机床，在24 h运转中无人看管，因此要求机床具有高的可靠性。除一些运动部件和电气、液压系统应保证不出故障外，特别是动作频繁的刀库、换刀机构、工作台交换装置等部件，必须保证长期可靠地工作。

7. 高性能刀具

数控机床要能充分发挥效能，实现高精度、高效率、高自动化，除了机床本身应满足上述要求外，刀具也必须先进，应有高耐用度。

现代数控机床的发展趋势是高精度、高效率、高自动化程度以及智能化、网络化，因此，数控机床的主要部件，如主轴、工作台、导轨、刀库、机械手、传动系统等，都应符合上述要求。

3.2　机械结构故障诊断的方法

数控机床在运行过程中，机械零部件受到冲击、磨损、高温、腐蚀等多种工作应力的作用，运行状态不断变化，一旦发生故障，往往会导致不良后果。因此，必须在机床运行过程中或不拆卸全部设备的情况下，对机床的运行状态进行定量测定，判断机床的异常及故障的部位和原因，并预测机床未来的状态，从而大大提高机床运行的可靠性，进一步提高机床的利用率。

数控机床机械故障诊断的任务是：

1）诊断引起机械系统劣化或故障的主要原因。

2）掌握机械系统劣化或故障的程度及故障的部位。

3）了解机械系统的性能、强度和效率。

4）预测机械系统的可靠性及使用寿命。

数控机床机械故障诊断的方法可以分为简易诊断法和精密诊断法两种。

1. 简易诊断法

简易诊断法也称机械检测法。实际上，简易诊断法与数控系统故障诊断方法中的直观检查法原理相同，只不过在检测工具上有所不同罢了。它由现场维修人员使用一般的检查工具或通过问、看、听、摸、嗅等方法对机床进行故障诊断。简易诊断法能快速测定故障部位，监测劣化趋势，以选择有疑难问题的故障进行精密诊断。

2. 精密诊断法

精密诊断法是根据简易诊断法中选择出的疑难故障，由专职故障精密诊断人员利用先进测试手段进行精确的定量检测与分析，根据故障位置、原因和数据，确定应采取的最合适的修理方法和时间的诊断法。

一般情况下，维修人员都采用简易诊断法来诊断机床的现时状态，只有对那些在简易诊断中提出疑难问题的机床才进行精密诊断，这样使用两种诊断技术最经济有效。

数控机床机械故障的诊断方法见表 3－1。

表 3－1　数控机床机械故障的诊断方法

类型	诊断方法	原理及特征	应　用
简易诊断法	听、摸、看、问、嗅	借用简单工具、仪器，如百分表、水平仪、光学仪等检测；通过人的感官直接观察形貌、声音、温度、颜色和气味的变化，根据经验来诊断	需要有丰富的实践经验，目前，被广泛用于现场诊断
精密诊断法	温度监测	接触型：采用温度计、热电偶、测量贴片、热敏涂料直接接触轴承、电动机、齿轮箱等装置的表面进行测量。 非接触型：采用先进的红外测温仪、红外热像仪、红外扫描仪等遥测不宜接近的物体。 具有快速、正确、方便的特点	用于机床运行中发热异常的检测
	振动测试	通过安装在机床某些特征点上的传感器，利用振动计巡回检测，测量机床上特定测量处的总振级大小，如位移、速度、加速度和幅频特征等，对故障进行预测和监测	振动和噪声是应用最多的诊断信息。首先是强度测定，确认有异常时，再做定量分析
	噪声监测	用噪声测量计、声波计对机床齿轮、轴承在运行中的噪声信号频谱的变化规律进行深入分析，识别和判断齿轮、轴承磨损失效故障状态	
	油液分析	可以通过原子吸收光谱仪对进入润滑油或液压油中磨损的各种金属微粒和外来杂质等残余物形状、大小、成分、浓度的分析，判断磨损状态、机理和严重程度，有效掌握零件磨损情况	用于测量零件磨损
	裂纹监测	通过磁性探伤法、超声波法、电阻法、声发射法等观察零件内部机体的裂纹缺陷	疲劳裂缝可导致重大事故，测量不同性质材料的裂纹应采用不同的方法

由于这些诊断方法与其他机械设备的诊断方法有共同之处，各种诊断方法的原理、特征及应用在其他相关教材中都有专门的论述，在此不做进一步的介绍。

3.3 主运动系统的故障诊断与维修

机床主运动系统主要包括主轴箱、主轴部件、调速主轴电动机。主轴部件在主轴箱内，由主轴、主轴轴承、工件或刀具自动松夹机构，对于加工中心还有主轴定向准停机构等组成。对于标准型数控机床，主轴箱内还有齿轮或带轮组成的自动变速机构，与无级调速的主轴伺服电动机配合达到扩大变速范围的目的。本节主要针对主轴部件的维修进行详细的介绍。

3.3.1 主轴部件的结构

主轴部件是机床的关键部件，它包括主轴的支承、安装在主轴上的传动零件等。主轴部件的结构及工作性能直接影响被加工零件精度、加工质量和生产率以及刀具的寿命。无论哪种机床的主轴部件都应能满足下述几个方面的要求：主轴的回转精度，主轴部件的结构刚度和抗振性，运转温度和热稳定性，以及部件的耐磨性和精度保持性等。对于数控机床尤其是自动换刀数控机床，为了实现刀具在主轴上的自动装卸与夹持，还必须有刀具的自动夹紧装置、主轴准停装置和主轴孔的清理装置等结构。

数控机床主轴部件的典型结构如图 3-1 所示。轴端部的结构是标准化的，采用 7:24 的锥孔，用于装夹刀具或刀杆。主轴端部还有一端面键，用于传递转矩，兼做刀具定位。主轴是空心的，用以安装自动换刀需要的夹紧装置。

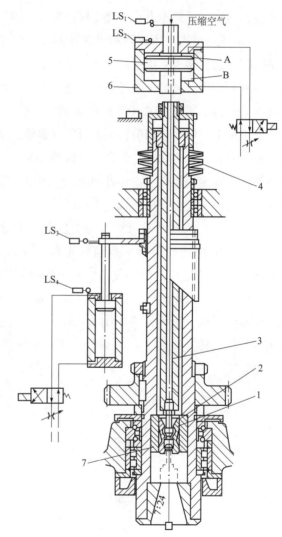

图 3-1 典型数控机床主轴部件

LS_1—发卡紧刀具信号限位开关；LS_2—发松开刀具信号限位开关；

LS_3、LS_4—Z 轴行程限位开关；A—活塞；B—汽缸；

1—卡爪；2—弹簧；3—拉杆；4—碟形弹簧；

5—活塞；6—油缸；7—套筒

数控机床主轴前后轴承类型和配置的选择取决于数控机床加工对主轴部件精度、刚度和转速的要求。主轴轴承一般由2个或3个角接触球轴承组成，或用角接触轴承与圆柱滚子轴承组合，这种轴承经过预紧后可得到较高的刚度。常用主轴轴承的配置形式主要有以下3种，如图3-2所示。

1）前支承采用双列短圆柱滚子轴承和60°角接触双列向心推力球轴承组合，后支承采用成对向心推力球轴承（如图3-2（a）所示）。此配置可提高主轴的综合刚度，满足强力切削的要求。

2）前支承采用高精度向心推力球轴承（如图3-2（b）所示）。向心推力轴承有良好的高速性，但它的承载能力小。此配置适用于高速、轻载、精密的数控机床主轴。

3）前后支承后别采用双列和单列圆锥滚子轴承（如图3-2（c）所示），这种轴承径向和轴向刚度高，能承受重载荷，尤其是可承受较强的动载荷。其安装、调整性能好，但限制主轴转速和精度，适用于中等精度、低速、重载的数控机床主轴。

数控机床为了完成ATC（刀具自动交换）的动作过程，必须设置主轴准停机构。由于刀具装在主轴上，切削时切削转矩不可能仅靠锥孔的摩擦力来传递，因此在主轴前端设置一个凸键，当刀具装入主轴时，刀柄上的键槽必须与凸键对准，才能顺利换刀。为此，主轴必须准确停在某固定的角度上。由此可知，主轴准停是实现ATC过程的重要环节。通常主轴准停机构有两种方式，即机械式与电气式。

机械方式采用机械凸轮机构或光电盘方式进行粗定位，然后有一个液动或气动的定位销插入主轴上的销孔或销槽实现精确定位，完成换刀后定位销退出，主轴才开始旋转。采用这种传统方法定位，结构复杂，在早期数控机床上使用较多。

现代数控机床采用电气方式定位较多。电气方式定位一般有以下两种方式。一种是用磁性传感器检测定位，这种方法如图3-3所示，在主轴上安装一个发磁体与主轴一起旋转，在距离发磁体旋转外轨迹1~2 mm处固定一个磁传感器，它经过放大器与主轴控制单元相

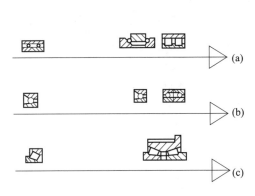

图3-2 数控机床主轴轴承配置形式

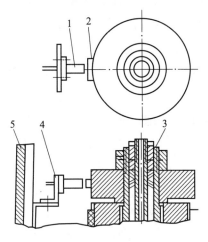

图3-3 磁性传感器主轴准停装置
1—磁传感器；2—发磁体；3—主轴；
4—支架；5—主轴箱

连接，当主轴需要定向时，便可停止在调整好的位置上。

另一种是用位置编码器检测定位，这种方法是通过主轴电动机内置安装的位置编码器或在机床主轴箱上安装一个与主轴1:1同步旋转的位置编码器来实现准停控制，准停角度可任意设定。

3.3.2　主轴部件的维护

1. 主轴润滑

为了保证主轴有良好的润滑，减少摩擦发热，同时又能把主轴组件的热量带走，通常采用循环式润滑系统。用液压泵供油强力润滑，在油箱中使用油温控制器控制油液温度。近年来有些数控机床主轴轴承采用高级油脂封放方式润滑，每加一次油脂可以使用7~10年，这简化了结构，降低了成本且维护简单。润滑脂的填充量不能过多，不能把轴承的空间填满，否则将引起过高的发热，并使润滑脂熔化流出，效果就会适得其反。高速主轴轴承润滑脂的填充量为轴承空间的1/3左右。精密主轴轴承填充润滑脂时应该用注射针管注入，使滚道和每个滚动体都粘上润滑脂。不能用手指涂，因为手有汗，会腐蚀轴承。使用前最好把润滑脂薄薄地涂在洁净的玻璃上，检查是否混入杂质。

在使用中需防止润滑油和油脂润滑混合，因此通常用迷宫式密封方式。为了适应主轴转速向更高速化发展的需要，新的润滑冷却方式相继开发出来，例如油气润滑和喷注润滑。这些新型润滑冷却方式不仅能减少轴承温升，还能减少轴承内外圈的温差，以保证主轴热变形小。

（1）油气润滑方式

这种润滑方式近似于油雾润滑方式，所不同的是，油气润滑是定时定量地把油雾送进轴承空隙中，这样既实现润滑，又不致因油雾太多而污染周围空气，后者则是连续供给油雾。

（2）喷注润滑方式

将较大流量的恒温油（每个轴承3~4 L/min）喷注到主轴轴承，以达到润滑、冷却的目的。这里要特别指出的是，较大流量喷注的油，不是自然回流，而是用排油泵强制排油，同时，采用专用高精度大容量恒温油箱，把油温变动控制在±5 ℃。

2. 主轴密封

在密封件中，被密封的介质往往是以穿漏、渗透或扩散的形式越界泄漏到密封连接处的另外一侧。造成泄漏的基本原因是流体从密封面上的间隙中溢出，或是由于密封部件内外两侧介质的压力差或浓度差，致使流体向压力或浓度低的一侧流动。

图3-4为卧式加工中心主轴前支承的密封结构。卧式加工中心主轴前支承处采用的是双层小间隙密封装置。主轴前端车出两组锯齿形护油槽，在法兰盘4和5上开沟槽及泄漏孔，当喷入轴承2内的油液流出后被法兰盘4内壁挡住，并经其下部的泄油孔9和套筒3上的回油斜孔8流回油箱。少量油液沿主轴6流出时，经过主轴护油槽在离心力的作用下被甩至法兰盘4的沟槽内，经回油斜孔8重新流回油箱，达到了防止润滑介质泄漏的目的。

当外部切削液、切屑及灰尘等沿主轴6与法兰盘5之间的间隙进入时，经法兰盘5的沟槽由泄漏孔7排出，少量的切削液、切屑及灰尘进入主轴前锯齿沟槽，在主轴6高速旋转的离心力作用下仍被甩至法兰盘5的沟槽内由泄漏孔7排出，达到了主轴端部密封的目的。

要使间隙密封结构能在一定的压力和温度范围内具有良好的密封防漏性能，必须保证法兰盘4和5与主轴及轴承端面的配合间隙。

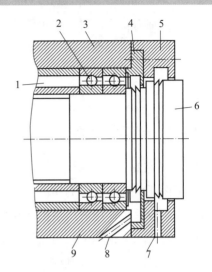

图3-4　主轴前支承的密封结构

1—进油口；2—轴承；3—套筒；

4，5—法兰盘；6—主轴；7—泄漏孔；

8—回油斜孔；9—泄油孔

1）法兰盘4与主轴6的配合间隙应控制在0.1～0.2 mm（单边）。如果间隙偏大，则泄漏量将按间隙的三次方扩大；若间隙过小，由于加工及安装误差，容易与主轴局部接触使主轴局部升温并产生噪声。

2）法兰盘4内端面与轴承端面的间隙应控制在0.15～0.3 mm。小间隙可使压力油直接被挡住并沿法兰盘4内端面下部的泄油孔9经回油斜孔8流回油箱。

3）法兰盘5与主轴的配合间隙应控制在0.15～0.25 mm（单边）。间隙太大，进入主轴6内的切削液及杂物会显著增多；间隙太小，则易与主轴接触。法兰盘5沟槽深度应大于10 mm（单边），泄漏孔7应大于ϕ6 mm，并位于主轴下端靠近沟槽内壁处。

4）法兰盘4的沟槽深度大于12 mm（单边），主轴上的锯齿尖而深，一般在5～8 mm，以确保具有足够的甩油空间。法兰盘4处的主轴锯齿向后倾斜，法兰盘5处的主轴锯齿向前倾斜。

5）法兰盘4上的沟槽与主轴6上的护油槽对齐，以保证被主轴甩至法兰盘沟槽内腔的油液能可靠地流回油箱。

6）套筒前端的回油斜孔8及法兰盘4的泄油孔9的流量为进油孔的2～3倍，以保证压力油能顺利地流回油箱。

这种主轴前端密封结构也适合于普通卧式车床的主轴前端密封。在油脂润滑状态下使用该密封结构时，取消了法兰盘泄油孔及回油斜孔，并且有关配合间隙适当放大，经正确加工及装配后同样可达到较为理想的密封效果。

3. 工件或刀具自动松夹机构

工件或刀具自动松夹机构用碟形弹簧通过拉杆及夹头拉住刀柄的尾部，使刀具锥柄和主轴锥孔紧密配合，夹紧力达10 kN以上。松刀时通过液压缸活塞推动拉杆来压紧碟形弹簧，使夹头张开，夹头与刀柄上的拉钉脱离，刀具即可拔出进行新、旧刀具的交换。新刀装入后，液压缸活塞后移，新刀具又被碟形弹簧拉紧。在活塞拉动拉杆松开刀柄的过程中，压缩空气由喷气头经过活塞中心孔和拉杆中的孔吹出，将锥孔清理干净，以防止主轴锥孔中掉入切屑和灰尘，把主轴锥孔表面和刀杆的锥面划伤，同时保证刀具的位置正确。主轴锥孔的清洁十分重要。

3.3.3 主轴部件的常见故障及其诊断维修

表 3-2 为主轴部件的常见故障及其诊断维修。

表 3-2 主轴部件的常见故障及其诊断维修

故障现象	故障原因	排除方法
加工精度达不到要求	机床在运输过程中受到冲击	检查对机床精度有影响的各部位，特别是导轨副，并按出厂精度要求重新调整或修复
	安装不牢固、安装精度低或有变化	重新安装调平、紧固
切削振动大	主轴箱和床身连接螺钉松动	恢复精度后紧固连接螺钉
	轴承预紧力不够，游隙过大	重新调整轴承游隙。但预紧力不宜过大，以免损坏轴承
	轴承预紧螺母松动，使主轴窜动	紧固螺母，确保主轴精度合格
	轴承拉毛或损坏	更换轴承
	主轴与箱体超差	修理主轴或箱体，使其配合精度、位置精度达到要求
	其他因素	检查刀具或切削工艺问题
	如果是车床，则可能是转塔刀架运动部位松动或压力不够而未卡紧	调整修理
主轴箱噪声大	主轴部件动平衡不好	重做动平衡
	齿轮啮合间隙不均匀或严重损伤	调整间隙或更换齿轮
	轴承损坏或传动轴弯曲	修复或更换轴承，校直传动轴
	传动带长度不一或过松	调整或更换传动带，不能新旧混用
	齿轮精度差	更换齿轮
	润滑不良	调整润滑油量，保持主轴箱的清洁度
齿轮和轴承损坏	变挡压力过大，齿轮受冲击产生破损	按液压原理图，调整到适当的压力和流量
	变挡机构损坏或固定销脱落	修复或更换零件
	轴承预紧力过大或无润滑	重新调整预紧力，并使之润滑充足
主轴无变速	变挡信号是否输出	维修人员检查处理
	压力是否足够	检测并调整工作压力
	变挡液压缸研损或卡死	修去毛刺和研伤，清洗后重装
	变挡电磁阀卡死	检修并清洗电磁阀
	变挡液压缸拨叉脱落	修复或更换
	变挡液压缸窜油或内泄	更换密封圈
	变挡复合开关失灵	更换开关

故障现象	故障原因	排除方法
主轴不转动	主轴转动指令是否输出	维修人员检查处理
	保护开关没有压合或失灵	检修压合保护开关或更换
	卡盘未夹紧工件	调整或修理卡盘
	变挡复合开关损坏	更换复合开关
	变挡电磁阀体内泄漏	更换电磁阀
主轴发热	主轴轴承预紧力过大	调整预紧力
	轴承研伤或损坏	更换轴承
	润滑油脏或有杂质	清洗主轴箱，更换新油
液压变速时齿轮推不到位	主轴箱内拨叉磨损	选用球墨铸铁作拨叉材料。在每个垂直滑移齿轮下方安装弹簧作为辅助平衡装置，减轻对拨叉的压力。活塞的行程与滑移齿轮的定位相协调。若拨叉磨损，予以更换

3.4　进给运动系统的故障诊断与维修

数控机床进给传动系统的任务是实现执行机构（刀架、工作台等）的运动。数控机床的机械结构较之传统机床已大大简化，大部分是由进给伺服电机经过联轴器与滚珠丝杠直接相连，只有少数早期生产的数控机床，伺服电机还要经过 1 至 2 级齿轮或带轮降速再传动丝杠，然后由滚珠丝杠副驱动刀架或工作台运动。进给传动系统的故障直接影响数控机床的正常运行和工件的加工质量，加强对进给传动系统的维护和修理也是一项非常重要的工作。

进给传动系统的故障大部分是由于运动质量下降造成的，例如机械执行部件不能到达规定的位置、运动中断、定位精度下降、反向间隙过大、机械出现爬行、轴承磨损严重、噪声过大、机械摩擦过大等。因此，经常是通过调整各运动副的预紧力、调整松动环节、调整补偿环节等来排除故障，以达到提高运动精度的目的。

3.4.1　滚珠丝杠螺母副

1. 滚珠丝杠螺母副的结构

滚珠丝杠螺母副是把由进给电动机带动的旋转运动，转化为刀架或工作台的直线运动。

在丝杠和螺母上加工有弧形螺旋槽，当它们套装在一起时形成螺旋滚道，并在滚道内装上滚珠。当丝杠相对螺母旋转时，则螺母产生了轴向位移，而滚珠则沿着滚道滚动。螺母的螺旋槽的两端用回珠器连接起来，使滚珠能够周而复始地循环运动，管道的两端还起着挡珠的作用，以防滚珠沿滚道掉出。滚珠丝杠螺母副必须有可靠的轴向消除间隙的机构，并易于调整安装，具体如图3-5所示。

2. 滚珠丝杠螺母副的维护

（1）轴向间隙的调整

数控机床的进给机械传动采用滚珠丝杠将旋转运动转换为直线运动。滚珠丝杠螺母副的轴向间隙，源于两项因素的总和：第一是负载时滚珠与滚道型面接触的弹性变形所引起的螺母相对丝杠位移量；第二是丝杠与螺母的几何间隙。丝杠与螺母的轴向间隙是传动中的反向运动死区，它使丝杠在反向转动时螺母产生运动滞后，直接影响进给运动的传动精度。因此，滚珠丝杠螺母副除了对本身单一

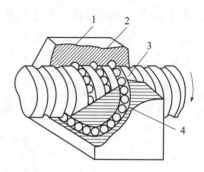

图3-5 滚珠丝杠副的结构原理

1—螺母；2—滚珠；

3—丝杠；4—滚珠回路管道

方向的进给运动精度有要求外，对其轴向间隙也有严格的要求。滚珠丝杠螺母副消除间隙的方法是采用双螺母机构，对其轴向间隙进行调整和预紧，使其轴向间隙达到要求。基本原理是使丝杠上的两个螺母间产生轴向相对位移，以达到消除间隙和产生预紧力的目的。其结构形式有下述3种。

① 双螺母垫片调隙式。如图3-6所示，其结构是通过改变垫片的厚度，使两个螺母间产生轴向位移，从而两螺母分别与丝杠螺纹滚道的左、右侧接触，达到消除间隙和产生预紧力的作用。这种调整垫片结构简单可靠，刚性好，但调整费时，且不能在工作中随意调整。

② 双螺母螺纹调隙式。如图3-7所示，其结构为利用螺母来实现预紧的结构。两个螺母以平键与外套相连，平键可限制螺母在外套内转动，其中右边的一个螺母外伸部分有螺纹。用两个锁紧螺母1和2能使螺母相对丝杠做轴向移动。这种结构既紧凑，工作又可靠，调整也方便，故应用较广，但调整位移量不易精确控制，因此，预紧力也不能准确控制。

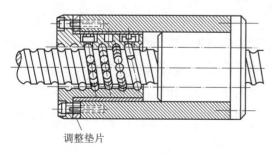

调整垫片

图3-6 双螺母垫片调隙式结构

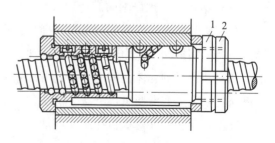

图3-7 双螺母螺纹调隙式结构

1，2—螺母

③ 双螺母齿差调隙式。如图3-8所示，其结构为双螺母齿差调隙式。在两个螺母的凸缘上分别有齿数为 Z_1、Z_2 的齿轮，而且 Z_1 与 Z_2 相差一个齿。两个齿轮分别与两端相应的内齿圈相啮合。内齿圈紧固在螺母座上，调整轴向间隙时使齿轮脱开内齿圈，令两个螺母同向转过相同的齿数，然后再合上内齿圈。两螺母间轴向相对位置发生变化，从而实现间隙的调整和施加预紧力。如果其中一个螺母转过一个齿，则其轴向位移量 S 为

$$S = P/Z_1$$

式中，P 为丝杠螺距；Z_1 为齿轮齿数。

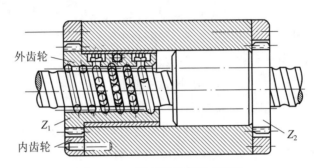

外齿轮

Z_1

内齿轮

Z_2

图3-8　双螺母齿差调隙式结构

两齿轮沿同方向各转过一个齿时，其轴向位移量 S 为

$$S = \left(\frac{1}{Z_1} - \frac{1}{Z_2}\right)P$$

式中，Z_1、Z_2 分别为两齿轮齿数；P 为丝杠螺距。

例如，当 $Z_1 = 99$，$Z_2 = 100$，$P = 10$ mm，两齿轮沿同方向各转过一个齿时，$S = \dfrac{10}{9900}$ mm ≈ 1 μm，即两个螺母间产生 1 μm 的位移。这种调整方式的机构结构复杂，但调整准确可靠，精度高。

（2）支承轴承的定期检查

应定期检查丝杠支承轴承与床身的连接是否有松动，以及支承轴承是否损坏等。如有以上问题，要及时紧固松动部位并更换支承轴承。

（3）滚珠丝杠螺母副的润滑

在滚珠丝杠螺母副里加润滑剂可提高其耐磨性和传动效率。润滑剂可分为润滑油和润滑脂两大类。润滑油一般为全损耗系统用油，润滑脂可采用锂基润滑脂。润滑脂一般加在螺纹滚道和安装螺母的壳体空间内，而润滑油则经过在壳体上的油孔注入螺母的空间内。每半年对滚珠丝杠上的润滑脂更换一次，清洗丝杠上的旧润滑脂，涂上新的润滑脂。用润滑油润滑的滚珠丝杠副，可在每次机床工作前加油一次。

（4）滚珠丝杠螺母副的保护

滚珠丝杠螺母副和其他滚动摩擦的传动元件一样，只要避免磨料微粒及化学活性物质进入就可以认为这些元件几乎是在不产生磨损的情况下工作的。但如在滚道上落入了脏物或使用肮脏的润滑油，不仅会妨碍滚珠的正常运转，而且会使磨损急剧增加。对于制造误差和预

紧变形量以微米计的滚珠丝杠传动副来说，这种磨损就特别敏感。因此有效地防护密封和保持润滑油的清洁就显得十分必要。

通常采用毛毡圈对螺母进行密封，毛毡圈的厚度为螺距的 2～3 倍，而且内孔做成螺纹的形状，使之紧密地包住丝杠，并装入螺母或套筒两端的槽孔内。密封圈除了采用柔软的毛毡之外，还可以采用耐油橡皮或尼龙材料。由于密封圈和丝杠直接接触，因此防尘效果较好，但也增加了滚珠丝杠螺母副的摩擦阻力矩。为了避免这种摩擦阻力矩，可以采用由较硬质塑料制成的非接触式迷宫密封圈，内孔做成与丝杠螺纹滚道相反的形状，并留一定的间隙。对于暴露在外面的丝杠一般采用螺旋钢带、伸缩套筒、锥形套筒以及折叠式塑料或人造革等形式的防护罩，以防止灰尘和磨粒黏附到丝杠表面。这几种防护罩与导轨的防护罩有相似之处，一端连接在滚珠螺母的端面，另一端固定在滚珠丝杠的支承座上。近年来还出现了一种钢带缠卷式丝杠防护装置。

3. 滚珠丝杠螺母副的常见故障及其诊断维修

表 3-3 为滚珠丝杠螺母副的常见故障及其诊断维修。

表 3-3　滚珠丝杠螺母副故障诊断及排除

故障现象	故障原因	排除方法
加工工件粗糙度值高	导轨的润滑油不足，致使溜板爬行	加润滑油，排除润滑故障
	滚珠丝杠有局部拉毛或研磨	更换或修理丝杠
	丝杠轴承损坏，运动不平稳	更换损坏了的轴承
	伺服电动机未调整好，增益过大	调整伺服电动机控制系统
反向误差大，加工精度不稳定	丝杠轴联轴器锥套松动	重新紧固并用百分表反复测试
	丝杠轴滑板配合压板过紧或过松	重新调整或修研，以用 0.03 mm 塞尺塞不进为合格
	丝杠轴滑板配合楔铁过紧或过松	重新调整或修研，使接触率达 70% 以上，以用 0.03 mm 塞尺塞不进为合格
	滚珠丝杠预紧力过紧或过松	调整预紧力，检查轴向窜动值，使其误差不大于 0.015 mm
	滚珠丝杠螺母端面与结合面不垂直，结合过松	修理、调整或加垫处理
	丝杠支座轴承预紧力过紧或过松	修理调整
	滚珠丝杠制造误差大或轴向窜动	用控制系统自动补偿功能消除间隙，用仪器测量并调整丝杠窜动
	润滑油不足或没有	调节至各导轨面均有润滑油
	其他机械干涉	排除干涉部位

故障现象	故障原因	排除方法
滚珠丝杠在运转中转矩过大	二滑板配合压板过紧或研伤	重新调整或修研压板，以用 0.04 mm 塞尺塞不进为合格
	滚珠丝杠螺母反向器损坏，滚珠丝杠卡死或轴端螺母预紧力过大	修复或更换丝杠并精心调整
	丝杠研磨	更换
	伺服电动机与滚珠丝杠连接不同轴	调整同轴度并紧固连接座
	无润滑油	调整润滑油路
	超程开关失灵造成机械故障	检查故障并排除
	伺服电动机过热报警	检查故障并排除
丝杠螺母润滑不良	分油器不分油	检查定量分油器
	油管堵塞	清除污物使油管畅通
滚珠丝杠副噪声	滚珠丝杠轴承压盖压合不良	调整压盖，使其压紧轴承
	滚珠丝杠润滑不良	检查分油器和油路，使润滑油充足
	滚珠产生破损	更换滚珠
	电动机与丝杠联轴器产生松动	拧紧联轴器锁紧螺钉

3.4.2　传动齿轮间隙的消除与调整

数控机床进给系统中的减速齿轮除本身要求很高的传动精度和工作平稳性以外，还需尽可能消除传动齿轮副间的传动间隙。否则，齿侧间隙会造成进给系统反向运动时滞后于指令信号，丢失指令脉冲并产生反向死区，对加工精度影响很大。因此，必须采取措施减少或消除齿轮的传动间隙。在数控机床上常见的齿轮间隙消除方法有刚性消除方法和弹性消除方法两类。

1. 刚性消除间隙方法

刚性消除间隙方法有采用偏心调整和垫片调整两种。

（1）偏心法调整齿轮间隙

如图 3-9 所示，小齿轮 1 装在电动机的输出轴上，大齿轮 3 装在电动机上，而电动机的止口通过偏心套 2 插入箱体孔中，此时，可以通过转动偏心套改变两齿轮间的中心距，达到消除齿侧间隙的目的。此方法结构简单，调整方便，但只能用在尺寸不大的传动链端部。步进电动机驱动常采用此法与进给传动相连。

（2）垫片调整法

垫片调整法通过调整齿轮轴上的垫片厚度，改变齿轮或齿轮间的轴向位置，从而达到消除间隙的目的。图3-10所示是通过调整垫片厚度消除直齿轮啮合间隙的结构，相啮合直齿轮的节圆直径沿轴向带有锥度，即齿厚沿轴向逐渐增大，调整垫片3的厚度可使相啮合直齿轮沿轴向相对位移，使啮合部分的齿厚增大，消除齿侧间隙。

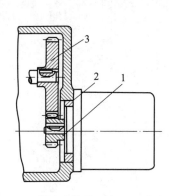

图3-9 传动齿轮偏心套调整消除间隙

1—小齿轮；2—偏心套；3—大齿轮

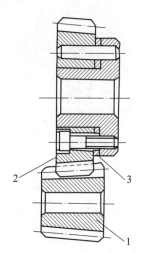

图3-10 垫片调整消除直齿轮间隙

1—小齿轮；2—大齿轮；3—垫片

图3-11所示是斜齿轮垫片间隙消除的结构。此时将相啮合斜齿轮中的一个分成两片结构，如图中的3和4，调整垫片2的厚度可使两斜齿轮轴向距离变化，从而分别贴紧在宽斜齿轮1齿间的两侧，消除齿轮间隙。垫片调整法可用于中间传动齿轮。

2. 弹性消除间隙方法

用刚性方法消除传动齿轮间隙具有结构简单、工作可靠、传动刚度好的优点，但如果调整要求较高，尤其是垫片调整法，如果垫片厚度控制不当，可能会造成间隙消除不完全，或者造成齿轮运行不灵活。此外，刚性方法消除间隙在磨损后不能自动补偿。弹性消除间隙方法则具有调整容易，可以自动补偿因磨损引起的间隙变化的优点。弹性消除间隙方法分轴向和周向弹簧调整方法两种。

（1）轴向弹簧调整消除齿轮间隙

这种方法与斜齿轮间隙垫片调整法相似，但它采用了轴向弹簧压紧薄斜齿轮的两侧以消除齿轮间隙，如图3-12所示。弹簧调整法可实现磨损后的自动补偿，但对弹簧力要求较高。弹簧力过低会影响传动刚度，过高则会加速齿轮磨损。

（2）周向弹簧调整结构

如图3-13所示，两个薄斜齿轮依靠四个弹簧拉紧，分别贴紧在宽斜齿轮齿间的两侧，以消除齿轮传动间隙。此方法可实现直齿齿轮磨损后的间隙自动补偿。

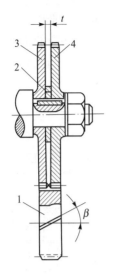

图 3 - 11 垫片消除斜齿轮间隙

1—宽斜齿轮；2—垫片；

3，4—薄斜齿轮

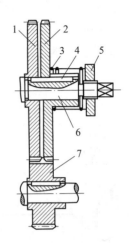

图 3 - 12 轴向弹簧调整结构

1，2—薄斜齿轮；3—弹簧；

4—键；5—垫圈；6—轴；7—宽斜齿轮

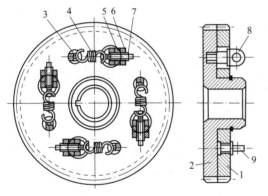

图 3 - 13 周向弹簧调整结构

1，2—薄斜齿轮；3，9—柱销；4—弹簧；

5，6—调整螺母；7—调整螺栓；8—凸耳

3.4.3 导轨副

机床导轨是机床基本结构要素之一。从机械结构的角度来说，机床的加工精度和使用寿命很大程度上取决于机床导轨的质量。数控机床对导轨的要求更高。如高速进给时不振动，低速进给时不爬行，有很高的灵敏度；能在重负载下长期连续工作，耐磨性高，精度保持性好等要求都是数控机床的导轨所必须满足的。

1. 导轨副的维护

（1）间隙调整

导轨副维护很重要的一项工作是保证导轨面之间具有合理的间隙。间隙过小，则摩擦阻力大，导轨磨损加剧；间隙过大，则运动失去准确性和平稳性，失去导向精度。间隙调整的方法有3种。

① 压板调整间隙。矩形导轨上常用的压板装置形式有修复刮研式、镶条式、垫片式，如图3-14所示。压板用螺钉固定在动导轨上，常用钳工配合刮研及选用调整垫片、平镶条等机构，使导轨面与支承面之间的间隙均匀，达到规定的接触点数。图3-

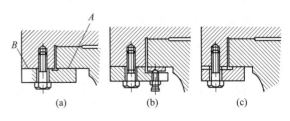

图 3 - 14 压板调整间隙

（a）修复刮研式；（b）镶条式；（c）垫片式

14（a）所示的压板结构，如间隙过大，应修磨或刮研 B 面；间隙过小或压板与导轨压得太紧，则可刮研或修磨 A 面。

② 镶条调整间隙。常用的镶条有两种，即等厚度镶条和斜镶条。等厚度镶条如图 3 – 15（a）所示，它是一种全长厚度相等、横截面为平行四边形（用于燕尾形导轨）或矩形的平镶条，通过侧面的螺钉调节和螺母锁紧，以其横向位移来调整间隙。由于受压紧力作用点因素的影响，在螺钉的着力点有挠曲。斜镶条如图 3 – 15（b）所示，它是一种全长厚度变化的斜镶条，此外还有 3 种用于斜镶条的调节螺钉，以斜镶条的纵向位移来调整间隙。斜镶条在全长上支承，其斜度为 1∶40 或 1∶100，由于楔形的增压作用会产生过大的横向压力，因此调整时应细心。

③ 压板镶条调整间隙。压板镶条如图 3 – 16 所示，T 形压板用螺钉固定在运动部件上，运动部件内侧和 T 形压板之间放置斜镶条，镶条不是在纵向有斜度，而是在高度方面做成倾斜。调整时，借助压板上几个推拉螺钉，使镶条上下移动，从而调整间隙。三角形导轨的上滑动面能自动补偿，下滑动面的间隙调整和矩形导轨的下压板调整底面间隙的方法相同。圆形导轨的间隙不能调整。

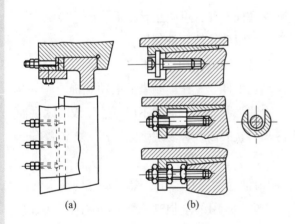

图 3 – 15　镶条调整间隙

（a）等厚度镶条；（b）斜镶条

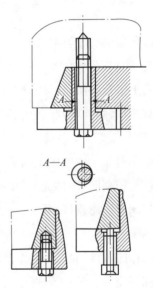

图 3 – 16　压板镶条调整间隙

（2）滚动导轨的预紧

图 3 – 17 列举了 4 种滚动导轨的结构。为了提高滚动导轨的刚度，应对滚动导轨预紧。预紧可提高接触刚度和消除间隙。在立式滚动导轨上，预紧可防止滚动体脱落和歪斜。图 3 – 17（b）、（c）、（d）是具有预紧结构的滚动导轨。常见的预紧方法有两种。

① 采用过盈配合。预加载荷大于外载荷，预紧力产生过盈量为 2～3 μm，过大会使牵引力增加。若运动部件较重，其重力可起预加载荷作用，若刚度满足要求，可不施预加载荷。

② 调整法。通过调整螺钉、斜块或偏心轮进行预紧。图 3 – 17（b）、（c）、（d）所示是

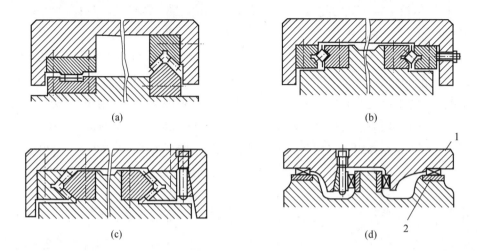

图 3 - 17　滚动导轨的预紧

（a）滚柱或滚针导轨自由支承；（b）滚柱或滚针导轨预加载；

（c）交叉式滚柱导轨；（d）循环式滚动导轨块

1—循环式直线滚动块；2—淬火钢导轨

采用调整法预紧滚动导轨的方法。

（3）导轨的润滑

导轨面上进行润滑后，可降低摩擦系数，减少磨损，并且可防止导轨面锈蚀。导轨常用的润滑剂有润滑油和润滑脂，前者用于滑动导轨，而滚动导轨两种都用。

① 润滑方法。导轨最简单的润滑方式是人工定期加油或用油杯供油。这种方法简单、成本低，但不可靠，一般用于调节辅助导轨及运动速度低、工作不频繁的滚动导轨。

运动速度较高的导轨大都采用润滑泵，以压力油强制润滑。这样不但可连续或间歇供油给导轨进行润滑，而且可利用油的流动冲洗和冷却导轨表面。为实现强制润滑，必须备有专门的供油系统。

② 对润滑油的要求。在工作温度变化时，润滑油黏度变化要小，要有良好的润滑性能和足够的油膜刚度，油中杂质尽量少且不侵蚀机件。常用的全损耗系统用油有 L—AN10、L—AN15、L—AN32、L—AN42、L—AN68，精密机床导轨油 L—HG68，汽轮机油 L—TSA32、L—TS46 等。

（4）导轨的防护

为了防止切屑、磨粒或切削液散落在导轨面上而引起磨损、擦伤和锈蚀，导轨面上应有可靠的防护装置。常用的刮板式、卷帘式和叠层式防护罩，大多用于长导轨上。在机床使用过程中应防止损坏防护罩，对叠层式防护罩应经常用刷子蘸机油清理移动接缝，以避免碰壳现象的产生。

2. 导轨副的常见故障及其诊断维修

表 3 - 4 为导轨副的常见故障及其诊断维修。

表 3 – 4　导轨副的常见故障及其诊断维修

故障现象	故障原因	排除方法
导轨研伤	机床经长期使用，地基与床身水平有变化，使导轨局部单位面积负荷过大	定期进行床身导轨的水平调整，或修复导轨精度
	长期加工短工件或承受过分集中的负载，使导轨局部磨损严重	注意合理分布短工件的安装位置，避免负荷过分集中
	导轨润滑不良	调整导轨润滑油量，保证供油压力
	导轨材质不佳	对导轨进行电镀加热自冷淬火处理，导轨上增加锌铝铜合金板，以改善摩擦情况
	刮研质量不符合要求	提高刮研修复的质量
	机床维护不良，导轨里落下脏物	加强机床保养，保护好导轨防护装置
导轨上移动部件运动不良或不能移动	导轨面研伤	用 180# 砂布修磨机床导轨面上的研伤
	导轨压板研伤	卸下压板，调整压板与导轨之间的间隙
	导轨镶条与导轨间隙太小，调得太紧	松开镶条止退螺钉，调整镶条螺栓，以 0.03 mm 塞尺塞不进为准，使运动部件运动灵活，然后锁紧止退螺钉
加工面在接刀处不平	导轨直线度超差	调整或修刮导轨，允差 0.015 mm/500 mm
	工作台塞铁松动或塞铁弯度太大	调整塞铁间隙，塞铁弯度在自然状态下小于 0.05 mm/全长
	机床水平度差，使导轨发生弯曲	调整机床安装水平，保证平行度、垂直度在 0.02 mm/1 000 mm 之内

3.5　自动换刀装置

为进一步提高数控机床的加工效率，数控机床向着一次装夹完成多工序加工的方向发展，因而就出现了各种加工中心。加工中心要完成对工件的多工序加工，必须要在加工过程中自动更换刀具，要做到这一点，就要配备刀库及自动换刀装置。刀库与自动换刀装置是影响数控机床或加工中心自动化程度及工作效率的至关重要的部分。

刀库及换刀装置机构复杂，在工作中又频繁运动，所以故障率较高。如刀库运动故障，定位误差过大，机械手夹持刀柄不稳定甚至产生抖动，机械手运动误差大等。这些故障造成换刀动作卡位甚至整机停止工作，维修人员必须给予足够重视。

3.5.1　自动换刀方式

数控机床上自动换刀装置使工件一次装夹后能进行多工序加工，从而避免了多次定位带来的误差和减少了因多次安装造成的非故障停机时间，提高了生产率和机床利用率。自动换刀的方式大致有 3 种。

1. 回转刀架换刀

这种换刀方式将多把刀具安装在回转刀架上，因而回转刀架本身就是刀库。换刀过程的主要动作是分度和转位。这种装置机械结构简单，只能用于数控车床、数控车削中心等工作时刀具不转的机床上。

2. 多主轴回转刀架换刀

这种换刀方式中回转刀架也是刀库，常用在转塔式数控镗铣床等刀具需要能旋转的工作场合中。在换刀时，首先要使主轴与主传动系统脱开，然后刀具连同主轴一起转位，在下一工序需用的刀具到达工作位置后，刀具主轴与主传动系统接通。这种方式结构紧凑，换刀动作简单，时间短，在加工使用刀具不多时优越性很明显，但其刀具容量有限，转位时刀尖回转半径受到机床布局的限制，主轴的刚度差，而且回转刀架连同电动机、变速箱随进给系统运动，显得笨重，隔振、隔热都差，因而其使用受到许多局限。

3. 刀库换刀

这种换刀方式的主要特征是带有独立的刀库，这是目前加工中心大量使用的换刀方式。由于有了刀库，机床只要一个固定主轴夹持刀具，有利于提高主轴刚度，可以使用更合理的切削用量提高加工精度和生产率。独立的刀库大大增加了刀具储存数量，有利于扩大机床功能和隔离各种影响加工精度的干扰，但机械结构比较复杂。

刀库换刀按照换刀过程有无机械手参与分成有机械手换刀和无机械手换刀两种情况。在有机械手换刀的过程中，使用一个机械手将加工用毕的刀具从主轴中拔出，与此同时，另一个机械手将在刀库待命的刀具从换刀位置拔出，然后两者交换位置，完成换刀过程。无机械手换刀时，刀库中刀具存放方向与主轴平行，刀具放在主轴箱可到达的位置。换刀时，主轴箱移动到刀库换刀位置上方，利用主轴 Z 向运动将加工用毕的刀具插入刀库中要求的空位处，然后将刀库中待换刀具转到待命位置，主轴 Z 向运动将待用刀具从刀库中取出，并将刀具插入主轴。有机械手的系统在刀库配置、与主轴的相对位置及刀具数量确定上都比较灵活，机械手数量和换刀形式比较随意，换刀时间较短。无机械手方式结构较简单，只是换刀时间要长些。

3.5.2　刀库和换刀机械手的维护

1）严禁把超重、超长的刀具装入刀库，防止在机械手换刀时掉刀或刀具与工件、夹具等发生碰撞。

2）用顺序选刀方式选刀时，必须注意刀具放置在刀库上的顺序要正确。其他选刀方式也要注意所换刀具号是否与所需刀具一致，防止换错刀具导致事故发生。

3）用手动方式往刀库上装刀时，要确保装到位、装牢靠，要检查刀座上的锁紧是否可靠。

4）经常检查刀库的回零位置是否正确，检查机床主轴回换刀点位置是否到位，并及时调整，否则不能完成换刀动作。

5）要注意保持刀具刀柄和刀套的清洁。

6）开机时，应先使刀库和机械手空运行，检查各部分工作是否正常，特别是各行程开关和电磁阀能否正常动作。检查机械手液压系统的压力是否正常，刀具在机械手上锁紧是否可靠，发现不正常应及时处理。

3.5.3 刀库和换刀机械手的常见故障及其诊断维修

表3-5为刀架、刀库和换刀机械手的常见故障及其诊断维修（考虑到数控车床的转塔刀架也有一些故障，故列在一起）。

表 3-5 刀架、刀库和换刀机械手的常见故障及诊断维修

故障现象	故障原因	排除方法
转塔刀架没有抬起动作	控制系统没有 T 指令输出信号	如未能输出，请维修人员排除
	抬起电磁铁断线或抬起阀杆卡死	修理或清除污物，更换电磁阀
	压力不够	检查油箱并重新调整压力
	抬起液压缸研损或密封圈损坏	修复研损部分或更换密封圈
	与转塔抬起连接的机械部分研损	修复研损部分或更换零件
转塔转位速度缓慢或不转位	没有转位信号输出	检查转位继电器是否吸合
	转位电磁阀断线或阀杆卡死	修理或更换
	压力不够	检查是否液压故障，调整到额定压力
	转位速度节流阀是否卡死	清洗节流阀或更换
	液压泵研损卡死	检修或更换液压泵
转塔转位速度缓慢或不转位	凸轮轴压盖过紧	调整调节螺钉
	抬起液压缸体与转塔平面产生摩擦、研损	松开连接盘进行转位试验；取下连接盘配磨平面轴承下的调整垫片，并使相对间隙保持在 0.04 mm
	安装附具不配套	重新调整附具安装，减少转位冲击

续表

故障现象	故障原因	排除方法
转塔转位时碰牙	抬起速度或抬起延时时间短	调整抬起延时参数，增加延时时间
转塔不正位	转位盘上的撞块与选位开关松动，使转塔到位时传输信号超期或滞后	拆下护罩，使转塔处于正位状态，重新调整撞块与选位开关的位置并紧固
	上下连接盘与中心轴花键间隙过大产生位移偏差大，落下时易碰牙顶，引起不到位	重新调整连接盘与中心轴的位置；间隙过大可更换零件
	转位凸轮与转位盘间隙大	用塞尺测试滚轮与凸轮间的间隙，将凸轮调至中间位置；转塔左右审量保持在两齿中间，确保落下时顺利咬合；转塔抬起时用手摆动，摆动量不超过两齿的1/3
	凸轮在轴上审动	调整并紧固固定转位凸轮的螺母
	转位凸轮轴的轴向预紧力过大或有机械干涉，使转塔不到位	重新调整预紧力，排除干涉
转塔转位不停	两计数开关不同时计数或复置开关损坏	调整两个撞块的位置及两个计数开关的计数延时，修复复置开关
	转塔上的 24 V 电源断线	接好电源线
转塔刀重复定位精度差	液压夹紧力不足	检查压力并调到额定值
	上下牙盘受冲击，定位松动	重新调整固定
	两牙盘间有污物或滚针脱落在牙盘中间	清除污物，保持转塔清洁，检修更换滚针
	转塔落下夹紧时有机械干涉（如夹铁屑）	检查排除机械干涉
转塔刀重复定位精度差	夹紧液压缸拉毛或研损	检修拉毛研损部分，更换密封圈
	转塔座落在二层滑板之上，由于压板和楔铁配合不牢产生运动偏大	调整压板和楔铁的配合，以 0.04 mm 塞尺塞不进为准
刀具不能夹紧	风泵气压不足	使风泵气压在额定范围
	增压漏气	关紧增压
	刀具卡紧液压缸漏油	更换密封装置，使卡紧液压缸不漏油
	刀具松卡弹簧上的螺母松动	旋紧螺母

续表

故障现象	故障原因	排除方法
刀具夹紧后不能松开	松锁刀的弹簧压力过紧	调节松锁刀弹簧上的螺母，使其最大载荷不超过额定数值
刀套不能夹紧刀具	检查刀套上的调节螺母	顺时针旋转刀柄两端的调节螺母，压紧弹簧，顶紧卡紧销
刀具从机械手中脱落	刀具超重，机械手卡紧销损坏	刀具不得超重，更换机械手卡紧销
机械手换刀速度过快	气压太高或节流阀开口过大	调整气泵的压力和流量，旋转节流阀至换刀速度合适
换刀时找不到刀	刀位编码用组合选择开关、接近开关等元件损坏、接触不好或灵敏度降低	更换损坏元件

3.6 液压和气动系统

现代数控机床在实现整机的全自动化控制中，除数控系统外，还需要配备液压装置和气动装置来辅助实现整机的自动运行功能。液压、气动系统是现代数控机床的重要组成部分，各种液压、气动元器件在机床工作过程中的状态直接影响着机床的工作状态。因此，液压、气动部件的故障诊断及维护、维修对数控机床的影响是至关重要的。

3.6.1 液压系统

数控机床液压系统的主要驱动对象有液压卡盘、静压导轨、液压拨叉变速液压缸、主轴箱的液压平衡、液压驱动机械手和主轴上的松刀液压缸等。

1. 液压系统的组成

液压装置中由于使用工作压力高的油性介质，因此机构出力大，机械结构更紧凑，动作平稳可靠，易于调节，噪声较小，但需要配置液压泵和油箱，当油液渗漏时易污染环境。一个完整的液压系统是由以下几部分组成的。

1）能源部分，包括泵装置和蓄能器，它们能够输出压力油，把原动机的机械能转变为液体的压力能并储存起来。

2）执行机构部分，如液压油缸、液动机等，它们用来带动运动部件，将液体压力能转变成使工作部件运动的机械能。

3）控制部分，包括各种液压阀，用于控制流体的压力、流量和流动方向，从而控制执行部件的作用力、运动速度和运动方向，也可以用来卸载，实现过载保护等。

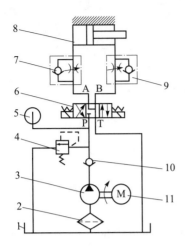

图 3-18　液压系统原理

1—油箱；2—过滤器；3—液压泵；4—溢
油阀；5—压力表；6—三位四通电磁阀；
7，9—单向节流阀；8—液压驱动部件；
10—单向阀；11—电动机

4）辅件部分，辅件是系统中除上述 3 部分以外的所有其他元件，如油箱、压力表、滤油器、管路、管接头、加热器和冷却器等。图 3-18 为常用的液压系统原理。

液压系统中，各种控制阀可采用分散布局，就近安装的原则，分别装在数控机床的有关零部件上，电磁阀上贴有磁铁号码，便于用户维修。为少液压系统的发热，液压泵采用变量泵。油箱内安装的过滤器，应定期用汽油或超声波振动清洗。

2. 液压系统的维护

（1）控制油液污染，保持油液清洁

这是确保液压系统正常工作的重要措施。据统计，液压系统的故障有 80% 是由油液污染引发的，油液污染还会加速液压元件的磨损。

（2）控制液压系统油液的温升

这是减少能源消耗、提高系统效率的一个重要环节。一台机床的液压系统，若油温变化范围大，其后果是：影响液压泵的吸油能力及容积效率；系统工作不正常，压力、速度不稳定，动作不可靠；液压元件内外泄漏增加；加速油液的氧化变质。

（3）控制液压系统的泄漏

泄漏和吸空是液压系统常见的故障。要控制泄漏，首先要提高液压元件零部件的加工质量和元件的装配质量以及管道系统的安装质量，其次要提高密封件的质量，并注意密封件的安装使用与定期更换，最后是加强日常维护。

（4）防止液压系统振动与噪声

振动影响液压件的性能，使螺钉松动、管接头松脱，从而引起漏油。因此要防止和排除振动现象。

（5）严格执行日常检查制度

液压系统故障存在着隐蔽性、可变性和难以判断性，因此应对液压系统的工作状态进行检查，把可能产生的故障现象记录在日常检修卡上，并将故障排除在萌芽状态，减少故障的发生。

（6）严格执行定期紧固、清洗、过滤和更换制度

液压设备在工作过程中，由于冲击振动、磨损和污染等因素，使管件松动，金属件和密封磨损，因此必须对液压件及油箱等实行定期清洗和维修，对油液、密封件执行定期更换制度。

3. 液压系统的点检与定检

1）各液压阀、液压缸及管接头是否有外漏。

2）液压泵或液压电动机运转时是否有异常噪声等现象。

3）液压缸移动时工作是否正常平稳。

4）液压系统的各测压点压力是否在规定的范围内，压力是否稳定。

5）油液的温度是否在允许的范围内。

6）液压系统工作时有无高频振动。

7）电气控制或撞块（凸轮）控制的换向阀工作是否灵敏可靠。

8）油箱内油量是否在油标刻线范围内。

9）行程开关或限位挡块的位置是否有变动。

10）液压系统手动或自动工作循环时是否有异常现象。

11）定期对油箱内的油液进行取样化验，检查油液质量，定期过滤或更换油液。

12）定期检查蓄能器的工作性能。

13）定期检查冷却器和加热器的工作性能。

14）定期检查和紧固重要部位的螺钉、螺母、接头和法兰螺钉。

15）定期检查和更换密封件。

16）定期检查、清洗或更换液压件。

17）定期检查、清洗或更换滤芯。

18）定期检查、清洗油箱和管道。

4. 液压系统的常见故障及其诊断维修

表 3－6 为液压系统的常见故障及其诊断维修。

表 3－6　液压系统的常见故障及其诊断维修

故障现象	故障原因	排除方法
液压泵不供油或流量不足	压力调节弹簧过松	将压力调节螺钉顺时针转动使弹簧压缩，启动液压泵，调整压力
	流量调节螺钉调节不当，定子偏心方向相反	按逆时针方向逐步转动流量调节螺钉
	液压泵转速太低，叶片不能甩出	将转速控制在最低转速以上
	液压泵转向相反	调转向
	油的黏度过高，使叶片运动不灵活	采用规定牌号的油
	油量不足，吸油管露出油面吸入空气	加油到规定位置，将滤油器埋入油下
	吸油管堵塞	清除堵塞物
液压泵不供油或流量不足	进油口漏气	修理或更换密封件
	叶片在转子槽内卡死	拆开油泵修理，清除毛刺，重新装置

故障现象	故障原因	排除方法
液压泵有异常噪声或压力下降	油量不足，滤油器露出油面	加油到规定位置
	吸油管吸入空气	找出泄漏部位，修理或更换零件
	回油管高出油面，空气进入油池	保证回油管埋入最低油面下一定深度
	进油口滤油器容量不足	更换滤油器，进油容量应是油泵最大排量的 2 倍以上
	滤油器局部堵塞	清洗滤油器
	液压泵转速过高或液压泵装反	调整转速，按规定方向安装转子
	液压泵与电机连接同轴度差	同轴度应在 0.05 mm 内
	定子和叶片磨损，轴承和轴损坏	更换零件
	泵与其他机械共振	更换缓冲胶垫
液压泵发热、油温过高	液压泵工作压力超载	将工作压力调整到额定压力内
	吸油管和系统回油管距离太近	调整油管，使工作后的油不直接进入油泵
	油箱油量不足	按规定加油
	摩擦引起机械损失，泄漏引起容积损失	检查或更换零件及密封圈
	压力过高	油的黏度过大，按规定更换
系统及工作压力低，运动部件爬行	泄漏	检查漏油部件，修理或更换 检查是否有高压腔向低压腔的内泄 将泄漏的管件、接头、阀体修理或更换
尾座顶不紧或不运动	压力不足	用压力表检查
	液压缸活塞拉毛或研损	更换或维修
	密封圈损坏	更换密封圈
	液压阀卡死或线路断线	清洗、更换阀体或重新接线
	套筒研损	修理研磨部件
导轨润滑不良	分油器堵塞	更换损坏的定量分油管
	油管破裂或渗漏	修理或更换油管
	没有气体动力源	检查气动柱塞泵有否堵塞，工作是否灵活
	油路堵塞	清除污物，使油路畅通
滚珠丝杠润滑不良	分油管不分油	检查定量分油器
	油管堵塞	清除污物，使油路畅通

3.6.2 气动系统

1. 气动系统原理

气动装置的气源容易获得，机床可以不必再单独配置动力源，装置结构简单，工作介质不污染环境，工作速度快，动作频率高，适合于完成频繁启动的辅助工作，其过载时比较安全，不易发生过载损坏机件等事故。图 3 – 19 为常用的气动系统原理图。气动系统在数控机床中主要用于对工件、刀具定位面（如

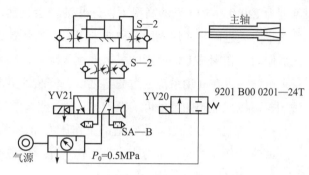

图 3 – 19　气动系统原理

主轴锥孔）和交换工作台的自动吹屑，清理定位基准面、安全防护门的开关以及刀具、工件的夹紧、放松等。气动系统中的分水滤气器应定期放水，分水滤气器和油雾器还应定期清洗。

数控机床上的气动系统用于主轴锥孔吹气和开关防护门。有些加工中心依靠气液转换装置实现机械手的动作和主轴的松刀。

2. 气动系统的维护

（1）保证供给洁净的压缩空气

压缩空气中通常都含有水分、油分和粉尘等杂质。水分会腐蚀管道、阀和汽缸；油分会使橡胶、塑料和密封材料变质；粉尘会造成阀体动作失灵。选用合适的过滤器，可以清除压缩空气中的杂质。使用过滤器时应及时排除积存的液体，否则，当积存液体接近挡水板时，气流仍可将积存物卷起。

（2）保证空气中含有适量的润滑油

大多数气动执行元件和控制元件都要求适度的润滑。如果润滑不良将会发生以下故障。

① 由于摩擦阻力增大而造成汽缸推力不足，阀芯动作失灵；

② 由于密封材料的磨损而造成空气泄漏；

③ 由于生锈造成元件的损伤及动作失灵。

一般采用油雾器进行喷雾润滑。油雾器一般安装在过滤器和减压阀之后。油雾器的供油量一般不宜过多，通常每 $10 \, m^3$ 的自由空气供 $1 \, mL$ 的油量（即 $40 \sim 50$ 滴）。检查润滑是否良好的一个方法是，找一张清洁的白纸放在换向阀的排气口附近，如果阀在工作 $3 \sim 4$ 个循环后，白纸上只有很轻的斑点，则表明润滑是良好的。

（3）保证气动系统的密封性

漏气不仅增加了能量的消耗，也会导致供气压力的下降，甚至造成气动元件工作失常。严重的漏气在气动系统停止运行时，由漏气引起的响声很容易发现；轻微的漏气则应利用仪表，或用涂抹肥皂水的办法进行检查。

（4）保证气动元件中运动零件的灵敏性

从空气压缩机排出的压缩空气，包含有粒度为 0.01~0.08 μm 的压缩机油微粒，在排气温度为 120 ℃~220 ℃的高温下，这些油粒会迅速氧化，氧化后油粒颜色变深，黏性增大，并逐步由液态固化成油泥。这种微米级以下的颗粒，一般过滤器无法滤除。当它们进入换向阀后便附着在阀芯上，使阀的灵敏度逐步降低，甚至出现动作失灵现象。为了清除油污，保证灵敏度，可在气动系统的过滤器之后，安装油雾分离器，将油泥分离出来。此外，定期清洗阀也可以保证阀的灵敏度。

（5）保证气动装置具有合适的工作压力和运动速度

调节工作压力时，压力表应当工作可靠，读数准确。减压阀与节流阀调节后，必须紧固调压阀盖或锁紧螺母，防止松动。

3. 气动系统的点检与定检

（1）管路系统点检

主要内容是对冷凝水和润滑油的管理。冷凝水的排放，一般应当在气动装置运行之前进行。但是当夜间温度低于 0 ℃时，为防止冷凝水冻结，气动装置运行结束后，就应开启放水阀门排放冷凝水。补充润滑油时，要检查油雾器中油的质量和滴油量是否符合要求。此外，点检还应包括检查供气压力是否正常，有无漏气现象等。

（2）气动元件的定检

主要内容是彻底处理系统的漏气现象，例如更换密封元件，处理管接头或连接螺钉松动等，定期检验测量仪表、安全阀和压力继电器等。气动元件的定检内容见表 3-7。

表 3-7 气动元件的定检

元件名称	定检内容
汽缸	活塞杆与端盖之间是否漏气 活塞杆是否划伤、变形 近接头、配管是否松动、损伤 汽缸动作时有无异常声音 缓冲效果是否合乎要求
电磁阀	电磁阀外壳温度是否过高 电磁阀动作时，阀芯工作是否正常 汽缸行程到末端时，通过检查阀的排气口是否有漏气来诊断电磁阀是否漏气 紧固螺栓及管接头是否松动 电压是否正常，电线有否损伤 通过检查排气口是否被油润湿，或排气是否会在白纸上留下油雾斑点来判断润滑是否正常
油雾器	油杯内油量是否足够，润滑油是否变色、浑浊，油杯底部是否沉积有灰尘和水 滴油量是否适当

元件名称	定检内容
减压阀	压力表读数是否在规定范围内 调压阀盖或锁紧螺母是否锁紧 有无漏气
过滤器	储水杯中是否积存冷凝水 滤芯是否应该清洗或更换 冷凝水排放阀动作是否可靠
安全阀及压力 继电器	在调定压力下动作是否可靠 校验合格后,是否有铅封或锁紧 电线是否损伤,绝缘是否合格

4. 气动系统的常见故障及其诊断维修

（1）执行元件的故障

对于数控机床而言,较常用的执行元件是汽缸。汽缸的种类很多,但其故障形式却有着一定的共性,主要是:汽缸的泄漏;输出力不足,动作不平稳;缓冲效果不好以及外载造成的汽缸损伤等。

产生上述故障的原因有以下几类:密封圈损坏、润滑不良、活塞杆偏心或有损伤;缸筒内表面有锈蚀或缺陷,进入了冷凝水杂质,活塞或活塞杆卡住;缓冲部分密封圈损坏或性能差,调节螺钉损坏,汽缸速度太快;由偏心负载或冲击负载等引起的活塞杆折断等。

排除上述故障的办法通常是在查清了故障原因后,有针对性地采取相应措施。常用的办法有:更换密封圈,加润滑油,清除杂质;重新安装活塞杆使之不受偏心负荷;检查过滤器有无毛病,不好用要更换;更换缓冲装置调节螺钉或其密封圈;避免偏心载荷和冲击载荷加在活塞杆上,在外部或回路中设置缓冲机构。在采用这些办法时,有时要多管齐下才能将同时出现的几种故障现象给予消除。

（2）控制元件的故障

数控机床所用气动系统中控制元件的种类较多,主要是各种阀类,如压力控制阀、流量控制阀和方向控制阀等。这些元件在气动控制系统中起着信号转换、放大、逻辑程序控制作用以及压缩空气的压力、流量和流动方向的控制作用,对它们可能出现的故障进行诊断及有效的排除是保证数控机床气动系统能正常工作的前提。

在压力控制阀中,减压阀常见的故障有二次压力升高、压力降很大(流量不足)、漏气、阀体泄漏、异常振动等。

造成这些故障的原因有:调压弹簧损坏,阀座有伤痕或阀座橡胶有剥离,阀体中进入灰尘、活塞导向部分摩擦阻力大，阀体接触面有伤痕等。排除方法较为简单，首先是找准故障的部位，查清故障的原因，然后对出现故障的地方进行处理。如将损坏了的弹簧、阀座、阀体、密封件等更换，同时清洗、检查过滤器，不让杂质再混入；注意所选阀的规格，使其与实际需要相适应等。

安全阀（溢流阀）常见的故障有：压力虽已上升但不溢流，压力未超过设定值却溢流，有振动发生，从阀体和阀盖向外漏气。

产生这些故障的原因多数是阀内部混入杂质或异物，将孔堵塞或将阀的移动零件卡死；调压弹簧损坏，阀座损伤；膜片破裂，密封件损伤；压力上升速度慢，阀的流量过大引起振动等。解决方法也较简单，将破损了的零件、密封件、弹簧进行更换；注意清洗阀内部，微调溢流量使其与压力上升速度相匹配。

流量控制阀即节流阀较为简单，如出现故障可参考前面所述进行排除。方向控制阀中以换向阀的故障最为多见且典型，常见故障为阀不能换向、泄露、产生振动等。造成这些故障的原因如下：润滑不良，滑动阻力和始动摩擦力大；密封圈压缩量大或膨胀变形；尘埃或油污等被卡在滑动部分或阀座上；弹簧卡住或损坏；密封圈压缩量过小或有损伤；阀杆或阀座有损伤；壳体有缩孔；压力低（先导式）、电压低（电磁阀）等。其解决办法也很简单，即针对故障现象，有目的地进行清洗，更换破损零件和密封件，改善润滑条件，提高电源电压，提高先导操作压力。

知识拓展

1. 电主轴

数控机床将高效、高精度和高柔性集为一体。为了得到高生产率和高加工精度，高速加工技术越来越受到业内的重视。超高速数控机床是实现超高速加工的物质基础，而高速主轴又是超高速数控机床的"核心"部件，它的性能直接决定了机床的超高速加工性能。它不但要求较高的速度精度，而且要求连续输出高转矩的能力和非常宽的恒功率运行范围。因此，具备相应的高转速和高精度、高速精密和高效率特性的数控机床电主轴应运而生。电主轴具有结构紧凑、质量小、惯性小、动态特性好等优点，并可改善机床的动平衡，避免振动、污染和噪声，它在超高速切削机床上得到了广泛的应用。美国、德国、日本、瑞士、意大利等工业发达国家，都在高速数控机床上广泛采用了电主轴结构。

主轴电动机和机床主轴合为一体的电主轴，通常采用的是交流高频电动机，故也称为"高频主轴"。图 3-20 所示为电主轴的结构简图，其主要特征是将电动机内置于主轴内部直接驱动主轴，实现电动机、主轴一体化的功能。

与传统机床主轴相比，电主轴具有如下特点：

1）主轴由内装式电动机直接驱动，省去了中间传动环节，具有结构紧凑、机械效率高、噪声低、振动小和精度高等特点。

2) 采用交流变频调速和矢量控制，输出功率大，调整范围宽，功率转矩特性好。

3) 机械结构简单，转动惯量小，可实现很高的速度和加速度及定角度的快速准停。

4) 电主轴更容易实现高速化，其动态精度和动态稳定性更好。

5) 由于没有中间传动环节的外力作用，主轴运行更平稳，使主轴轴承寿命得到延长。

电主轴最早是用在磨床上，后来才发展到加工中心。强大的精密机械工业不断提出要求，使电主轴的功率和品质

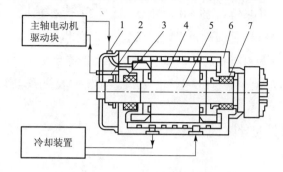

图 3-20　电主轴结构简图

1—电源接口；2—电机反馈；

3—后轴承；4—无外壳主轴电机；

5—主轴；6—主轴箱体；7—前轴承

都不断得到提高。目前电主轴最大转速可达 200 000 r/min，直径为 33~300 mm，功率为 125 W~80 kW，扭矩为 0.02~300 N·M。

国外高速电主轴技术由于研究较早，电主轴单元发展较快，技术水平也处于领先地位，并且随着变频技术及数字技术的发展日趋完善，逐步形成了一系列标准产品，高转速电动主轴在机床行业和工业制造业中普遍采用。最近及今后一段时间，将着重发展研究大功率、大扭矩、调速范围宽、能实现快速制启动、准确定位、自动对刀等数字化高标准电动主轴单元。

近几年美国、日本、德国、意大利、英国、加拿大和瑞士等工业强国争相投入巨资大力开发此项技术。著名的有德国的 GMN 公司、SIEMENS 公司，意大利的 GAMFIOR 公司及日本三菱公司和安川公司等，它们的技术水平代表了这个领域的世界先进水平。此项技术具有功率大、转速高，采用高速、高刚度轴承，精密加工与精密装配工艺水平高，配套控制系统水平高等特点。

2. 电主轴高速旋转发热严重的故障分析

电主轴运转中的发热和温升问题始终是研究的焦点。电主轴单元的内部有两个主要热源：一是主轴轴承，另一个是内藏式主电动机。

电主轴单元最突出的问题是内藏式主电动机的发热。由于主电动机旁边就是主轴轴承，如果主电动机的散热问题解决不好，还会影响机床工作的可靠性。主要的解决方法是采用循环冷却结构，分外循环和内循环两种，冷却介质可以是水或油，使电动机与前后轴承都能得到充分冷却。

主轴轴承是电主轴的核心支承，也是电主轴的主要热源之一。当前高速电主轴，大多数采用角接触陶瓷球轴承。因为陶瓷球轴承具有以下特点：① 由于滚珠质量小，离心力小，动摩擦力矩小；② 因温升引起的热膨胀小，使轴承的预紧力稳定；③ 弹性变形量小，刚度

高，寿命长。由于电主轴的运转速度高，因此对主轴轴承的动态、热态性能有严格要求。合理的预紧力、良好而充分的润滑是保证主轴正常运转的必要条件。采用油雾润滑，雾化发生器进气压为 0.25～0.3 MPa，选用 20 号透平油，油滴速度控制在 80～100 滴/min。润滑油雾在充分润滑轴承的同时，还带走了大量的热量。前后轴承的润滑油分配是非常重要的问题，必须加以严格控制。进气口截面大于前后喷油口截面的总和，排气应顺畅，各喷油小孔的喷射角与轴线呈 15° 夹角，使油雾直接喷入轴承工作区。

先导案例解决

1. 故障诊断

让操作者开机正常加工零件，调出故障存储信息，没有和工作台运动有关的故障记录。查看 CNC 系统和伺服单元运行，指示灯显示无异常，测量各关键点电压正常，把相同的 X、Y 轴伺服驱动单元进行交换，结果故障依然表现在 X 轴。说明从伺服驱动器往前的信号，都是正常的。该控制系统采用半闭环控制，脱开伺服电动机与滚珠丝杠相连接的联轴器，使电器控制和机械传动机构分离，开机试验电器控制系统，结果振动消失。根据以上检查结果，判定问题出在工作台机械传动部分。

通常，工作台进给机械传动由联轴器、齿轮、轴承、丝杠、导轨等多个环节串联起来，由于某种间隙误差扰动，使控制器不断调整输出位置指令，造成工作台振动。预紧力消除间隙，是预加载荷，可有效减少弹性变形所带来的轴向位移，但预紧力不可过大，否则增加摩擦力，降低传动效率。预紧力要反复调整，在机床最大轴向载荷下，既能消除间隙，又能灵活运转。

2. 故障排除

（1）调整角接触球轴承预紧力。滚珠丝杠两端采用角接触球轴承，工作台电动机一端有 3 个轴承，由于长时间使用，环境较差，保养不到位，轴承有一定磨损，选择 3 只 C 级轴承进行更换，轴承预紧力由两个背对背轴承内外圈轴向尺寸差来实现，用螺母通过隔套将轴承内圈压紧，外圈因为比内圈轴向尺寸稍短，有微量间隙，用螺丝通过法兰盘压紧轴承外圈，修磨垫片厚度，调整预紧力到合适为止。

（2）调整滚珠丝杠副轴向间隙。轴向间隙，是指静止时丝杠与螺母之间的最大轴向窜动量。这台机床滚珠丝杠副采用双螺母螺纹式预紧，调整时松开锁紧螺母，旋转调整圆螺母消除轴向间隙，并产生一定预紧力，然后用锁紧螺母锁紧，预紧后两个螺母中的滚珠相向受力，从而消除轴向间隙，通过更换轴承和调整丝杠间隙，开机试车，工作台移动平稳，加工出的零件合格。

◉ 生产学习经验 ◉

【案例3-1】一台 THM6350 立式加工中心，采用 SIMENS 840D 系统。在加工连杆模具过程中，忽然发现 Z 轴进给异常，造成至少 1 mm 的切削误差量（Z 向过切）。调查中了解到，故障是突然发生的。机床在点动、MDI（手动数据输入方式）操作方式下各个轴运行正常，且回参考点正常；无任何报警提示，故障产生的原因是什么呢？如何诊断与排除故障？

【案例3-2】一台加工中心在加工零件时，发现在 Y 轴方向接近行程终端处的位置精度明显超差。如何诊断与排除故障？

【案例3-3】某加工中心在"自动换刀"过程中，经常出现主轴定位不正确，导致"自动换刀"无法正常进行。开始时，该机床出现主轴定位不正确的次数不是很多，通常情况下，通过重新开机又能工作，但使用一段时间后，故障频率越来越高，影响了机床的正常使用。如何诊断与排除故障？

【案例3-4】某数控车床在工作过程中，主轴箱内机械变挡滑移齿轮自动脱离啮合，造成主轴停转，刀具损坏，工件报废。

【案例3-5】一数控车床在发出主轴箱变挡指令后，主轴处于缓速来回摇摆状态，一直挂不上挡。

【案例3-6】德国产双工位专用数控车床，采用 SIEMENS 810T 数控系统。最初发生故障时，是在机床工作两三个小时之后，在自动加工换刀时，刀架转动不到位，这时手动找刀，也不到位。后来在开机确定零号刀时，找不着零号刀，确定不了刀号。

【案例3-7】一数控机床用同一把刀加工的工件，某部件尺寸在一定范围内产生没有规律的变化。

【案例3-8】一数控机床产生加工精度不稳的故障。

【案例3-9】数控机床精车时出现波纹。

【案例3-10】行程终端出现机械振动故障。

【案例3-11】一台加工中心在自动运行时经常出现 X 轴电动机过热报警。

【案例3-12】一台数控镗铣床，Z 轴在运行过程中出现明显的抖动，CNC 发生位置跟随误差报警。

【案例3-13】某加工中心在正常加工过程中出现主轴产生较大噪声的故障。

【案例3-1】

【案例3-】

【案例3-2】

【案例3-3】

【案例 3 – 4】

【案例 3 – 5】

【案例 3 – 6】

【案例 3 – 7】

【案例 3 – 8】

【案例 3 – 9】

【案例 3 – 10】

【案例 3 – 11】

【案例 3 – 12】

【案例 3 – 13】

本章小结
BENZHANGXIAOJIE

本章主要学习了数控机床机械结构故障诊断的基本方法、主运动系统和进给运动系统的常见故障及其诊断与维修。机械结构故障主要表现在机械各执行部件的运动故障以及在切削加工过程中的表现出来的振刀、刀具磨损、工件存在质量问题等故障。

思考与练习

3 – 1　数控机床机械结构的基本组成有哪些？

3 – 2　数控机床机械结构的特点是什么？

3 – 3　数控机床机械故障诊断的任务是什么？

3 – 4　数控机床机械故障诊断的方法有哪几种？什么是简易诊断法？什么精密诊断法？在诊断故障时如何应用这两种方法？

3 – 5　主轴部件有哪些常见故障？主轴部件该如何维护？

3 – 6　滚珠丝杠螺母副的工作原理是什么？有哪些常见的故障？如何对滚珠丝杠螺母副进行日常维护？

3 – 7　在数控机床上常见的齿轮间隙消除方法有哪些？

3 – 8　导轨副的维护包括哪些项目？导轨副可能发生哪些故障？

3-9　刀库及换刀机械手有哪些维护要点？

3-10　液压系统常见故障有哪些？如何有效避免这些故障的发生？

3-11　数控机床上气动系统的作用是什么？如何维护和点检？

3-12　气动系统的常见故障有哪些？

3-13　与传统机床主轴相比，电主轴具有哪些特点？

第4章　SIEMENS系统数控机床的基本操作

本 章知识点

1. 常见数控系统型号；
2. SIEMENS 810 系统数控机床的操作面板及其功能；
3. SIEMENS 810 系统数控机床的操作方式；
4. SIEMENS 810 系统的初始化和数据的输入、输出。

先导案例

SIEMENS 数控系统是 SIEMENS 集团旗下自动化与驱动集团的产品，SIEMENS 数控系统 SINUMERIK 发展了很多代。目前在广泛使用的主要有802、810、840 等几种类型。SIEMENS 公司对 810 系统的性能与价格定位是如何描述的呢？

4.1　概　　述

随着计算机技术及电子技术的迅速发展，机械加工行业中数控机床的应用已很普及。目前国内应用的数控系统有很多种，但从国外引进的居多。市场占有率较大的有日本的 FANUC 系统、德国的 SIEMENS 系统，其次为法国的 NUM 系统、西班牙的 FAGOR 系统、日本的 MITSUBISHI、美国的 AUEN—BRADLEY 系统。国产数控系统的典型代表是华中数控系统。

4.1.1　FANUC 系统

FANUC 系统早期有 3 系列，6 系列系统，现有 0 系列，10/11/12 系列，15、16、18、21 系统等，应用最广泛的是 FANUC 0 系统。

0D 系列：0TD——用于车床；0MD——用于铣床及小型加工中心；0GCD——用于圆柱磨床；0PD——用于冲床。

0C 系列：0TC——用于通用车床、自动车床；0MC——用于铣床、钻床、加工中心；0GCC——用于内、外圆磨床；0GSC——用于平面磨床；0PC——用于回转头冲床；0TTC——用于双刀架、四轴车床。

Power Mate 0：用于两轴小型车床。

0i 系列：0iMA——用于加工中心及铣床，控制四个轴；0iTA——用于车床，可控制四个轴；16i——最大八轴，六轴联动；18i——最大六轴，四轴联动；160/18MC——用于加工中心、铣床、平面磨床；160/18TC——用于车床、磨床；160/18DMC——用于加工中心、铣床、平面磨床的开放式 CNC 系统；160/180TC——用于车床、圆柱磨床的开放式 CNC 系统。

4.1.2 SIEMENS 系统

SIEMENS 系统系列产品中，具有代表性的系统有 SIEMENS 6 系列、3 系列、8 系列、810/820 系列、850/880 系列、840 系列和 802 系列系统。其中 810 与 840 系列系统又可分为早期的 810M/T/G、840C 系统与后期的 810D、840D、840Di 系统等不同的结构形式；802 系统根据配套的驱动器，可以分为 802S、802C、802D 等不同型号。

目前，基于工业 PC 机的现代控制系统正越来越多地应用于数控机床中。配以 Windows XP 操作系统的控制系统具有开放和灵活的软硬件平台，在用户熟悉的 PC 机领域中，方便用户的使用和二次开发。例如 SIEMENS 840Di 数控系统就是一个基于 PC 机的、全 PC 集成的控制系统。SIEMENS 840Di 数控系统的显著特点是，CNC 控制功能与 MDI 功能一起都在 PC 处理器上运行。也就是说，可以省略传统控制系统中所需的 NC 处理单元。这种控制系统包含大量标准化印刷电路板和电器部件，如带接口卡的工业 PC 机、PROFIBUS—DP、Windows NT 操作系统、OPC（用于过程控制的 OLE）用接口和 NC 控制软件。

4.1.3 华中数控系统

武汉华中数控系统有限公司成立于 1994 年，是一家从事数控系统研究、开发和经营的中外合资企业。

1997 年，华中数控系统有限公司以工业 PC 机为硬件平台，以 PC＋软件完成全部的 NC 功能，开发出华中Ⅰ型数控系统，实现了国外高系统的功能，具有优良的性能价格比，达到了国际先进水平。华中Ⅰ型数控系统被科技部列入 1997 年度"国家新产品计划（742176163004）"和"九五国家科技成果重点推广计划指南项目（98020104A）"。近几年来，武汉华中数控系统有限公司相继开发出华中—2000 型数控系统（HNC—2000）和华中"世纪星"系列数控系统（HNC—21T 车床系统、HNC—21/22M 铣床系统），以满足用户对低价格、高性能、实用、可靠的系统要求。

4.2　SIEMENS 810 系统数控机床的操作面板

数控系统的操作面板是操作者控制、操作数控机床的主要介质，是操作者操作、控制、学习、了解、掌握、维护数控系统的重要途径。810 系统可以连接集成式机床控制面板，也可以连接外部机床控制。图 4 – 1 是 SIEMENS 810M 系统的操作面板。

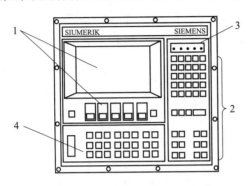

图 4 – 1　SIEMENS 810M 系统的操作面板
1—显示器；2—键盘；3—LED 显示面板；4—集成式机床操作面板

操作面板可分为以下几个部分。

1——具有 5 个软键的显示器。

2——键盘，包括地址键、数字键、符号键、编辑键和输入键等。

3——LED 显示面板，由 5 个发光二极管组成。

4——集成式机床操作面板（可选件）。

下面分别介绍这几个部分的功能。

4.2.1　具有软键的显示器

810 系统 CRT 显示器可显示 17 行，并划分为不同区域，不同区域显示不同的内容。图 4 – 2 是 CRT 显示器及软键的示意图。该图对 CRT 的显示区域进行了划分，各个显示区域或者显示行的显示功能在表 4 – 1 中做了分类说明。

表 4 – 1　SIEMENS 810 系统显示器区域显示功能

区域	CRT 显示行/行	显示内容	最多显示字符个数/个
1		操作方式	14
2	1	操作条件	24
3		通道号	3
4	2	报警号与报警信息	41
5	3 ~ 14	NC 显示：文本、图形	41×12
6		操作提示	24
7	15	键盘的输入	17
8	16 ~ 17	功能菜单显示	$5 \times 7 \times 2$

显示器下方按键的功能为：

（1）∧菜单返回键

操作这个按键，可使屏幕最后一行显示的功能菜单返回到上一层。

（2）▭软键

在显示器下方有 5 个相同形状的按键，这些按键为软键。它们没有固定功能，在显示器最后一行。在软键正上方显示该软键的功能。

（3）＞扩展键

操作这个键，可以改变功能菜单的显示，显示同一层菜单中的其他功能（即该菜单的扩展菜单）。

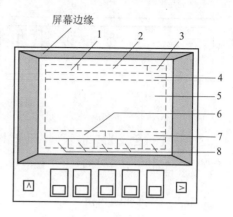

图 4 – 2　SIEMENS 810 系统
显示器区域划分与软键

显示器第 2 行的 4 区域显示报警号和报警信息；第 15 行的 7 区域是输入行，当地址数字键按下时，先在这个输入行显示所按键的内容，按编辑或者输入键后，才能输入到存储器中。第 16 行和 17 行的 8 区域显示的是菜单的功能，分为 5 个部分，对应于 5 个软键，按下相应的软键，进入相应的功能。

4.2.2　地址数字键

SIEMENS 810 系统键盘上的地址数字键标准名分配如图 4 – 3 所示，键名也可以通过机床数据 MD200 ～ MD223 来重新定义，其中大部分键都是双功能键，通过使用右上角的▭键切换上下挡功能。当下挡键起作用时，右上角的黄色二极管指示灯亮。

地址数字键在人机对话中起着相当重要的作用。通过这些键可以把机床数据和加工程序输入到系统中，使数控系统能够按人的意图运行。

4.2.3　LED 显示面板

SIEMENS 810 系统面板上有 5 个发光二极管组成的显示面板，如图 4 – 4 所示。这个显示面板用来显示系统的一些运行状态。

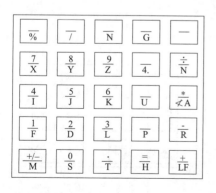

图 4 – 3　地址数字键盘

5 个发光二极管代表意义如下。

（1）报警指示

这是一个红色发光二极管，当出现任何报警时，这个二极管亮。

（2）不到位指示

这是一个绿色发光二极管，当有一个轴不到位时，这个二极管亮。如果轴到位停止后，这个二极管还亮，说明漂移过大，需要做漂移补偿。

（3）进给保持指示

这是一个红色发光二极管，当进给中断时这个二极管亮，这时程序被终止。

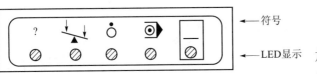

图 4 - 4 LED 显示面板

（4）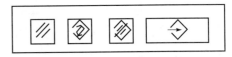程序运行指示

这是一个绿色发光二极管，当加工程序运行时亮，程序结束时熄灭。

（5）下挡键指示

这是一个黄色发光二极管，当下挡键激活时亮。下挡键有两种激活方式：一是按键盘右上角的转换按键，可使这个二极管亮；二是 NC 系统自动切换。

4.2.4 编辑和输入键

SIEMENS 810 系统为了输入加工程序和数据的需要，设置 3 个编辑键和一个输入键。按键符号和布局如图 4 - 5 所示。

（1）删除输入、操作信息

使用这个键可以删除输入行的字符和操作信息行的字符。

（2）删除字/块

使用这个键可以删除工件程序中的一个字或者一个程序块：

① 在输入行输入与工件程序中光标位置右侧的字地址相同的地址，然后按这个键，程序中光标右边的字被删除。

② 在输入行输入与工件程序中光标右侧的程序块相同的程序块序号后，按这个键，整个程序块被删除。

（3）修改字

使用这个键可以修改工件程序中光标位置右侧的字。方法为在输入行输入所需的字后，按这个键，程序中用光标做记号的字被输入的字代替。

（4）输入字符/字

这是一个黄颜色的按键，用这个键结束输入，即：

① 把在输入行输入的字符传送到光标显示的位置。

② 把在输入行上输入的字传送到工件程序存储器中。

图 4 - 5 编辑键和输入键

4.2.5 控制键

图 4 - 6 是控制键示意图。

（1）光标移动键

用这 4 个键可在屏幕上移动光标位置。

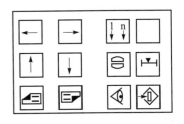

图 4 - 6 控制键示意图

（2） 、 翻页键

前者为向上翻页键，后者为向下翻页键。

（3） 通道转换键

SIEMENS 810 系统有 3 个通道，按此键一次，转换到下一个通道，循环转换。

（4） 报警应答键

使用这个键，可以应答 NC 系统的一些诊断信息和报警文本。这些报警为 3000～3094 号的系统报警和 6000～6063 号的 PLC 报警。按这个键不会中断正在执行的加工程序。使用这个键可以消除显示面板上红色报警灯亮的报警。

（5） 位置数据两倍高度显示转换键

按此键后，在显示器上显示进给轴位置的数据为正常字符的两倍高度，便于观看，再按此键关闭这个功能。

（6） 诊断调整键

开机以后系统运行时按此键，输入正确密码后可进入初始化菜单。开机的同时按此键，直接进入初始化菜单。

注意：使用这个按键应慎重，因为进入初始化菜单后，可能因为误操作删除机床数据。

（7） 搜索键

使用这个键可以搜索地址、程序块号、字和调用数据等。在搜索之前，首先将显示切换到要使用的区域，然后在输入行输入所要搜索的内容后按此键。如果存在要寻找的内容，找到后，光标停在所要找内容的左侧；如果没有找到，将显示"CHARACTER NOT FOUND"（字符没有发现）的提示。

4.2.6 集成式机床控制面板

SIEMENS 810 系统可配置集成式机床控制面板，图 4-7 是较常用的一种。

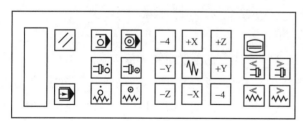

图 4-7 集成机床控制面板

（1） 复位键

按此键可以中断正在执行的加工程序，还可以清除报警信息（100～2999 号）。

（2） 单段运行功能键

该键是一个开关键，按此键后，在屏幕的第一行信息显示部分显示"SBL"（单块 Single Block）。这时按循环启动键，加工程序就一个程序块接一个程序块地执行，执行完一个程序块后，在屏幕上显示"HOLD SINGLE BLOCK"（单块保持），按程序启动键后，执行下一个程序块。第二次按这个键时，关闭单段功能。这个功能在调试加工程序或者诊断加工程序中断故障时非常有用。

（3）程序启、停键

前者为程序启动键，按此键启动加工程序运行。后者为程序停止键，按此键中断加工程序的运行，如果再按程序启动键，则还可以继续执行加工程序。

（4）主轴启、停键

前者为主轴启动键，按此键启动主轴。后者为主轴停止键，按此键停止主轴。

（5）进给启、停键

前者为进给启动键，按此键进给速率达到程序指定的数值，它的具体使用还依赖于机床制造厂家编制的 PLC 程序。后者为进给停止键，按此键停止进给，进给保持指示灯亮。

（6）方向键

按相应进给轴的方向键，如果条件满足，可以沿指定的方向按机床数据规定的速度运动。如果同时按中间的快速键和相应的方向键，可以实现指定轴指定方向的快速运动。

（7）菜单转换键

这个键用来转换软键菜单。

（8）主轴速度倍率按键

按前者主轴速度倍率降低（按照标准机床数据，每按一次降低5%），按后者主轴速度倍率提高（按照标准机床数据，每按一次提高5%）。

（9）进给速度倍率按键

前者为进给速度倍率减小键，按此键进给速度倍率降低（按照机床数据设定的数值降低）。后者为进给速度倍率增加键，按此键进给速度倍率提高（按照机床数据设定的数值提高）。

4.3 SIEMENS 810 系统数控机床的操作方式

SIEMENS 810 系统有7种操作方式。这7种方式分别是设定实际值方式（PRESET）、手动数据输入/自动加工方式（MDI—AUTOM）、手动连续点动方式（JOG）、再定位方式（REPOS）、自动加工方式（AUTOMATIC）、手动增量进给方式（INC）和返回参考点方式（REF—POINT）。可通过菜单转换键切换到操作状态显示菜单，如图4-8所示，按相应的软键选定操作方式。

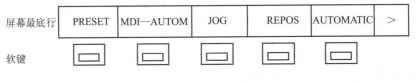

屏幕最底行	PRESET	MDI—AUTOM	JOG	REPOS	AUTOMATIC	>

软键

图4-8 操作方式选择菜单

按 > 键进入第一级扩展菜单，是手动增量进给方式选择菜单，如图4-9所示。

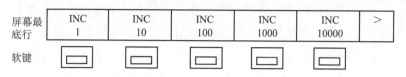

图4-9 操作方式选择一级扩展菜单

按 > 键进入第二级扩展菜单，是返回参考点方式选择菜单，如图4-10所示。

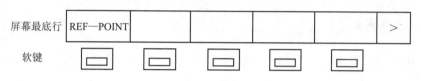

图4-10 操作方式选择二级扩展菜单

下面分别介绍这7种操作方式。

4.3.1 设定实际值方式

在图4-8所示的操作方式选择菜单中，按 PRESET 下面的软键进入设定实际值方式（Preset Setpoint，PRESET）。在设定实际值方式中，操作者可以将控制零点偏置到机床坐标系范围内的任意位置，操作者可将偏置的数据输入到进给轴实际值存储器进行预置，预置的数值在 CRT 上显示出来。如果需要的话，刀具补偿也能够设定到预置值中。操作者在设定实际值之前，输入刀具补偿数据，包括补偿号、补偿方向和类型等。输入的数据在考虑了刀具补偿后送到实际值存储器。在设定实际值的过程中，不发生机床轴的运动。预置的数据在程序结束时或复位后仍然保持不变。预置值可以用删除键进行删除；也可以通过机床数据定义预置值，在 NC 系统通电或返回参考点时确定是否自动删除。

4.3.2 手动数据输入/自动加工方式

在图4-8所示的操作方式选择菜单中，按 MDI—AUTOM 下面的软键，进入手动数据输入/自动加工方式（Manual Data Input/Automatic，MDI/AUTOM，简称 MDI 方式）。在 MDI 方式中，操作者能够在 NC 系统控制下，一个程序块一个程序块地进行操作。用键盘输入一个程序块，用结束符 LF 结束程序块，按输入键输入。然后按程序启动键，NC 系统执行输入的程序块，程序执行后将程序自动删除，也可以同时输入几个程序块，但总长度不能超过256个字符。这些程序块存储在数控系统的缓冲存储器中，按下程序启动按键后，数控系统处理缓冲存储器中的程序，处理结束后将缓冲存储器清除，以准备接收新的程序或数据。

4.3.3 手动连续点动方式

在图4-8所示的操作方式选择菜单中，按 JOG（Jogging）下面的软键，进入手动连续点动操作方式。在手动连续点动方式下，机床为手动操作状态。如果要运动进给轴，按下相应轴的方向键，该轴就可以按指定方向运动，并在屏幕上显示轴运动的坐标值。进给速度按照机床数据的设定，此外还受进给倍率开关的限制。释放方向键后，停止进给。按进给轴的方向键的同时按快速进给键，相应的进给轴以快速进给速率运动，同样快速进给速率也是在机床数据中设定的，并受进给倍率的限制。上述的进给轴的运动是在返回参考点之后进行的。如果在返回参考点操作之前进行，进给速度执行的是返回参考点的速度。在手动状态下，还可以启停主轴、卡紧松开工件、启停切削液等其他操作。

4.3.4 再定位方式

在自动加工中，当发生刀具断裂的故障后，在刀具断裂处中断程序，同时主轴停转。在加工程序中断后，操作者把机床工作方式转换成手动连续点动方式或者手动增量进给方式，把刀具从工件上移开。当刀具移开时，数控系统记录下移动的距离作为再定位偏差值（Repos. Offset）。在再定位方式（Reposition，REPOS）下，能够用方向按键使刀具移动到中断点，相反方向的按键是不起作用的，到达中断点后，运动自动停止，不可能超过中断点，运动过程中再定位偏差值不断变化，到达中断点后，其值变为零。在同一时刻，最多只能运动两个轴。进给倍率有效，快速进给开关无效。

更换刀具后，如所换的刀具与前一把刀具的几何尺寸和安装方式完全相同，可用这个操作方式将刀具回到中断点，并可以继续加工；如换上的刀具与前一把刀具不同，则应该采用程序块搜索方式返回中断点。

4.3.5 自动加工方式

在图4-8所示的操作方式选择菜单中，按 AUTOMATIC 下面的软键，进入自动加工方式。在自动加工方式下，数控系统根据加工程序控制机床对工件进行自动加工。通过程序启动、停止键使程序运行和中断；通过进给停止、启动键使程序停止和继续运行。在程序运行过程中，还可以对其他程序进行编辑修改、程序块搜索、显示当前程序块及其他程序模拟等。在自动加工前，操作人员必须做好必要的准备，包括：

1）将刀具和工件安装好（自动上下料的机床除外）。

2）将加工程序输入到 CNC 内存中。

3）检查和输入零点偏置。

4.3.6 手动增量进给方式

图4-9所示的操作方式选择一级扩展菜单是手动增量进给方式（Incremental Feed，INC）选择菜单。增量进给方式是手动点动操作方式，有5个增量设定方式，即1 μm、10 μm、100 μm、1 000 μm 和 10 000 μm。在增量进给方式下，按下相应进给轴的方向键（无论按多长时间），相应的进给轴就按照指定的方向移动所指定的增量，增量点动速度由

机床数据确定。增量进给方式用于精确对刀的场合。在机床维修时，经常使用这种方式做定位检查或者丝杠反向间隙的测定。

当配置手轮时，选择要移动的轴及增量值顺时针或者逆时针转动手轮，则相应的轴以设定的增量值向正或反方向连续移动。

4.3.7 返回参考点方式

在图 4 – 10 所示的操作方式选择二级扩展菜单中，只有一个操作状态可选择，即返回参考点方式（Reference Point，REF-POINT）。数控机床在开机时，必须确定机床各进给轴的参考点，即确定刀具或者工件与机床零点的相对位置。数据控系统在没有完成返回参考点的操作之前，不能进行加工程序的自动操作，这时按工件程序启动键，系统将产生报警 2039 "Reference Point Not Reached"（参考点没有达到），不能运行加工程序。数控系统在电源接通后，找到操作方式选择二级扩展菜单，按 REF-POINT 下面的软键，进入返回参考点方式。在返回参考点方式下，按规定的进给轴方向键（这依赖于机床厂家编制的 PLC 用户程序），即可完成返回参考点的操作；按相反的方向键，机床不动作。

4.4 SIEMENS 810 系统的初始化

SIEMENS 810 系统有一个系统初始化菜单。进入系统初始化菜单后，可以对系统数据进行初始化操作，但应该注意如果对正常运行的系统进行初始化，系统将不再正常工作，除非重新装入程序和数据。

4.4.1 系统初始化菜单进入方法

进入系统初始化菜单有两种方法。

1）在系统通电的同时按住系统面板上诊断键 ◁) 几秒钟，松手后，系统就会进入初始化菜单。

2）正常工作时，按系统操作面板上诊断键 ◁)，系统就会提示输入密码，输入正确的密码后，再按这个按键，屏幕显示如图 4 – 11 所示。

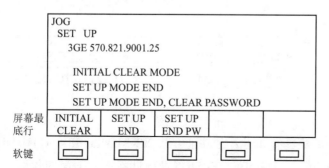

图 4 – 11　进入初始化菜单的准备画面

按 SET UP END（启动结束）下面的软键，不进入系统初始化菜单，但密码保持有效。

按 SET UP END PW（启动结束，密码）下面的软键，不进入系统初始化菜单，密码取消。

按 INITIAL CLEAR（启动清除）下面的软键，即可进入系统初始化菜单。

4.4.2 系统初始化菜单

进入系统初始化菜单后，屏幕上出现如图 4-12 所示的显示。屏幕上显示的内容对应于相应软键的功能，在系统数据丢失后，屏幕显示的文字是德文，但内容与英文一致。

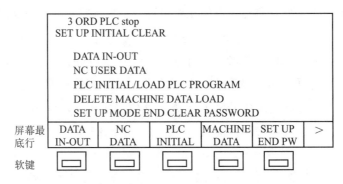

图 4-12 系统初始化菜单

系统初始化菜单有 4 种主要功能，数据输入/输出（通过通信口）、NC 数据初始化、PLC 数据初始化和机床数据初始化。按右侧第一个软键退出初始化操作，并使密码失效。

NC 数据初始化、PLC 数据初始化和机床数据初始化这 3 种功能对系统不同类型的数据进行格式化，使用时一定要注意，格式化后，系统的用户数据将丢失，必须重新装入用户数据，机床才能工作。

按软键右侧的 > 键进入初始化扩展菜单，如图 4-13 所示。

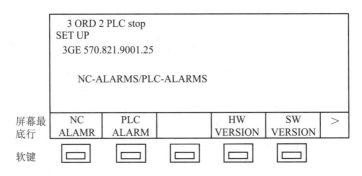

图 4-13 系统初始化扩展菜单

系统初始化扩展菜单有如下 4 种功能：按 NC ALARM 和 PLC ALARM 键将显示 NC 和 PLC 的报警号和报警信息；按 HW VERSION（硬件版本）下面的软键，屏幕上将显示硬件版本号；按 SW VERSION（软件版本）下面的软键，屏幕上将显示软件版本号。

4.4.3 NC 存储器格式化

在系统初始化菜单中，按 NC DATA 下面的软键，系统进入 NC 存储器格式化菜单，如图 4 – 14 所示。

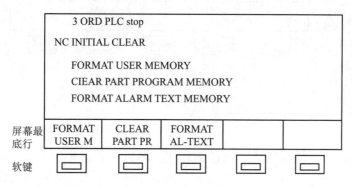

图 4 – 14　NC 存储器格式化菜单

NC 存储器格式化操作对 3 方面内容进行格式化：其一是对用户存储区格式化；其二是对工件存储区格式化，即清除工件程序存储器；其三是格式化报警文本。

按软键，在屏幕上相对应的项目前面就会打上"√"，表示该功能已完成。

1. 用户存储区格式化

按 FORMAT USER M（格式化用户存储器）下面的软键，则清除刀具偏置、设定数据、输入缓冲区数据、R 参数和零偏。

2. 清除工件程序存储器

按 CLEAR PART PR（清除工件程序存储器）下面的软键，NC 工件程序存储器被清零。

3. 格式化报警文本

按 FORMAT AL – TEXT（格式化报警文本）下面的软键，如果 NC MD5012 BIT7 被设置为"1"，则存储器被格式化，PLC 报警文本被清除。

按软键左侧的＾键，返回系统初始化菜单。

4.4.4 PLC 初始化

在系统初始化菜单中，按 PLC INITIAL（PLC 初始化）下面的软键，进入 PLC 初始化菜单，屏幕显示如图 4 – 15 所示。

在 PLC 初始化菜单中，可以进行 3 种操作：其一清除 PLC；其二清除 PLC 标志；其三从 UMS 装载 PLC 程序。

按下软键，屏幕上相应项目的前面就会打上"√"，表示该功能已完成。

1. 清除 PLC

按 CLEAR PLC（清除 PLC）下面的软键，将清除 PLC 用户程序、输入/输出接口映像、

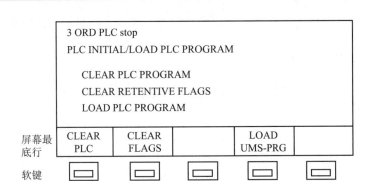

图 4 – 15　PLC 初始化菜单

NC/PLC 接口、定时器、计数器的数据块。

2. 清除 PLC 标志

按 CLEAR FLAGS（清除标志）下面的软键，将 PLC 的断电保护标志位全部清零。

3. 从 UMS 装载 PLC 程序

如果 PLC 用户程序保存在 UMS，在上面两项工作完成后，按 LOAD UMS-PRG（装入 UMS 程序）下面的软键，可将 PLC 用户程序从 UMS 装入系统。

按软键左侧的 ⌃ 键，返回系统初始化菜单。

5.4.5　机床数据格式化

在系统初始化菜单中，按 MACHINE DATA（机床数据）下面的软键后，进入机床数据格式化菜单，屏幕显示如图 4 – 16 所示。

按下软键后，屏幕上相对应的项目就会在前面打上"√"，表示这个功能已执行。机床数据格式化菜单具有 5 种功能，具体操作如下。

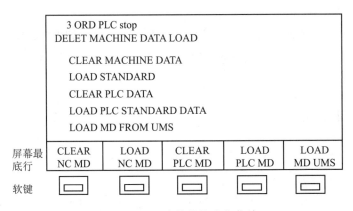

图 4 – 16　机床数据格式化菜单

1. 清除 NC 机床数据

按 CLEAR NC MD（清除 NC 数据）下面的软键，将 NC 机床数据清除。

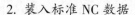

2. 装入标准 NC 数据

按 LOAD NC MD（装入 NC 数据）下面的软键，将 NC 的标准机床数据装入。

3. 清除 PLC 机床数据

按 CLEAR PLC MD（清除 PLC 数据）下面的软键，将 PLC 机床数据清除。

4. 装入 PLC 标准机床数据

按 LOAD PLC MD（装入 PLC 数据）下面的软键，将 PLC 的标准机床数据装入。

5. 从 UMS 装入机床数据

如果用户数据存储在 UMS 存储器内，上面几项操作完成后，按 LOAD MD UMS（装入 UMS 数据）下面的按键，把用户数据装入系统存储器。

按软键左侧的 ^ 键，返回系统初始化菜单。

在系统初始化菜单中，按 SET UP END PW 下面的软键，退出初始化菜单。

4.5　SIEMENS 810 系统数据的输入、输出

数控系统的机床数据支持数控机床的运行，如果系统数据丢失，系统将不能正常工作，造成死机。出现这种现象时，应将数据通过系统的 RS—232C（V. 24）异步通信接口将程序、数据输入到系统存储器内，为实现这种操作可使用 SIEMENS 专用编程器或者通用计算机作为传输工具。使用通用计算机时，可采用 SIEMENS V. 24 专用软件 PCIN 来传输数据，PLC 程序也可使用 SIEMENS 专用 STEP5 编程软件输入。所以要有数控机床磁盘数据备份，如果厂家没有提供备份，也可通过上述办法自己将数据传输出来，制作备份。需要备份的文件有 NC 机床数据（% TEA1）、PLC 机床数据（% TEA2）、PLC 梯形图（% PCA）、PLC 报警文本（% PCP）、设定数据（% SEA）、R 参数（% RPA）、零点补偿（% ZOA）、刀具补偿（% TOA）、主程序（% MAP）、子程序（% SPF）等。

4.5.1　PCIN 软件介绍

PCIN 软件是 SIEMENS 公司提供的 V. 24 通信软件，专门用来输入/输出数控系统的备份文件。它可以在专用编程器或者通用计算机上使用。

PCIN 软件可以与 SIEMENS 数控系统通信，输入和输出文件。该软件具有下拉式菜单，除了输入、输出数据外，还可以设置通信参数、编辑文件、设置显示语言等。

4.5.2　数据输出

为了防止系统由于备用电池没电或者模块损坏造成系统数据丢失，必须把用户数据进行备份。备份方法之一就是把数据从数控系统中传入计算机，之后作为电子文件进行保存，出现问题后，再用计算机把备份文件传回。

SIEMENS 810 系统报警文本和 PLC 程序的向外传输，只能在系统初始化菜单中进行，

另外在初始化菜单中还可以传输机床数据、设定数据和 PLC 数据。在通电之前把通信电缆一头插到系统集成面板上的通信接口上，另一头插到计算机 COM1 口上。数据系统通电，并使系统进入初始化菜单，按 DATA IN-OUT 下面的软键，在屏幕上出现设定数据画面，如图 4 - 17 所示。

通常把通信设定数据设定成图 4 - 17 屏幕上所示的数据，即把通信口 1 设置成数据通信口。

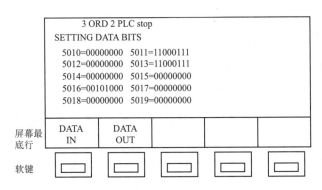

图 4 - 17　数据输入/输出功能显示

在计算机一侧启动 PCIN 软件，设置通信参数如下。

COM NUMBER 1

BAURATE：9600（波特率）

PARITY：EVEN（奇偶校验：偶校验）

2：STOPBIT（停止位）

7：DATABIT（数据位）

BINFILE：OFF

然后按 NC 系统集成面板上 DATA OUT 下面的软键，进入数据输出菜单，屏幕显示如图 4 - 18 所示。

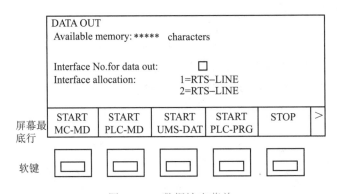

图 4 - 18　数据输出菜单

在屏幕 Interface No. for data out 右侧的方框中输入"1"，即选择通信口 1。

在计算机侧 PCIN 软件的 DATA-IN（数据输入）菜单下，输入相应的文件名，在 NC 侧按相应的软键，即可把机床数据（NC-MD）、PLC 数据（PLC-MD）、PLC 程序（PLC-PRG）逐一传入计算机。如果有 UMS 数据，也可传回计算机保存。

注意：用 PCIN 输入的 PLC 程序只能用 PCIN 传回，不能使用 STEP5 编程软件传回。

按 NC 系统上的启动输出的软键后，在屏幕的右上角显示"DIO"，指示接口已开通，如果再按同一软键，将在屏幕下方显示"INTERFACE BUSY"，指示接口忙。

按软键右侧的 > 键，进入如图 4 – 19 所示的数据输出扩展菜单。这时可将报警文本（PLC-TXT）传入计算机。

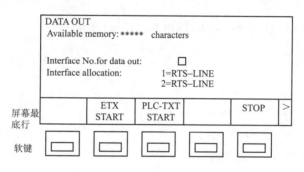

图 4 – 19　数据输出扩展菜单

按软键左侧的 ＾ 按键，可返回上级菜单。

退出初始化状态，在正常操作页面的 DATA IN-OUT 菜单下，其他数据可传入计算机。具体操作与上述相仿，这里不再赘述。

4.5.3　数据输入

除了 PLC 程序和报警文本，其他数据都可通过面板操作键输入，但效率较低。下面介绍用 PCIN 软件通过计算机将数据传入 NC 的方法。

PLC 程序、报警文本只能在初始化操作状态下输入。在初始化状态下也可输入机床数据、PLC 数据、设定数据等其他文件。

数控系统进入初始化菜单后，按 DATA IN-OUT 下面的软键，设置通信设定数据位后，按 DATA IN 软键，屏幕显示如图 4 – 20 所示。

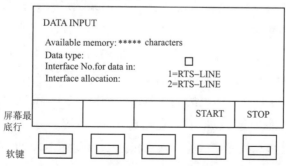

图 4 – 20　数据输入菜单

把光标移动到屏幕上的输入方框中，输入数字"1"，即选择接口1作为通信接口。按 START（启动）键后，在屏幕的右上角显示"DIO"，等待数据输入。

在计算机侧启动 PCIN 软件，设置通信参数如上，然后在 DATA-OUT 输出菜单下选择要传输的文件名，启动传输，即可完成 NC 系统数据输入工作。

其他文件可在正常操作页面的 DATA IN-OUT 菜单下进行。

如果系统数据丢失，需要向系统输入数据，则先进入初始化状态对系统进行初始化，然后再传输数据。

4.5.4　利用 STEP5 编程软件输入/输出 PLC 用户程序

利用 STEP5 编程软件时，首先把 810 系统的接口设置成 PLC 接口，在系统 SETTING DATA 菜单下，将通信口数据设置如下（为 PLC 方式）：

5010 = 00000100　　5011 = 11000111

5012 = 00000000　　5013 = 11000111

5014 = 00000000　　5015 = 00000000

5016 = 00000000　　5017 = 00000000

之后按 DATA IN-OUT 下面的软键，系统显示如图 4 – 21 所示。

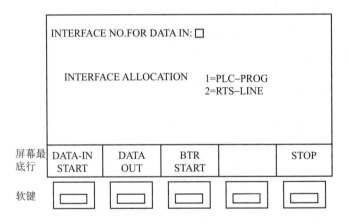

图 4 – 21　PLC 接口设定画面

把光标移动到方格位置，然后输入"1"，即把输入/输出接口设置成 1 号接口。按 DATA-IN START 下面的软键，在屏幕的右上角出现字符"DIO"的显示，指示 NC 系统 PLC 接口已开。这时在计算机或者编程器一侧启动 STEP5 编程软件，把工作方式设置成 ON-LINE，此时操作 STEP5 编程软件传输功能就可以把 PLC 程序从 NC 系统中传出，存储在计算机或者编程器中（注意此时传出的 PLC 程序只能用 STEP5 编程软件传回）。

通过 STEP5 编程软件，也可以把 PLC 程序传入 NC 系统。传入 NC 系统时，一定要在初始化状态下进行，先把 PLC 程序格式化，然后再把 PLC 程序传入 NC 系统。

 知识拓展

1. SIEMENS 802D 数控系统

SIEMENS 802D 数控系统是西门子公司推出的一款经济型数控系统，包括面板控制单元（PCU）、键盘、机床控制面板（MCP）、SIMODRIVE 模块式驱动系统、带编码器的 1FK7 伺服电机、I/O 模块 PP72/48、电子手轮等。其中具有免维护性能的面板控制单元（PCU）是整个系统的核心，具有 CNC、PLC、人机界面、通信等功能。802D 最多可控制 4 个数字进给轴和 1 个主轴，其中主轴既有数字接口，也可通过模拟接口控制。SIMODRIVE 模块式驱动系统由电源输入模块、功率模块、611UE 插件构成，可根据机床的实际情况对各个轴分别进行配置。输入/输出模块 PP72/48 提供 72 位数字输入和 48 位数字输出，一个系统中最多可配置两块 PP72/48。PCU、SIMODRIVE 611UE、PP72/48 均有 PROFIBUS 接口，可通过 PROFIBUS 电缆将它们连接起来构成 PROFIBUS 总线系统，其中 PCU 为主设备，PP72/48、611UE 为从设备，主、从设备均有自己独立的 PROFIBUS 总线地址。SIEMENS 802D 使用的 PLC 编程工具是 STEP7 – Micro/WIN32。

2. SIEMENS 840D 数控系统

SIEMENS 840D 是西门子公司于 20 世纪 90 年代推出的高性能数控系统。它保持西门子前两代系统 SINUMERIK 880 和 840C 的 3 CPU 结构：人机通信 CPU（MMC-CPU）、数字控制 CPU（NC-CPU）和可编程逻辑控制器 CPU（PLC-CPU）。三部分在功能上既相互分工，又互为支持。

在物理结构上，NC-CPU 和 PLC-CPU 合为一体，合成在 NCU（Numerical Control Unit）中，但在逻辑功能上相互独立。

相对于前几代系统，SINUMERIK 840D 具有以下几个特点：

（1）数字化驱动

在 SIEMENS 840D 中，数控和驱动的接口信号是数字量，通过驱动总线接口，挂接各轴驱动模块。

（2）轴控规模大

最多可以配 31 个轴，其中可配 10 个主轴。

（3）可以实现五轴联动

SIEMENS 840D 可以实现 X、Y、Z、A、B 五轴的联动加工，任何三维空间曲面都能加工。

（4）操作系统视窗化

SIEMENS 840D 采用 Windows 95 作为操作平台，使操作简单、灵活，易掌握。

（5）软件内容丰富功能强大

SIEMENS 840D 可以实现加工（Machine）、参数设置（Parameter）、服务（Services）、诊断（Diagnosis）及安装启动（Start-up）等几大软件功能。

（6）具有远程诊断功能

如现场用 PC 适配器、MODEM 卡，通过电话线实现 SINUMERIK 840D 与异域 PC 机通信，完成修改 PLC 程序和监控机床状态等远程诊断功能。

（7）保护功能健全

SIEMENS 840D 系统软件分为西门子服务级、机床制造厂家级、最终用户级等 7 个软件保护等级，使系统更加安全可靠。

（8）硬件高度集成化

SIEMENS 840D 数控系统采用了大量超大规模集成电路，提高了硬件系统的可靠性。

（9）模块化设计

SIEMENS 840D 的软硬件系统根据功能和作用划分为不同的功能模块，使系统连接更加简单。

先导案例解决

SIEMENS 810 系统是 SIEMENS 公司早期代表性产品之一，有早期的 810/T/M/G 和后期的 810D 等不同的结构形式。SIEMENS 810D 和 840D 几乎是同时推出的，810D 是 840D 的 CNC 和驱动控制集成型（810D 第一次将 CNC 和驱动控制集成在一块板子上，CNC 与驱动之间没有接口），具有非常高的系统一致性。因此，SIEMENS 810D 的功能和选件非常强大，并不低于 840D，只是它的应用场合有其特殊性，合理地利用它内部集成的驱动系统，可以减少成本并且获得高性能。SIEMENS 系统各系列产品性价比如图 4 - 22 所示。

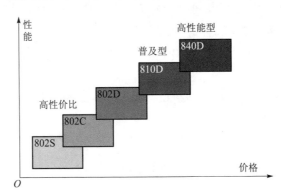

图 4 - 22　SIEMENS 系统各系列产品性价比示意图

● 生产学习经验 ●

【案例 4 - 1】数控机床操作的注意事项有哪些？

【案例 4 - 2】对于数控机床操作中产生的失误，如何分类预防？

【案例4-1】

【案例4-2】

本章小结

本章主要学习了常用数控系统的型号，SIEMENS 810 系统数控机床的操作方法、系统初始化，以及系统数据的输入、输出操作步骤。本章学习重点是 SIEMENS 810 系统数控机床的操作要领，学习难点是系统的初始化和数据的输入、输出。

思考与练习

4-1 试列举3个数控系统生产厂家，并列出其中一个的典型数控系统。

4-2 SIEMENS 810M 系统的操作面板可分为哪几个部分？

4-3 SIEMENS 810 系统操作面板上有5个发光二极管，它们代表的意义是什么？

4-4 SIEMENS 810 系统有哪几种操作方式？

4-5 SIEMENS 810 系统初始化菜单如何进入？

4-6 SIEMENS 810 系统初始化菜单有哪几种主要功能？

4-7 机床数据格式化菜单具有哪几种功能？

4-8 如何对 SIEMENS 810 系统的数据进行输入/输出？

第5章 数控机床电气系统故障诊断与维修

 章知识点

1. 数控机床对电气系统的基本要求，电气系统的特点；

2. 数控机床常用低压电器的结构、工作原理和性能特点；

2. 数控机床电气系统的常见故障及其诊断维修；

3. 数控机床的抗干扰技术。

先导案例

一台德国 CWK500 加工中心托盘不能进行手动转动，系统无报警显示，电网电源正常。该机床有多次保险丝熔断记录，这次更换保险丝后无效。如何诊断与排除故障？

5.1 数控机床电气系统的特点

5.1.1 数控机床对电气系统的基本要求

1. 高可靠性

数控机床是长时间连续运转的设备，本身要具有高可靠性。因此，在电气系统的设计和部件的选用上普遍应用了可靠性技术、容错技术及冗余技术。所有部件选用的都是最成熟的，而且符合有关国际标准并取得授权认证的新型产品。

2. 紧跟新技术的发展

在保证可靠性的基础上，电气系统还要具有先进性，如新型组合功能电器元件的使用、新型电子电器及电力电子功率器件的使用等。

3. 稳定性

要在电气系统中采取一系列技术措施，使其适应较宽泛的环境条件，如要能适应交流供电系统电压的波动，对电网系统内的噪声干扰有一定的抑制作用，同时还符合电磁兼容的国家标准要求，系统内部既不相互干扰，还能抵抗外部干扰，也不向外部辐射破坏性干扰。

4. 安全性

电气系统的连锁要有效；电气装置的绝缘要保证完好，防护要齐全，接地要牢靠，以使操作人员的安全有保证；电气部件的防护外壳要具有防尘、防水、防油污的功能；电柜的封闭性要好，防止外部的液体溅入电柜内部，防止切屑、导电尘埃的进入；电柜内的所有元件在正常供电电压工作时不应出现被击穿的现象，并且有预防雷电袭击的功能；经常移动的电缆要有护套或拖链防护，防止缆线磨断或短路而造成系统故障；要有抑制内部部件异常温升的措施，特别是在夏季，要有强迫风冷或制冷器冷却；有防触电、防碰伤设施。

5. 方便的可维护性

易损部件要便于更换或替换，保护元器件的保护动作要灵敏，但也不能有误动作；一旦出现故障排除后，功能要能恢复。

6. 良好的控制特性

所有被控制的电动机启动要平稳、响应快速、特性硬、无冲击、无震动、无振荡、无异常噪声、无异常温升。

7. 运行状态明显的信息显示

电气系统要用指示灯做操作显示，电器元件要有状态指示、故障指示，有明显的安全操作标识。

8. 操作的宜人性

电气系统要体现人性化设计，如操作部位与人体平均高度、距离相适应，体现操作方便、舒适、便于观察的特点，尤其要随时摸得到急停按钮，保证紧急情况下的快速操作动作；机床电器颜色不仅符合标准，还要美观、明显。

5.1.2　电气系统的故障特点

1）电气系统故障的维修特点是故障原因明了，诊断也比较好做，但是故障率相对比较高。

2）电器元件有使用寿命限制，非正常使用下会大大降低寿命，如开关触头经常过电流使用而烧损、粘连，提前造成开关损坏。

3）电气系统容易受外界影响造成故障，如环境温度过热，电柜温升过高致使有些电器损坏。甚至鼠害也会造成许多电气故障。

4）操作人员的非正常操作，会造成开关手柄损坏、限位开关被撞坏的人为故障。

5）电线、电缆磨损造成断线或短路，蛇皮线管进冷却水、油液而长期浸泡，橡胶电线膨胀、黏化，使绝缘性能下降造成短路、放炮现象。

6）冷却泵、排屑器、电动刀架等的异步电动机进水，轴承损坏而造成电动机故障。

5.2 数控机床常用低压电器

电器是在电能的生产、输送、分配和应用中起着通断、控制、保护、检测和调节等作用的电气设备。电器的用途广泛，种类繁多，按工作方式可分为高压电器和低压电器，低压电器通常是指工作在交流电压 1 200 V、直流电压 1 500 V 及以下的电器。低压电器按其用途又可分为低压配电电器和低压控制电器。

配电电器，包括熔断器、断路器、接触器与继电器（过流继电器与热继电器）以及各类低压开关等，主要用于低压配电电路（低压电网）或动力装置中，对电路和设备起保护、通断、转换电源或转换负载的作用。

控制电器，包括控制电路中用作发布命令或控制程序的开关电器（电气传动控制器、电动机启/停/正反转兼作过载保护的启动器）、电阻器与变阻器（不断开电路的情况下可以分级或平滑地改变电阻值）、操作电磁铁、中间继电器（速度继电器与时间继电器）等。

5.2.1 低压开关

开关是应用最广泛的手动电器，其主要作用是接通或断开长期工作的电气设备的电源。在电气控制电路中，刀开关常用作电源引入开关，也可用作不经常启动、停止的小容量电机和局部照明电路的控制开关。

1. 胶壳刀开关

胶壳刀开关也称开启式负荷开关，主要由操作手柄、动触刀、静夹座、进线座、出线座、熔丝等组成。常用的胶壳刀开关有 HK1、HK2 等系列，它们的结构和符号如图 5-1 所示。

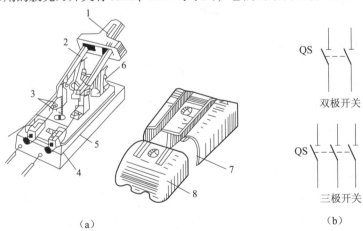

（a）　　　　　　　　　　　　　　　　（b）

图 5-1　胶壳刀开关

（a）HK 系列胶壳刀开关；（b）刀开关的图形与文字符号

1—瓷质手柄；2—静夹座；3—熔丝；4—出线座；5—瓷底座；

6—进线座；7—上胶盖；8—下胶盖

HK 系列刀开关不设专门的灭弧装置，因此不宜带负载操作。若带一般小负载操作，动作应迅速，且不宜频繁地分、合电路。

2. 铁壳开关

铁壳开关也称封闭式负荷开关，由触刀、熔断器、操作机构和铁外壳等组成。常用的铁壳开关有 HH3、HH4、HH10 等系列，其结构如图 5-2 所示，图形及文字符号与胶壳刀开关相同。

HH 系列铁壳开关有灭弧装置，它的操作机构一是装有速断弹簧，缩短了开关的通断时间，改善了灭弧性能；二是设有连锁装置，以保证开关合闸后不能打开开关盖，而开关盖打开后又不能合闸。

3. 组合开关

组合开关又称转换开关，它实质上是一种特殊的刀开关，用动触片的旋转代替闸刀的推合和拉开。常用的组合开关有 HZ5、HZ10、HZ15 等系列，如图 5-3 所示。

组合开关由装在同一根轴上的单个或多个单极旋转开关叠装在一起组成。转动手柄时，每层的动触片随转轴一起转动，使多对触点同时接通和断开。

开关的型号和意义如图 5-4 所示。

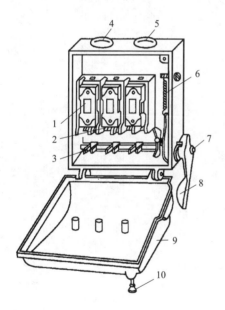

图 5-2 HH 系列铁壳开关

1—瓷插式熔断器；2—静夹座；3—动触刀；

4—进线孔；5—出线孔；6—速断弹簧；

7—转轴；8—操作手柄；9—开关盖；

10—开关盖锁紧螺丝

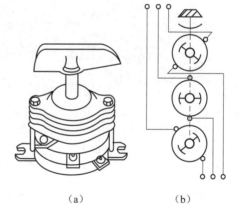

图 5-3 HZ10 系列三极组合开关

（a）外形；（b）结构示意图

有一种组合开关，它不但能接通和断开电源，而且还能改变电源输入的相序，用来直接实现对小容量电动机的正反转控制，这种组合开关称为倒顺开关，也称为可逆转换开关。常用的有 HZ3 系列，其外形结构和符号如图 5 - 5 所示。图 5 - 5（c）中的虚线表示手柄操作的位置线，有"·"表示手柄位于该位置时相对应的触点接通，无"·"表示不通。

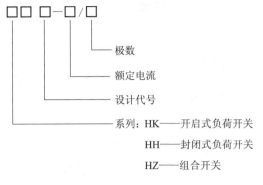

图 5 - 4　开关的型号和意义

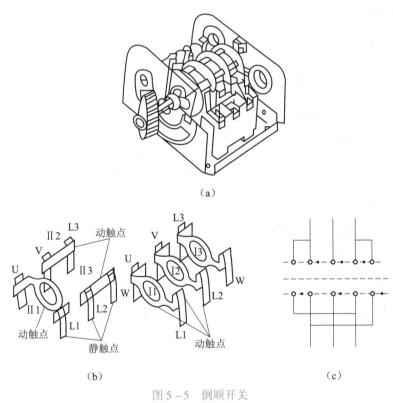

（a）

（b）　　　　　　　　（c）

图 5 - 5　倒顺开关

（a）外形；（b）触点位置；（c）符号

4. 低压断路器

低压断路器又称自动断路器、空气断路器或空气开关，是用做低压配电或电动机的保护开关，它既有开关作用，又能实现短路、过载、欠压等保护。

低压断路器的结构有塑壳式、框架式等形式，其中塑壳式应用较广，其操作多为扳动式和按钮式。常用的塑壳式有 DZ5、DZ10、DZ20 等系列，图 5 - 6 是 DZ5 - 20 型低压断路器的外形和结构，其工作原理示意图如图 5 - 7 所示。

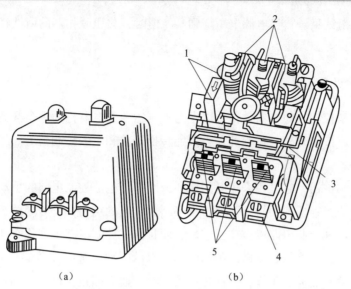

图 5-6　DZ5-20 型低压断路器

（a）低压断路器的外形；（b）低压断路器的结构

1—按钮；2—电磁脱扣器；3—自由脱扣器；4—接线柱；5—热脱扣器

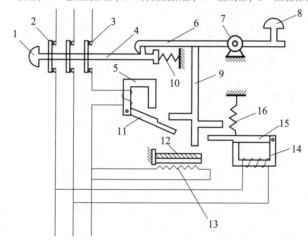

图 5-7　低压断路器工作原理示意图

1—接通按钮；2—动触点；3—静触点；4—锁扣；5—电磁脱扣器；6—搭钩；7—转轴座；

8—停止按钮；9—杠杆；10—压力弹簧；11—电磁脱扣器衔铁；12—双金属片；

13—热元件；14—欠压脱扣器；15—欠压脱扣器衔铁；16—拉力弹簧

低压断路器主要由触点系统、各种脱扣器和操作机构等部分组成。外壳上有"分"按钮（红色）和"合"按钮（绿色）以及触点接线柱。按下"合"按钮，搭钩钩住锁扣，使3对触点闭合；按下"分"按钮，搭钩松钩，触点分断。

低压断路器是怎样实现短路、过载、欠压等保护呢？当电路发生短路或严重过载时，电磁脱扣器会吸引衔铁，使触点分断。当发生一般过载时，电磁脱扣器不动作，但热元件会使双金属片受热弯曲变形，推动杠杆使触点断开。欠压脱扣器与电磁脱扣器则恰恰相反，当电路正常工作时，衔铁吸合；当电源电压降到某一值时，欠压脱扣器的衔铁释放，杠杆被撞击而导致触点分断。

5.2.2 主令开关

在电路中用来控制其他电器动作，以发送控制指令的电器称为主令开关。主令开关的种类很多，常用的有按钮开关、行程开关、万能转换开关和主令控制器等。

1. 按钮开关

按钮开关简称按钮，它是用来短时间接通或断开小电流控制电路的手动电器。按钮开关由按钮帽、复位弹簧、桥式动触点、静触点等组成，它的结构和符号如图 5-8 所示。

按钮开关在电气控制电路中被广泛应用，而且同一控制电路中往往有几个按钮，为了标明各按钮的作用，通常将按钮帽做成不同的颜色以示区别，避免误操作。一般用红色表示停止，绿色或黑色表示启动、工作，其他还有黄、白、蓝等颜色，供不同场合选用。

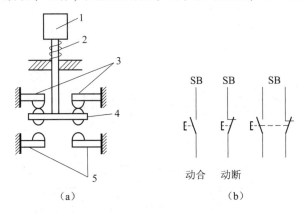

图 5-8 按钮开关

（a）按钮开关结构图；（b）图形及文字符号

1—按钮帽；2—复位弹簧；3—动断静触点；4—桥式动触点；5—动合静触点

按钮开关的种类繁多，常用的按钮开关有 LA18、LA19、LA20 及 LA25 等系列，图 5-9 所示是部分常见按钮开关的外形。

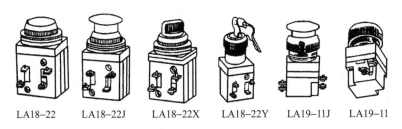

LA18-22   LA18-22J   LA18-22X   LA18-22Y   LA19-11J   LA19-11

图 5-9 常用按钮开关的外形

按钮开关的型号和意义如图 5-10 所示。

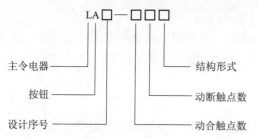

图 5 – 10　按钮开关的型号和意义

2. 行程开关

在生产机械中，需要有一种开关来控制某些机械部件的运动行程或位置，这种开关称为行程开关，又称为限位开关。

行程开关的种类虽然很多，但其结构大体相同，可分为 3 部分：操作机构、触点系统和外壳。下面以图 5 – 11 所示的按钮式行程开关的结构示意图来说明它的工作原理。当运动机械的挡块碰压到顶杆，使动断触点断开，动合触点闭合；当挡块离开顶杆时，动断、动合触点恢复原状。图 5 – 12 是常见的 3 种行程开关的外形。其中，按钮式和单轮旋转式行程开关为自动复位式；双轮旋转式行程开关由于没有复位弹簧，当挡块离开后不能自动复位，必须由挡块从反方向碰压后才能复位。

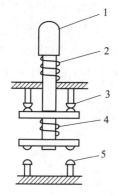

图 5 – 11　按钮式行程开关结构

1—顶杆；2—弹簧；3—动断触点；
4—触点弹簧；5—动合触点

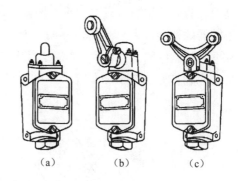

（a）　　　　（b）　　　　（c）

图 5 – 12　行程开关

（a）按钮式；（b）单轮旋转式；（c）双轮旋转式

常用的行程开关有 LX19、LX31、LX32、JLXK1 等型号。行程开关的符号如 5 – 13 所示。行程开关的型号和意义如图 5 – 14 所示。

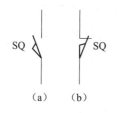

（a）　　（b）

图 5 – 13　行程开关的符号

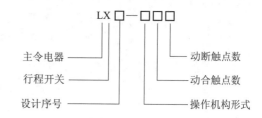

图 5 – 14　行程开关的型号和意义

3. 接近开关

接近开关是一种无触点的开关，它的功能是当物体与之接近到一定距离时，就发出动作信号，以控制继电器或逻辑元件。它克服了有触点行程开关操作频率低、使用寿命较短、可靠性较差等缺点，目前已在自动控制系统中得到了广泛应用。它除作行程控制和限位保护外，还可应用于检测、计数、定位等方面。

接近开关的种类较多，有高频振荡型、电磁感应型、电容型、永磁型及磁敏元件型、光电型、超声波型等。常用的高频振荡型接近开关有 LXJ6、LXJ7、LXJ3 和 LJ5A 等系列。

5.2.3 熔断器

熔断器是一种最简单有效的保护电器，它在低压配电和电气控制系统中主要起短路保护作用。

1. 熔断器的构造及性能

熔断器主要由熔体和放置熔体的熔管或熔座两部分组成。熔体由易熔合金（如铅锡合金等）制成丝状或片状，熔体的熔点一般在 200 ℃ ~ 300 ℃。

熔断器接入电路时，熔体串联在电路中。电路正常工作时，熔体发热的温度低于熔化温度，故长期不熔断。一旦发生短路或严重过载时，熔体因温度急剧上升而熔断，切断电路，从而保护了电路和设备。熔断器对过载反应不很灵敏，当电气设备发生轻度过载时，熔断器将持续很长时间才熔断，有时甚至不熔断。因此，熔断器一般不宜用做过载保护。

熔断器的种类很多，结构也不同，有插入式、螺旋式、有填料封闭管式、快速熔断器等。在电气控制电路中，常使用插入式和螺旋式两种。常用的有 RC1A 系列和 RL1 系列等，其外形结构和符号如图 5 - 15 所示。

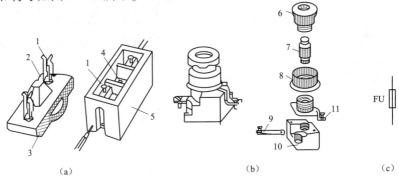

图 5 – 15　常用熔断器的外形结构和符号

（a）RC1A 系列瓷插式熔断器；（b）RL1 系列螺旋式熔断器皿；（c）符号

1—动触点；2—熔丝；3—瓷盖；4—空腔；5—瓷体；6—瓷帽；7—熔断管；

8—瓷套；9—下接线管；10—瓷座；11—上接线座

熔断器的型号和意义如图 5 – 16 所示。

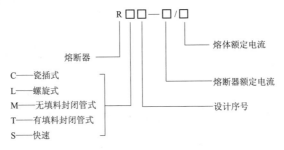

图 5 – 16　熔断器的型号和意义

2. 熔断器的选用

正确选用熔断器和熔体，才能既保证电路正常工作，又起到应有的保护作用。

1）熔断器的额定电压应大于或等于被保护电路的工作电压。

2）熔断器的额定电流应大于或等于所装熔体的额定电流。

3）熔体的额定电流根据不同的负载有以下几种选择：

① 照明、电炉等阻性负载，额定电流应等于或稍大于负载的工作电流。

② 对一台电动机，为了防止电动机较大启动电流的短时冲击，则取

$$I_{RN} = （1.5 \sim 2.5）I_N$$

式中，I_{RN} 为熔体的额定电流；I_N 为电动机的额定电流。

③ 对多台不同时启动的电动机，则有

$$I_{RN} = (1.5 \sim 2.5)I_{Nmax} + \sum I_N$$

式中，I_{Nmax} 为最大的一台电动机的额定电流；$\sum I_N$ 为其余电动机额定电流的总和。

5.2.4 交流接触器

接触器是用来频繁接通和断开电动机或其他负载的一种自动电器。它不仅具有手动电器所不能实现的遥控功能，还具有低压释放保护功能，而且操作频率高，是电气控制系统中应用最广泛的电器之一。按其工作电流的种类，可分为交流接触器和直流接触器两种，这里主要介绍交流接触器。

1. 交流接触器的结构与工作原理

交流接触器主要由电磁系统、触点系统、灭弧装置等部件组成。图5-17是交流接触器的外形及结构，图形及文字符号如图5-18所示。交流接触器的触点有主触点和辅助触点之分。主触点是3对动合触点，用来通断电流较大的主电路；辅助触点有两对动合触点和动断触点，用来通断电流较小的控制电路。

当交流接触器线圈通电后，流过线圈的电流产生磁场，将动铁芯吸合，通过传动杠杆使动断触点断开，动合触点闭合；当线圈失电后，在弹簧的作用下，动铁芯释放，触点复位。

交流接触器的型号和意义如图5-19所示。

2. 交流接触器的选用

由于控制对象、使用场合、动作频繁程度等各方面的条件不一定相同，这就需要正确选择交流接触器，使其技术数据满足电路的要求，同时兼顾经济等因素。

① 交流接触器主触点的额定电压应大于或等于负载回路的额定电压。

② 交流接触器主触点的额定电流应大于或等于负载的额定电流。对中小型容量的交流电机，当额定电压为380 V时，其额定电流值一般可按2倍的额定功率来计算。例如380 V、7.5 kW的三相笼型电动机，其额定电流约为15 A。

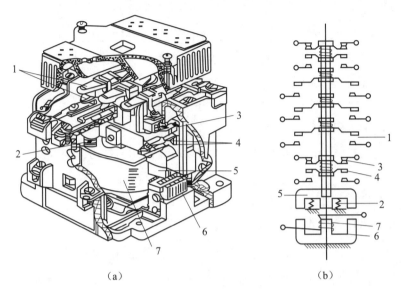

图 5-17 交流接触器的外形及结构示意图

（a）外形及结构；（b）结构示意图

1—主触点；2—恢复弹簧；3—辅助动断触点；4—辅助动合触点；

5—动铁芯；6—静铁芯；7—线圈

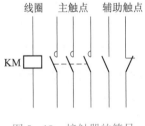

图 5-18 接触器的符号

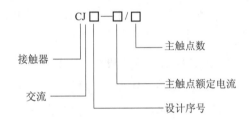

图 5-19 交流接触器的型号和意义

在电动机频繁启动、制动和频繁正反转的场合下，接触器的容量应增大 1 倍。

③ 交流接触器线圈的额定电压应与控制电路的电压相同。

④ 交流接触器的触点数量和类型应满足控制电路的要求。

常用的交流接触器有 CJ10、CJ20、CJX1、CJX2、CJ12 等系列，以及近年来从国外引进的一些产品，如德国 BBC 公司的 B 系列，SIEMENS 公司的 3TB、3TD 系列等。

5.2.5 继电器

电气控制电路中，往往需要根据某种输入信号（如电压、电流、时间、转速等）的变化来接通或断开所控制的电路，实现自动控制或保护电气设备。继电器就是具有这种功能的自动电器。

继电器的种类很多，下面介绍几种常用的继电器。

1. 中间继电器

在电气控制中，经常需要把某一信号进行传递、放大或变成多路信号，中间继电器就是这样一种具有中间转换作用的自动电器。

中间继电器实质上是一种小容量的交流接触器，它的结构与交流接触器相似，工作原理完全相同。但它的触点没有主辅之分，每对触点允许通过的电流大小是相同的，其额定电流为 5 A。常用的中间继电器有 JZ7、JZ8 等系列，图 5-20 是中间继电器的外形结构和符号。

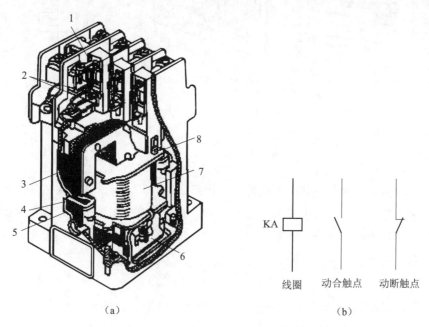

图 5-20 中间继电器外形结构和符号

（a）JZ7 型系列中间继电器外形和结构；（b）中间继电器的符号

1—动断触点；2—动合触点；3—动铁芯；4—短路环；5—静铁芯；

6—缓冲弹簧；7—线圈；8—反作用弹簧

2. 热继电器

电动机在运行中往往会遇到负载过大或发生一相断路等现象，此时电动机的电流就会超过额定电流。若过载不是很大，过载时间较长，而熔断器的熔体不能熔断，这就会影响电动机的寿命，甚至烧毁电动机，因此就需要过载保护。热继电器就是对电动机或其他负载进行这样一种保护的自动电器。

热继电器主要由热元件、动作机构、触点、电流整定装置和复位机构等组成。图 5-21 是常见的两相热继电器的外形和结构，图 5-22 是热继电器的图形及文字符号。

热继电器是利用电流的热效应来工作的。它的发热元件由电阻丝和双金属片组成，电阻丝串联在主电路中。当电动机正常工作时，双金属片虽发热稍有弯曲，但未能触及动作机构；当电动机过载时，双金属片弯曲增大，从而推动动作机构使触点动作。

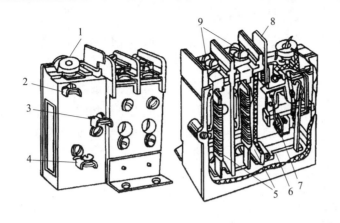

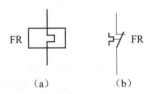

图 5-21　JR10 型热继电器

1—电流整定装置；2—动合静触点接线柱；3—动断静触点接线柱；

4—公共触点接线柱；5—热元件；6—动作机构；7—动断触点；

8—复位按钮；9—主电路接线柱

图 5-22　热继电器的符号

（a）热元件；（b）动断触点

热继电器从结构上分两相和三相两种，三相热继电器又分为带断相保护装置和不带断相保护装置两种，它们对电动机都能实现过载保护。但两相或三相结构不带断相保护的热继电器，仅对星形连接的电动机能起到断相保护。对三角形连接的电动机一般要选用三相结构带断相保护的热继电器，才能起到断相保护作用。

3. 时间继电器

时间继电器是按时间顺序对电路进行控制的自动电器。它的种类较多，常用的有电磁式、电动式、空气阻尼式和晶体管式等。由于空气阻尼式时间继电器结构简单，延时范围较大（0.4~180 s），在交流电路中应用广泛，因此下面仅介绍常用的空气阻尼式时间继电器。

空气阻尼式时间继电器的结构如图 5-23 所示，它主要由电磁系统、触点系统、延时机构等部分组成。触点系统由两对瞬时动作触点（一对动合，一对动断）和两对延时动作触点（一对动合，一对动断）组成。

空气阻尼式时间继电器可分为通电延时和断电延时两种。通电延时（或断电）型时间继电器，当线圈通电（或断电）后，瞬时动作触点立即动作，而延时动作触点由于延时机构的作用，需经过一定时间才动作，延时的时间可以调节。

常用的空气阻尼式时间继电器有 JS7、JS16、JS23 系列。时间继电器的符号如图 5-24 所示。

4. 速度继电器

速度继电器是反映转速和转向变化的自动电器。它是依据转速的快慢及方向的变化为指令信号，通过触点分合来控制其他电器，从而实现对电动机速度的控制。

JY1 型速度继电器外形及结构如图 5-25 所示，它主要由定子、转子和触点系统等部分组成。定子是一个由硅钢片叠成的笼形空心圆环，并装有笼形短路绕组。转子是用永久磁铁制成的，它和被控制的电动机轴连在一起。触点系统有两组动合、动断触点。

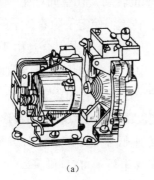

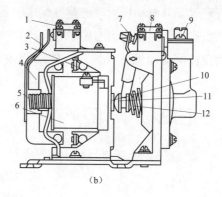

（a）　　　　　　　　　　（b）

图 5 - 23　JS7 - A 系列时间继电器

（a）外形；（b）结构

1—微动开关；2—弹簧片；3—静铁芯；4—动铁芯（衔铁）；5—反力弹簧；6—线圈；

7—杠杆；8—微动开关；9—调节弹簧；10—推杆；11—活塞杆；12—宝塔弹簧

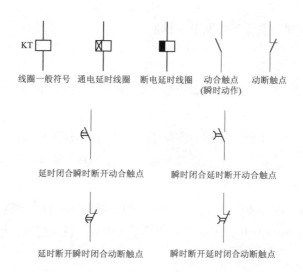

图 5 - 24　时间继电器的图形及文字符号

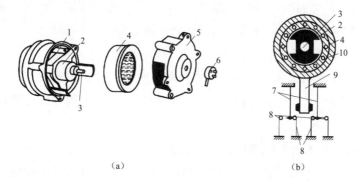

（a）　　　　　　　　　　　（b）

图 5 - 25　速度继电器

（a）外形；（b）结构示意图

1—可动支架；2—转子；3—电动机轴；4—定子；5—端盖；6—连接头；

7—动触点弹簧片；8—静触点；9—胶木摆杆；10—定子绕组

149

电动机旋转时，与电动机同轴的速度继电器的转子也转动，在空间产生一个旋转磁场，定子内短路绕组产生的感应电流与磁场相互作用产生的转矩，使定子顺着转子的转动方向而偏转，并带动摆杆推动动触点弹簧片，使动断触点断开，动合触点闭合。由于弹簧片的作用，所以当电动机转速大于一定值时触点动作，当转速小于一定值时触点复位。

一般速度继电器触点动作的转速在 130 r/min 左右，当转速低于 100 r/min 时，触点即复位。常用的速度继电器有 JY1 和 JFZ0 型两种。速度继电器的符号如图 5-26 所示。

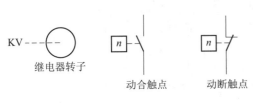

图 5-26　速度继电器的符号

5.3　数控机床电气系统的故障诊断与维修

5.3.1　数控机床中的常见开关及故障诊断

1. 胶壳刀开关

常见故障为：开关动作时的拉弧烧损或氧化静插座，造成接触不良。

2. 铁壳开关

常见故障为：① 熔丝熔断，接触或连接不良；② 触刀烧毁或接触不良；③ 机构生锈或松动，手柄失灵；④ 外壳接地不良、进线绝缘不良造成碰壳漏电。

3. 组合/转换开关

常见故障为：① 机构损坏、磨损、松动造成动作失效；② 触头弹性失效或尘污接触不良造成三触头不能同时接通或断开；③ 久用污染形成导电层、胶木烧焦，绝缘破坏，造成短路。

4. 按钮开关

常见故障为：① 按下启动按钮有触电感觉，原因为导线与按钮防护金属外壳短路；② 停止按钮失灵，原因为接线错误、线头松动；③ 按下停止按钮，再按启动按钮，被控电器不动作，原因为复位弹簧失效导致动断触头间短路。

5. 位置、行程、限位开关

常见故障为：① 机构失灵、损坏、断线或离挡块太远；② 开关复位，但动断触头不能闭合（触头偏斜或脱落，顶杆移位被卡或弹簧失效）；③ 开关的顶杆已偏转，但触头不动（开关安装欠妥，触头被卡）；④ 开关松动与移位（外因）。

因此，数控机床开关出现故障的主要原因是：

1）触点接触不良、接线的连接不良或动断触头短路，造成电路不通或被控电器不动作。

2）机构不良（弹簧失效或卡住）与损坏，安装欠妥、松动或移位，造成开关不动作或者误动作。

3）污染、接地不良与绝缘不良会造成漏电与开关短路。

所以，开关是验收中不可缺少的项目，又是需定期维修与更换的项目之一。一般地，开关的机械寿命为 5000 ~ 10 000 次，电寿命带负载的操作次数为 500 ~ 1 000 次。

5.3.2　低压断路器常见故障现象及诊断

表 5 - 1 为低压断路器常见故障现象及诊断。

表 5 - 1　低压断路器常见故障现象及诊断

故 障 现 象		故 障 原 因
不动作	手动操作时不能闭合（不能接通或不能启动）	欠压脱扣器线圈损坏 热脱扣的双金属片（热元件）尚未冷却复原，脱扣后未给予足够的时间冷却 储能弹簧失效变形，导致闭合力减小 反作用弹簧力过大 锁键和搭钩因长期使用而磨损 触点接触不良——主触头
	动作延时过长	传动机构润滑不良、锈死，积尘造成阻力过大 锁键和搭钩因长期使用而磨损 弹簧断裂、生锈卡住或失效
	欠压脱扣器不能分断——欠压不报警现象	反力弹簧弹性失效、断裂或卡住 欠压脱扣器线圈损坏
误动作	电动机启动时，立即分断（一开机即过流报警）	调试后，过流脱扣器瞬时整定值太小 对于老机床，可能是反力弹簧断裂或弹簧生锈卡住（弹簧失效）
	闭合一定时间后自动分断	调试或维修后，过流脱扣器延时整定值不符合要求 对于老机床，可能是热元件老化
	断路器温升过大（过热报警）	触点阻抗太大造成热效应大而导致热脱扣，原因是： 触头表面过分磨损或接触不良 两个导电零件连接螺钉松动
	欠压脱扣器噪声大	噪声只可能由常闭型的脱扣器产生，在老机床中，原因是： 弹簧失效变硬，不恢复 铁芯工作面有油污或短路环断裂
	机壳带电	漏电保护断路器失效，原因是： 互感器线圈的触电氧化 接触不良 匝间短路 接地不良

5.3.3 接触器常见故障现象及诊断

由于接触器的主要控制对象是电动机，因而电动机的启、停，正、反转动作与接触器就有直接关系，在诊断中应予以注意。尤其是频繁使用的老机床或闲置很久的机床，必须注意接触器的检查与定期维修。

对接触器的维护要求一般为：

1）定期检查交流接触器的零件，要求可动部位灵活，紧固件无松动。

2）保持触点表面的清洁，不允许黏有油污。当触点表面因电弧烧烛而附有金属小珠粒时，应及时去掉。触点若已磨损，应及时调整，以消除过大的超程。触点厚度只剩下 1/3时，应及时更换。银和银合金触点表面因电弧作用而生成的黑色氧化膜不必锉去，因为这种氧化膜的接触电阻很低，不会造成接触不良，锉掉反而会缩短触点寿命。

3）接触器不允许在去掉灭弧罩的情况下使用，因为这样很可能发生短路事故。

4）若接触器已不能修复，应予以更换。更换前应检查接触器的铭牌和线圈标牌上标出的参数。换上去的接触器的有关数据应符合技术要求。有些接触器还需检查和调整触点的开距、超程、压力等，使各个触点的动作同步。

表5-2为接触器常见故障现象及诊断。

表5-2 接触器常见故障现象及诊断

故障现象	故障原因							
	电源电压	机械		电磁铁		主触头	负载效应	操作使用
		弹簧	机构	励磁线圈	铁芯			
主触点不闭合	过低	锈住粘连、反力弹簧变硬	铁芯机械锈住或卡住	断线、线圈额定电压高于电源电压	铁芯极面有油污、尘埃或气隙太大			
线圈断电而铁芯不释放		恢复弹簧损坏失效	机构松动、脱落或移位		工作气隙减小导致剩磁增大			使用超过寿命
主触头不释放	回路电压过低	触头弹簧压力过小				熔焊、烧结、金属颗粒凸起	负载侧短路	频率过高或长期过载
电磁铁噪声大	过低	触头弹簧压力过大	铁芯机械锈住或卡住	接线点接触不良	铁芯短路环断裂	电磨损、接触不良		

续表

故障现象	故 障 原 因							
	电源电压	机械		电磁铁		主触头	负载效应	操作使用
		弹簧	机构	励磁线圈	铁芯			
线圈过热或烧毁	过高或过低			匝间短路				操作频率过高

注：1. 直流接触器分断电路时拉弧大，易造成主触头电磨损。

2. 交流接触器的线圈易烧毁，并出现断电后由于剩磁而不释放，辅助触头不可靠；电磁铁的分磁环易断裂。

3. 操作频率，是指每小时允许的操作次数。目前有 300 次/h、600 次/h 和 200 次/h 等不同接触器。接触器的机械寿命很高，一般可达 1×10^7 次以上。而其电气寿命与负载大小和操作频率有关，触头闭合频率高，就会缩短使用寿命，并使线圈与铁芯温度升高。

5.3.4 继电器常见故障现象及诊断

继电器对极限温度（温度区间、温度循环和温度冲击）、相对湿度、气压、振动及冲击强度等方面都有一定的要求。继电器在动作过程中，触点断开时出现腐蚀或黏结现象，以及触点闭合时出现传动压降超过规定水平，均视为失效。

继电器的主要故障现象是不动作（不能吸合或开断）与误动作（不该动作时自行动作），因此需要定期检查与维修。

1. 热继电器

对于热继电器，产生不动作与误动作的原因可从控制输入、机构与参数、负载效应等几方面来分析。如电机已严重过载，则热继电器不动作的原因如下。

1）电机的额定电流选择得太大，造成受载电流过大。

2）整定电流调节太大，造成动作滞后。

3）动作机构卡死，导板脱出。

4）热元件烧毁或脱焊。影响因素有：操作频率过高；负载侧短路；阻抗太大使电动机启动时间过长而导致过流。

5）控制电路不通。影响因素有：自动复位的热继电器中调节螺钉未调在自动复位位置上；手动复位的热继电器在动作后未复位；动断开关接触不良，如触头表面有污垢；弹性失效。

热继电器误动作可能与热元件的温度不正常有关。

1）环境温度过高，或受强烈的冲击振动。

2）调试不当，整定电流太小。

3）使用不当，操作频率过高，使电流热效应大，造成提前动作。

4）负载效应。阻抗过大（例如接线不良）、电机启动时间过长，产生大电流热效应，造成提前动作。

5）维修不当。维修后，连接导线过细，导热性差，造成提前动作，或者连接导线过粗，造成滞后动作。

由此可见，单独使用热继电器作为过载保护电器是不可靠的。热继电器必须与其他的短路保护器（熔断器、接触器、断路器与漏电保护装置）一起使用。通常采用一种三相、带断相保护的组合型的热继电器。

2. 速度继电器

速度继电器安装接线时，其正反向触头不可接错，否则就不能起到反向制动时的接通或断开反向电源的作用。

反接制动是利用电动机转子切割反向旋转磁场而产生的转矩来制动的。具体做法是：在切断正向三相电源后，立即将反向三相电源接入。当转子受到来自反向磁场的制动转矩作用而转速快降至零时，又及时断开反向电源，以保证电动机迅速制动又不至于反向转动。反接制动中转矩过大，对设备不利，会产生强烈的电弧，影响接触器寿命。

在反接制动时，速度继电器的常见故障为：

1）不能制动。这是由于器内胶木摆杆断裂、动合触头（氧化）接触不良、弹性动触头断裂或失去弹性等。

2）制动不正常。一般为动触点弹性片调整不当，可调整螺钉向上以减小弹性。

3. 时间继电器

时间继电器的失控主要表现在延时特性的失控（延时过长或过短）。

延时触头不动作，可能的原因为：

1）电源电压低于线圈额定电压。

2）电磁铁线圈断线。

3）棘爪无弹性，不能刹住棘轮。

4）游丝断裂。

5）如是控制同步电动机，则可能是电动机线圈断线。

6）触头接触不良或熔焊。

延时时间缩短或没有延时作用（相当于 RC 太小），可能的原因为：

1）若是空气阻尼式的，则一般是气室漏气。

2）若是电磁式的，则一般为非磁性垫片磨损。

延时时间变长（相当于时间常数 RC 太大），可能的原因为：

1）若是空气阻尼式的，则是气室内有灰尘使气道堵塞。

2）若是电动式的，则是传动机构润滑不良。

4. 中间继电器

中间继电器，实质上是一种电磁式继电器，在数控机床的控制系统中用得很多。以它的通断来控制信号向控制元件的传递，控制各种电磁线圈的电源通断，并起欠压保护作用。由于它的触头容量较小，一般不能应用于主回路中。

这类继电器外壳上往往有复位键，用作解除它的自锁。所谓自锁，是指在电源电压突然下降又回复时，中间继电器触点断开后不能自行再接触（线圈不能自行上电）的自我保护。所以，自锁现象的出现与电网不稳有关。

常见的电压型中间继电器要求的直流电压较低，如 5 VDC、12 VDC、24 VDC 与 36 VDC 等，一般来自于 PLC 输出板。因此，它往往取决于 PLC 输入/输出板的工作电压。

接触器工作于主电路或大电流高电压控制电路。中间继电器则有所不同，中间继电器所在的控制电路特点是电压较低与电流较小。因此，中间继电器不易出现触头的烧结与熔焊、线圈的烧毁现象，机构的损坏与失效也较少。引起中间继电器故障的原因主要是触头氧化或闲置引起的锈蚀导致接触不良、线圈的断路与短路、线圈接线点的连接与接触不良等。

中间继电器，往往可具有多对触头，从而可同时控制几个电路。在常用触头及机构出现故障时，往往可以利用冗余的触头副来代替，而不必更换整个继电器。在 PLC 的 I/O 板上往往有多个相同的中间继电器回路可互相替代，这在现场维修中是十分便利的。另外，中间继电器无其他要求，只要在零压时能可靠释放即可。

5.3.5　熔断器常见故障现象及诊断

1. 交流电源无输出

故障原因可能为：

1）熔体安装时受损，或是熔断器本身的质量问题。

2）熔断器规格选用不当，熔体允许电流规格太小。

3）熔体两端或接线端接触不良，或者是熔断器安装不良或其夹座的接触不良造成熔丝实际未断但电路不通的故障。

2. 开关电路失电

故障原因可能为：

1）若熔断器管内呈白雾状，则可能是半桥中的个别开关管不良或击穿造成的局部短路，一般不易检查出来。

2）若熔断器管壁发黑，则必定对应有高压滤波电容击穿或整流管击穿造成的严重短路故障。

5.3.6　电磁抱闸制动、电磁阀和电磁离合器

机床侧的电器可分为配电电器、控制电器和执行电器。执行电器是作为控制电路输出的负载。执行电器一般包括电机、电磁抱闸制动、电磁阀和电磁离合器。执行电器必须通过接触器或继电器的触头来通断它们的电源。

1. 电磁抱闸制动

（1）工作原理

电磁抱闸制动经常用于数控机床的运动轴的制动中，图 5-27 所示的电磁制动控制线路

可用来说明这种制动的工作原理。

当按下启动键SB2后，经熔断器与热继电器，接触器KM1线圈先得电而使其触头闭合，电磁抱闸YB电磁铁线圈得电，衔铁被铁芯吸合，与衔铁连接的杠杆反抗弹簧力而提起，使其上的闸瓦松开制动轮，完成制动释放。然后接触器KM2线圈得电，电机M得电启动。反之，按下停止键SB1后，接触器KM1线圈失电使触头断开，KM2线圈失电，电机断电；同时，电磁抱闸YB电磁铁线圈失电，铁芯失磁释放衔铁，在反力弹簧力作用下杠杆带回闸瓦，抱住电动机轴上的制动轮，完成抱闸动作（图5-28）。

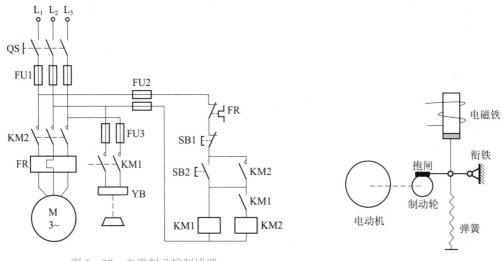

图5-27 电磁制动控制线路　　　　　图5-28 电磁抱闸的结构

（2）常见故障现象及诊断

① 轴不能启动。

应该考虑到制动没有释放。其外因可能是各励磁线圈的失电或欠压；其内因可能是各励磁线圈断路或短路、熔断器熔断、热继电器的失效误动作、接触器或按钮开关的失效不动作、机构锈死与弹簧失效使制动轮不能松开等。

② 当轴不能制动或制动滞后。

除考虑轴不能启动时的故障原因外，还需考虑闸瓦与制动轮磨损问题，是否有油污侵入或间隙过大等。另外，励磁线圈的短路故障还会引起系统断电。

2. 电磁阀

在数控机床中，电磁阀广泛地应用于刀架移动、主轴换刀以及工作台交换等的液压控制系统中。

（1）类型和组成

按电源要求不同，电磁阀有交流与直流两种。电磁阀主要是由阀芯（阀门）、电磁铁与反力弹簧组成。

（2）工作原理

电磁阀的工作原理是，电磁铁的励磁线圈得电，电磁力吸合衔铁，推动阀芯反抗弹簧弹力，在阀体内滑动；电磁铁的励磁线圈失电，弹簧恢复力推动阀芯做反向滑动。

励磁线圈的得电与失电，造成电磁铁对一定间隙内衔铁的吸合与放开，使弹簧压缩与张弛，从而推动阀芯往返滑动。在阀芯往返的滑动中，开启与堵塞阀体上的不同油路通道，来进行阀门的开关动作，实现改变液流方向或通断油路。

电磁阀本身励磁线圈电源的通断，是由接触器或继电器的触头动作来完成的。也就是说，电磁阀必须与接触器或继电器联合使用。

（3）常见故障现象及诊断

阀芯的磨损与润滑不良、电磁铁的励磁线圈短路或断路、弹簧的弹性失效，是电磁阀失效的内因；配合使用的接触器或继电器失效、工作电压供电不良与频繁使用、日常维护不当是电磁阀失效的外因。

3. 电磁离合器

（1）类型

电磁离合器也称为电磁联轴器，具有爪式与摩擦片式两种形式。摩擦片式离合器，是用表面摩擦方式来传递或隔离两根轴的转矩。

（2）工作原理

摩擦片式离合器的工作原理是直流电磁铁原理，是接触器或继电器动作，接通直流电源供电，经电刷通入到装于主动轴侧的励磁线圈，磁轭得磁，吸引（在一定间距内）从动轴侧的盘形衔铁克服弹簧阻力向主动轴的磁轭靠拢，并压紧在主动轴端面贴的摩擦片环上，完成主从动轴间的联合；直流电源断电，主、从两轴即分离。制动力或传递力矩大小，是通过可变电阻控制励磁线圈电流的大小来实现的。与可变电阻并联的电容（加速电容）可起到加速作用。

（3）常见故障现象及诊断

电磁离合器可能出现的故障是不能加速制动与不能制动。

摩擦片式离合器，一般应用于主轴制动中，作为制动离合器。

分析摩擦片式离合器的工作原理与组成器件的特点，也就清楚了其常见故障原因。这些组件应该是定期维修的内容。

轴不转故障，实际上是一种"无输出"现象。以"轴"作为独立单元来分析，"制动力"是它的一种"负输入"，电机的拖动力是"正输入"。因此，如果出现轴不转故障，应该了解故障轴是否使用制动装置，使用的怎样的装置，并进行观察检查。

5.3.7 数控机床的交流主电路系统

我国标准工业供电电源是三相交流 380 V，频率 50 Hz，这是数控机床普遍要使用的电源。

三相交流电引入数控机床电气柜内，经总开关后成的母线 R、S、T，其分支有的经保护开关和接触器控制交流异步电机，给液压系统、冷却系统、润滑系统等提供动力；有的经过三相变压器降压供给主轴或进给伺服系统；也有许多单相使用，经降压、整流、稳压或经开关电源供给某些电子电器装置使用。通常在数控机床电气柜内，上部是数控系统，左中部是主轴变频器，其余是电气系统。图5-29为电气系统的基本原理图。

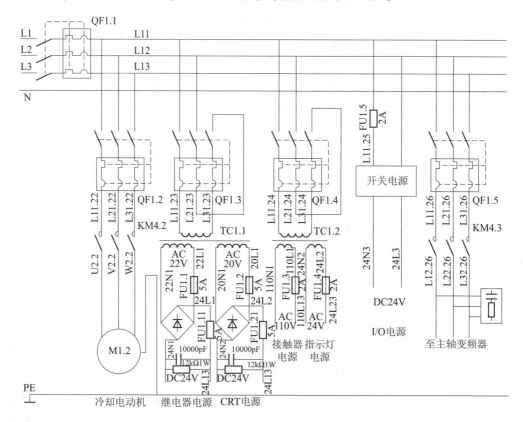

图5-29 电气系统的原理图

交流主电路系统通常使用的电器元件有隔离开关、保护开关、空气断路器、交流接触器、熔断器、热继电器、伺服变压器、控制变压器、接线端子排等，起到分合、控制、切换、隔离、短路保护、过载保护及失压保护等作用。它们大多数属于有触头开关，因此出现的故障也总是与触头有关，如触头氧化、触头烧损、触头接触压力不足导致的局部发热，接线螺丝松脱造成的连接局部发热。此外电动机过载造成热继电器或空气断路器脱扣动作、接触器线圈烧毁、熔断器熔断、操动机构失灵等故障也比较常见。

这些电器通常都有状态显示，故障特征比较明显，可以直接观察到，诊断相对比较容易，用常规仪表或万用表也可以辅助检查、确认。

维修交流主电路系统的故障时，对查出有问题的电器元件最好的解决方法是更换，以确保机床运行的可靠性。更换时应注意使用相同型号、规格的备件。如损坏的电器元件属于已过时淘汰的产品，要以新型的产品来替换，而且额定电压、额定电流的等级一定要相符。

交流电源向带有晶闸管器件的伺服装置供电时，要严格注意相序，无论是什么原因使得相序接错，晶闸管器件电路都会失去同步关系，造成颠覆故障，这时必须经过电源倒相来解决。

供电电压偏低且不稳定将对数控系统将造成潜在危害，因此要在机床外侧配置符合容量要求的交流稳压设备，以确保设备运行的安全。

5.3.8 数控机床辅助功能控制系统

数控系统发出辅助功能控制命令，经可编程序控制器（PLC）进行逻辑控制，由辅助控制系统对主电路电器进行控制。操作人员通过操作操作盘向数控系统发送辅助功能控制命令。在这个系统中使用的电器元件主要有各种按键、按钮、波段开关、带操作手柄的开关、电源开关、保护开关、微动开关、行程开关、继电器、指示器、指示灯等；也有一些无触头的开关，如接近开关、光电开关、霍尔开关、固态继电器等。这些元件的额定电流不超过10A。操作盘原理电路如图5-30所示。

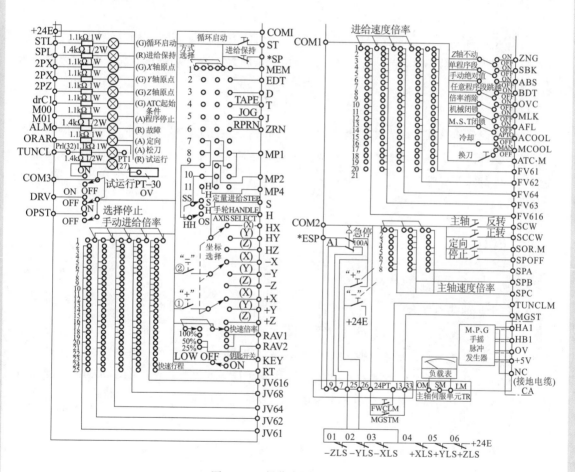

图 5-30 操作盘原理电路图

机床辅助功能控制系统的故障中，主要是有触头开关的触头氧化或开关疲劳损坏。而无触头开关寿命长，故障率较低，使用较可靠。但也有少量是在使用中特性蜕变或者由于引线短路而造成的烧损故障。

5.3.9 数控机床电气系统简易故障诊断方法

1. 看

就是用肉眼仔细观察、检查有无保险丝烧断、元器件烧焦、烟熏、开裂现象，有无异物断路现象，以此来判断板内有无过流、过压、短路等问题。

2. 听

采用此方法判断有无电源变压器、阻抗变压器与电抗器等因为铁心松动、锈蚀等原因引起的铁片振动的吱吱声；继电器、接触器等的磁回路间隙过大，短路环断裂、动静铁心或镶铁轴线偏差，线圈欠压运行等原因引起的电磁嗡嗡声或者触点接触不良的嚓嚓声以及元件过流或过压运行失常引起的击穿爆裂声。

3. 触

当 CNC 系统出现时有时无的故障现象时，采用此方法。检查时，用绝缘物轻轻敲打可疑部位（虚焊、接触不良等），如果确实是因虚焊或接触不良而引起的故障，则该故障会重复出现。

4. 嗅

在电气设备诊断或易挥发物体器件诊断检查时，采用此方法效果较好。因剧烈摩擦，电气元件绝缘处破损短路，使附着的油脂或其他可燃物质发生氧化或燃烧而产生的如一些烧烤的烟气、焦煳味等异味。

 知识拓展

1. 抗干扰技术基础

（1）干扰的基本概念

电磁干扰一般是指系统在工作过程中出现的一些与有用信号无关的，并且对系统性能或信号传输有害的电气变化现象。这些有害的电气变化现象使得有用信号的数据发生瞬态变化，增大误差，出现假象，甚至使整个系统出现异常信号而引起故障。例如几毫伏的噪声可能淹没传感器输出的模拟信号，构成严重干扰，影响系统正常运行。

（2）干扰的分类

干扰根据其现象和信号特征有不同的分类方法。

1）按干扰性质分。

① 自然干扰。

主要是由雷电、太阳异常电磁辐射及来自宇宙的电磁辐射等自然现象形成的干扰。

② 人为干扰。

分有意干扰和无意干扰。有意干扰指由人有意制造电磁干扰信号。人为无意干扰很多，如工业用电、高频及微波设备等引起的干扰。

③ 固有干扰。

主要是电子元器件固有噪声引起的干扰，包括信号线之间的相互串扰、长线传输时由于阻抗不匹配而引起的反射噪声、负载突变而引起的瞬变噪声以及馈电系统的浪涌噪声干扰等。

2）按干扰的耦合模式分。

① 静电干扰。

电场通过电容耦合的干扰，包括电路周围物件上积聚的电荷直接对电路的泄放，大载流导体产生的电场通过寄生电容对受扰装置产生的耦合干扰等。

② 磁场耦合干扰。

大电流周围磁场对装置回路耦合形成的干扰。如动力线、电动机、发电机、电源变压器和继电器等都会产生这种磁场。

③ 漏电耦合干扰。

绝缘电阻降低而由漏电流引起的干扰。多发生于工作条件比较恶劣的环境或器件性能退化、器件本身老化的情况下。

④ 共阻抗感应干扰。

电路各部分公共导线阻抗、地阻抗和电源内阻压降相互耦合形成的干扰。这是机电一体化系统普遍存在的一种干扰。

⑤ 电磁辐射干扰。

由各种大功率高频、中频发生装置、各种电火花以及电台、电视台等产生的高频电磁波，向周围空间辐射，形成电磁辐射干扰。

（3）干扰的传播途径

上述这些干扰，并非每一个机电一体化系统都会遇到。干扰的产生既与系统本身的结构和制造有关，也与工作环境有关。产生电磁干扰必须同时具备干扰源、干扰传播途径和干扰接收器3个条件。在电磁环境中，我们把发出电磁干扰的设备、系统等称为干扰源，把受影响的设备、系统等称为干扰对象或干扰接收器。从干扰源把干扰能量递送到干扰对象（即传播途径）有两种方式：一是传导方式，干扰信号通过各种线路传入；二是辐射方式，干扰信号通过空间感应传入。因此，从接收器的角度看，耦合分为两类：传导耦合和辐射耦合。

传导耦合是指电磁能量以电压或电流的形式通过金属导线或集总元件（如电容器、变压器等）耦合至接收器。辐射耦合指电磁干扰能量通过空间以电磁场形式耦合至接收器。

（4）干扰的抑制和防护

机电一体化系统抗干扰能力的提高必须从设计阶段开始，并贯穿于制造、调试和使用维护的全过程。实践证明，若在系统设计时就考虑到如何抑制干扰的问题，则可消除可能出现的大多数干扰，而且技术难度小，成本低。如果待系统做好并开始使用时，再去考虑解决干扰的问题，则将事倍功半，难度大，成本高。

　　在设计中，考虑所设计的设备或系统在预定的工作场所运行时，既不受周围的电磁干扰影响，又不对周围设备施加干扰，这种设计方法叫电磁兼容性设计。电磁兼容性设计是目前电子设备及机电一体化系统设计时考虑的一个重要原则，它的核心是抑制电磁干扰。

　　电磁干扰的抑制方法有许多种。屏蔽、隔离、滤波、接地和设备的合理布局等都是控制或消除干扰的基本方法和有效措施。此外，利用软件抗干扰技术，也能收到良好效果。

　　1）屏蔽。屏蔽是利用导电或导磁材料制成的盒状或壳状屏蔽体将干扰源或干扰对象包围起来，从而割断或削弱干扰场的空间耦合通道，阻止其电磁能量的传输。按需屏蔽的干扰场性质的不同，可分为电场屏蔽、磁场屏蔽和电磁场屏蔽。

　　电场屏蔽是为了消除或抑制由于电场耦合引起的干扰。通常用铜和铝等导电性能良好的金属材料作屏蔽体。屏蔽体结构应尽量完整严密并保持良好的接地。

　　磁场屏蔽是为了消除或抑制由于磁场耦合引起的干扰。对静磁场及低频交变磁场，可用高磁导率的材料作屏蔽体，并保证磁路畅通。对高频交变磁场，由于主要靠屏蔽体壳体上感生的涡流所产生的反磁场起排斥原磁场的作用，因此，应选用良导体材料如铜、铝等作屏蔽体。

　　一般情况下，单纯的电场或磁场是很少见的，通常是电磁场同时存在，因此应将电磁场同时屏蔽。

　　屏蔽的例子很多，例如，在电子仪器内部，最大的工频磁场来自电源变压器，对变压器进行屏蔽是抑制其干扰的有效措施，如图5-31所示。在变压器绕组线包的外面包一层铜皮作为漏磁短路环。当漏磁通穿过短路环时，在铜环中感生涡流，因此会产生反磁通以抵消部分漏磁通，使变压器外的磁通减弱。对变压器或扼流圈的侧面也须屏蔽，一般采用包一层铁皮来做屏蔽盒。包的层数越多，短路环越厚，屏蔽效果越好。

　　为排除电磁干扰，有的精密机电设备还采用大型屏蔽室来做试验。例如美国的大力神洲际导弹是在一个5层楼高，具有5层门的金属屏蔽室里进行测试的。

　　2）隔离。把干扰源与接收系统隔离开来，使其尽可能不发生电联系，从而切断干扰的耦合通道，达到抑制干扰的目的，这种方法称为隔离。例如，为了确保系统稳定地运行，常将其强电部分与弱电部分、交流部分和直流部分等隔离开来。隔离方法有光电隔离、变压器隔离和继电器隔离等。

　　① 光电隔离。

　　光电隔离是以光作为媒介在隔离的两端间进行信号传输的，所用的器件是光耦合器，如图5-32所示。

　　光电耦合器的输入端配置发光源，输出端配置受光器，在传输信号时，借助于光作为媒介后进行耦合而不是通电，因此具有较强的隔离和抗干扰的能力。

　　由于光耦合器共模抑制比大、无触点、寿命长、易与逻辑电路配合、响应速度快、小型耐冲击且稳定可靠，因此在机电一体化系统特别是数字系统中得到了广泛的应用。

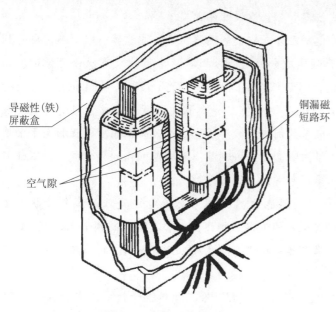

图 5 - 31 变压器的屏蔽

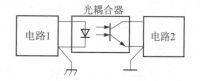

图 5 - 32 光电隔离

② 变压器隔离。

隔离变压器是最常用的隔离部件，用来阻断干扰信号的传导通路，并抑制干扰信号的强度。图 5 - 33 所示为一种多层隔离变压器。在变压器的一次侧和二次侧线圈处设有静电隔离层 S_1 和 S_2，还有 3 层屏蔽罩。S_1 和 S_2 的作用是防止通过一次侧和二次侧绕组的耦合相互干扰。变压器的 3 层屏蔽罩，其内外两层用铁，起磁屏蔽的作用，中间用铜，与铁芯相连并直接接地，起静电屏蔽作用。这 3 层屏蔽罩是为了防止外界电磁场通过变压器对电路形成干扰。这种隔离变压器具有很强的抗干扰能力。

③ 继电器隔离。

继电器线圈和触点仅有机械联系而没有直接电联系，因此可利用继电器线圈接收信号，而利用其触点发送和传输信号，如图 5 - 34 所示，从而可实现强电和弱电的隔离。继电器触点较多，且其触点能承受较大的负载电流，因而应用广泛。

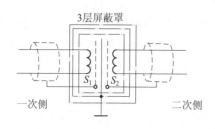

图 5 - 33 多层隔离变压器

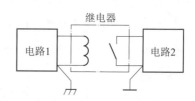

图 5 - 34 继电器隔离

3）滤波。滤波是抑制传导干扰的一种重要方法。由于干扰源发出的电磁干扰的频谱往往比要接收的信号的频谱宽得多，因此，当接收器接收有用信号时，也会接收到那些不希望有的干扰。这时，可以采用滤波的方法，只让所需要的频率成分通过，而将干扰频率成分加以抑制、剔除。常用滤波器有反射滤波器和损耗滤波器两大类。

反射滤波器是利用电感、电容等电抗元件或它们的网络组成的滤波器。它把不需要的频率成分的能量反射掉，只让所需要的频率成分通过。根据其频率特性又可以分为低通、高通、带通、带阻等滤波器。低通滤波器只让低频成分通过，而高于截止频率的成分则受抑制、衰减，不让通过。高通滤波器只通过高频成分，而低于截止频率的成分则受抑制、衰减，不让通过。带通滤波器只让某一频带范围内的频率成分通过，而低于下截止和高于上截止频率的成分均受抑制，不让通过。带阻滤波器只抑制某一频率范围内的频率成分，不让其通过，而低于下截止和高于上截止频率的频率成分则可通过。

例如，在机电一体化系统中，常用低通滤波器抑制由交流电网侵入的高频干扰。图5-35所示为计算机电源采用的一种 LC 低通滤波器的接线图。含有瞬间高频干扰的220 V工频电源通过截止频率为50 Hz的滤波器，其高频信号被衰减，只有50 Hz的工频信号通过滤波器到达电源变压器，保证正常供电。

图5-36所示为一种双T形带阻滤波器，可用来消除工频串模干扰。图中输入信号 U_1 经过两条通路送到输出端。当信号频率较低时，C_1、C_2 和 C_3 阻抗较大，信号主要通过 R_1、R_2 传送到输出端；当信号频率较高时，C_1、C_2 和 C_3 容抗很小，接近短路，所以信号主要通过 C_1、C_2 传送到输出端。只要参数选择得当，就可以使滤波器在某个中间频率 f_0 时，由 C_1、C_2 和 R_3 支路传送到输出端的信号 U_2' 与由 R_1、R_2 和 C_3 支路传送到输出端的信号 U_2'' 大小相等、相位相反、互相抵消，于是总输出为零。f_0 为双T形带阻滤波器的谐振频率。在参数设计时，使 $f_0 = 50$ Hz，双T滤波器就可滤除工频干扰信号。

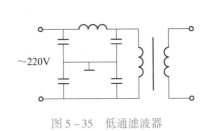

图5-35　低通滤波器

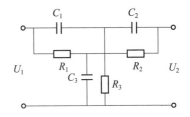

图5-36　双T形带阻滤波器

损耗滤波器是将不需要的频率成分的能量损耗在滤波器内来抑制干扰。凡缠绕在磁芯上的扼流圈、铁氧体磁环、内外表面镀上导体的铁氧体管所构成的传输线都可以作为损耗滤波器，它们将不要的频率成分的能量以涡流形式损耗掉。现在一些抗电磁干扰的电缆插头就安装有损耗滤波器。

4) 接地。将电路、设备机壳等与作为零电位的一个公共参考点（或面）实现低阻抗的连接，称之为接地。

接地的目的有两个。一是为了安全，例如把电子设备的机壳、机座等与大地相接，当设备中存在漏电时，不致影响人身安全，称为安全接地。二是为了给系统提供一个基准电位，例如脉冲数字电路的零电位点等，或为了抑制干扰，如屏蔽接地等，称为工作接地。

接地目的不同，其"地"的概念也不同。安全接地一般是与大地相接，而工作接地，其"地"可以是大地，也可以是系统中其他电位参考点，例如电源的某一个极。

接地是电磁兼容设计的一个重要内容。接地不当会引起电磁干扰，甚至造成损伤人、机的事故，而正确的接地方式则会消除干扰。

机电一体化系统常用的接地方式有以下几种。

① 一点接地。

信号地线的接地方式应采用一点接地，而不采用多点接地。一点接地主要有两种接法：串联接地（或称共同接地）和并联接地（或称分别接地）。

从防止噪声角度看，图5-37所示的串联接地方式是最不适用的。由于接地电阻 r_1、r_2 和 r_3 是串联的，所以各电路间相互发生干扰。虽然这种接地方式很不合理，但由于比较简单，用的地方仍然很多。这种接地方式当各电路的电平相差不大时还可勉强使用，但

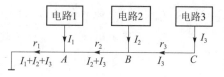

图5-37 串联一点接地

当各电路的电平相差很大时就不能使用，因为高电平将会产生很大的地电流并干扰到低电平电路中去。使用这种串联一点接地方式时，还应注意把低电平的电路放在距接地点最近的地方，即图5-37最接近于地电位的 A 点上。

并联接地方式如图5-38所示。这种方式在低频时是最适用的，因为各电路的地电位只与本电路的地电流和地线阻抗有关，不会因地电流而引起各电路间的耦合。这种方式的缺点是需要连很多根地线，用起来比较麻烦。

② 多点接地。

单点接地所需地线较多，在低频时适用。若电路工作频率较高，电感分量大，各地线间的互感耦合会增加干扰，因此常用多点接地，如图5-39所示，各接地点就近接于接地汇流排或底座、外壳等金属构件上。

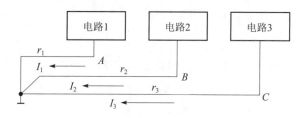

图5-38 并联一点接地

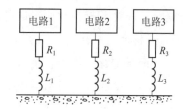

图5-39 多点接地

③ 复合接地。

由于机电一体化系统的实际情况比较复杂，很难通过一种简单的接地方式来解决，因此常采用单点和多点组合成复合接地方式；一般来说，电路频率在1 MHz以下时采用单点接地方式，当频率高于10 MHz时，应采用多点接地方式；当频率在1～10 MHz时，可采用复合接地。

④ 浮地。

浮地是指设备的整个地线系统和大地之间无导体连接，它是以悬浮的"地"作为参考电平。采用浮地的连接方式可使设备不受大地电流的影响，设备的参考电平（零电平）符合"水涨船高"的原则，随高电压的感应而相应提高，机内器件不会因高压感应而击穿。在飞机、军舰和宇宙飞船的电子设备上常采用浮地系统。

浮地系统的缺点是，当附近有高压设备时，通过寄生电流耦合而使外壳带电，不安全。此外，大型设备或高频设备由于分布参量影响大，很难做到真正的绝缘，因此大型高频设备不宜采用浮地系统。

除以上几种接地方式外，机电一体化系统的接地，还应注意把交流接地点与直流接地点分开，避免由于地电阻把交流电力线引进的干扰传输到系统内部；把模拟地与数字地分开，接在各自的地线汇流排上，避免大功率地线对模拟电路增加感应干扰。

5) 合理布局。对系统的各个部分进行合理的布局，能有效地防止电磁干扰的危害。合理布局的基本原则是使干扰源与干扰对象尽可能远离，输入和输出端口妥善分离，高电平电缆及脉冲引线与低电平电缆分别铺设等。

6) 软件抗干扰技术。

① 软件滤波。

用软件来识别有用信号和干扰信号，并滤除干扰信号的方法，称为软件滤波。识别信号的原则有两种：

一是时间原则。如果掌握了有用信号和干扰信号在时间上出现的规律性，在程序设计上就可以在接收有用信号的时区打开输入口，而在可能出现干扰信号的时区封闭输入口，从而滤掉干扰信号。

二是空间原则。在程序设计上为保证接收到的信号正确无误，可将从不同位置、用不同检测方法、经不同路线或不同输入口接收到的同一信号进行比较，根据既定逻辑关系来判断真伪，从而滤掉干扰信号。这种方法也称为交互校核。

② 软件"陷阱"。

从软件的运行来看，瞬时电磁干扰可能会使 CPU 偏离预定的程序指针，进入未使用的 RAM 区和 ROM 区，引起一些莫名其妙的现象，其中死循环和程序"飞掉"是常见的故障。为了有效地排除这种干扰故障，常用软件"陷阱法"。这种方法的基本思想是，把系统存储器（RAM 和 ROM）中没有使用的单元用某一种重新启动的代码指令填满，作为软件"陷阱"，以捕获"飞掉"的程序。一般当 CPU 执行该条指令时，程序就自动转到某一起始地址，而从这一起始地址开始，存放一段使程序重新恢复运行的热启动程序，该热启动程序扫描现场的各种状态，并根据这些状态判断程序应该转到系统程序的哪个入口，使系统重新投入正常运行。

③ 软件"看门狗"（WatchDog）技术。

WatchDog 即监控定时器，俗称"看门狗"，是工业控制机普遍采用的一种软件抗干扰措施。当侵入的尖锋电磁干扰使计算机"飞程序"时，WatchDog 能够帮助系统自动恢复正常运行。

WatchDog 实质上是一个可由 CPU 复位的定时器，其工作原理如图 5 - 40 所示。两个计时周期不同的定时器 T_1 和 T_2，设两定时器的时钟源相同，但计时周期不同，例如，$T_1 = 1.0$ s，$T_2 = 1.1$ s，用 T_1 定时器的溢出脉冲 P_1 同时对 T_1 和 T_2 定时器清零，那么只要 T_1 工作正常，定时器 T_2 就不可能计时溢出。T_1 出现故障不再计时，定时器 T_2 就会计时溢出，一旦有 P_2 产生，则表明系统出了故障，这里的 T_2 就是 WatchDog。利用输出脉冲 P_2 并进行巧妙的程序设计，可以检测系统故障情况，而后使"飞掉"的程序重新恢复运行。

WatchDog 的构成如图 5 - 41 所示，它是一个和 CPU 构成闭合回路的定时器。它的输出端连到 CPU 的复位端或中断输入端，WatchDog 的每次溢出输出将引起系统复位，使系统从头开始运行；或产生中断使系统进入故障处理程序，从而进行必要的处理。

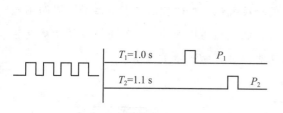

图 5 - 40 WatchDog 的工作原理

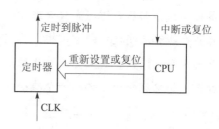

图 5 - 41 WatchDog 构成

WatchDog 定时器受 CPU 控制，CPU 可以重新设置定时周期值或清零重新开始计时。只要在定时周期内 CPU 访问一次，定时器重新开始计时，就不会产生溢出脉冲，WatchDog 就不起作用。若在定时周期内 CPU 未访问定时器，则 WatchDog 定时器就有信号输出，从而引起系统复位或中断。

2. 数控机床的抗干扰措施

数控机床是用于加工机械零件的典型机电一体化设备，一般都工作在生产车间。车间内有各种动力设备，类型复杂，操作频率、电网的波动也大，存在着严重的干扰源。此外，数控机床本身也是一个干扰源。因此，要求其控制系统和伺服系统有足够的抗干扰能力，保证设备的正常运转。数控机床的抗干扰措施有以下几个方面。

(1) 地线的设计

图 5 - 42 是一台数控机床的接地方法。从图中可以看出，接地系统形成 3 个通道：信号接地通道，将所有小信号、逻辑电路的信号、灵敏度高的信号的接地点都接到这一地线上；功率接地通

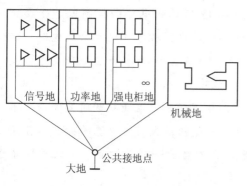

图 5 - 42 数控机床的接地

道，将所有大电流、大功率部件、晶闸管、继电器、指示灯、强电部分的接地点都接到这一地线上；机械接地通道，将机柜、底座、面板、风扇外壳、电动机底座等机床接地点都接到这一地线上，此地线又称安全地线通道。将这3个通道再接到总的公共接地点上，公共接地点与大地接触良好，一般要求地电阻小于 $4\,\Omega$。并且数控柜与强电柜之间有足够粗的保护接地电缆，如截面积为 $6\,mm^2$ 的接地电缆。因此，这种地线接法有较强的抗干扰能力，能够保证数控机床的正常运行。

（2）电源部分抗干扰措施

如图 5-43 所示为一种数控机床电源的抗干扰措施。为抑制来自电源的干扰，在交流电源进线处采用了滤波器和有静电屏蔽的隔离变压器，并设有变阻二极管用来吸收瞬变干扰和尖脉冲干扰。

（3）在传输线中采用的抗干扰措施

为防止在信号传输过程中受到电磁干扰，数控机床常用抗干扰的传输线，如多股双绞线、屏蔽电缆、同轴电缆、光纤电缆等。图 5-44 所示的同轴电缆中，电流产生的磁场被局限在外层导线和芯线之间的空间中，在同轴电缆外层导线以外的空间中没有磁场，因而不能干扰其他电路。同样，其他电路产生的磁场在同轴电缆的芯线和外层导线中产生的干扰电势方向相同，使电流一个增大、一个减小而相互抵消，总的电流增量为零。

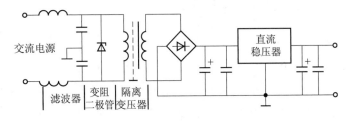

图 5-43　电源的抗干扰措施

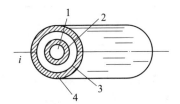

图 5-44　同轴电缆示意图

1—芯线；2—绝缘体；

3—外层导线；4—绝缘外皮

（4）软件抗干扰措施

为防止工作台移动到非正常位置而遭到破坏，数控机床上常采用光电传感器来进行检测。一旦工作台到达非正常位置，传感器即通过图 5-45 所示的电路向控制器 I/O 接口 6821 发出中断请求（IRQ）信号，使工作台停止运动。但是每当机床主电动机断电时，传感器的输出线上就会感应到干扰信号，干扰信号使 6821 的 CA_1 口闭锁，产生 IRQ 信号，使工作台不能正常启动，而此时工作台并非移到了非正常位置。

上述干扰可通过软件滤波来消除，即在主电动机断电而可能产生干扰的时间带内，不读取 IRQ 信号，如图 5-46 所示。由于 6821 的中断标志是利用数据寄存器的读数信号清零，故框图中采用了"空读数"框。主电动机断电时，工作台一般不运动，因此这时不读取工作台非正常位置检测信号也没有关系。

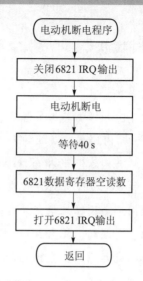

图 5 - 46 软件滤波框图

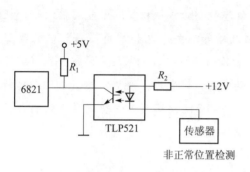

图 5 - 45 非正常位置检测电路

（5）系统内其他抗干扰措施

数控机床内容易产生浪涌的器件有继电器、接触器、电流开关、晶闸管等。这些元件在工作中要释放线圈中的能量，触点有火花，易产生强电干扰。对此，可以采取吸收的方法，抑制其产生，然后采取隔离的方法，阻断其传导。图 5 - 47 所示为在线圈上并联 RC 阻容电路，以吸收干扰电压。

为防止驱动接口中的强电干扰及其他干扰进入控制器，可采用图 5 - 48 所示的光电隔离方法。其中 VLC 为光耦合器，信号在其中单向传输，干扰信号很难从输出端反馈到输入端，从而起隔离的作用。

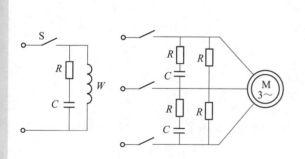

图 5 - 47 阻容抗干扰电路

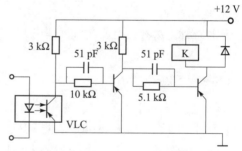

图 5 - 48 驱动接口的隔离措施

在如图 5 - 49 所示的晶闸管电路中，利用隔离变压器来连接触发电路。因为晶闸管的触发电路往往是低电平控制的，而阳极电压往往很高，采用隔离变压器后，不仅可以防止高电压工作时对低电平电路的影响，而且通过变化的选择，可使晶闸管的控制极得到强触发，输入阻抗得到匹配。

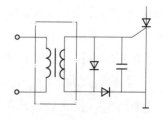

图 5 - 49 隔离变压器方式

先导案例解决

1. 故障诊断

查阅电气图并根据其工作原理，画出相关控制动作流程图，如图 5 - 50 所示。进一步分析，"手动"与 PLC 程序及软件无关。初步判断故障类型为机械故障或电气器件故障。托盘不能动，同"正输入"的指令信号与共同的励磁回路等有关；也和"负输入"的传动阻力与制动有关。故把故障大致定位在励磁回路与托盘传动轴系。流程图中的每个环节都可能成为故障原因。由故障记录，最可能的故障环节为励磁回路断路。观察、检查励磁回路断路器与保险丝、电磁阀、托盘锁销。发现励磁回路中 6A 保险丝熔断，管壁发黑，表明存在严重短路故障。究其原因，查出电动机内电磁抱闸线圈匝间短路，整流管烧坏。

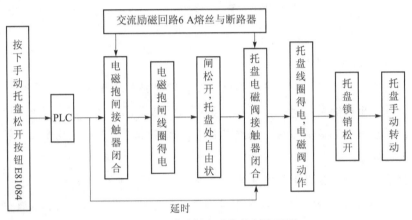

图 5 - 50　手动托盘动作控制流程图

2. 故障排除

更换损坏元器件，机床恢复正常。

● 生产学习经验 ●

【案例 5 - 1】一台 CK6140I 数控车床，工作中出现电动刀架不换刀现象，同时数控系统 CRT 提示"换刀时间过长"，如何诊断与排除故障？

【案例 5 - 2】一台配备 FAGOR - 8025M 系统的 XK8140 数控铣床，X 轴不能回参考点。通过系统工作方式 9 进入 I/O 诊断页面，按动 X 轴行程开关发现无反应，如何诊断与排除故障？

【案例 5 - 3】一台配套 SIEMENS 810M 的立式加工中心，在加工过程中，机床突然断电，再次开机，CNC 无显示，机床无法重新启动，如何诊断与排除故障？

【案例 5 - 4】一台卧式加工中心接近开关失效，系统 CRT 报警为"主轴齿轮变挡故障"。

【案例5-5】SIMENS820系统的匈牙利MKC500卧式加工中心，出现工作台不能移动现象，CRT上显示7020报警。

【案例5-6】一台配套SIEMENS 810T的数控车床，在自动加工过程中，CNC偶尔会出现突然断电的故障，但再次启动机床即可恢复正常。此故障偶尔发生，故障周期不定，有时几个月都可以正常工作，有时一天内会出现多次。

【案例5-7】一台配套SIEMENS直流伺服驱动的卧式加工中心，在电网突然断电后开机，驱动器无法启动。

【案例5-8】一台配套SIEMENS 810M的立式加工中心，在正常使用或者启动过程中经常无规律地出现CNC报警"ALM3-PLC停止"。机床故障后进行重新开机，通常又可以恢复正常工作，但有时需要开/关机多次。

【案例5-1】　　　　【案例5-2】　　　　【案例5-3】　　　　【案例5-4】

【案例5-5】　　　　【案例5-6】　　　　【案例5-7】　　　　【案例5-8】

本章小结 BENZHANGXIAOJIE

本章主要学习了数控机床常用低压电器的结构、原理和性能特点，交流主电路系统和辅助功能控制系统的原理和故障特点，并针对数控机床电气系统的常见故障，提出了诊断思路和维修方法；同时对数控机床的抗干扰技术也作了详细的介绍。

数控机床日常出现的故障，多为电气故障，所以数控机床电气系统的故障诊断与维修就显得尤为重要。

思考与练习

5-1　数控机床电气系统包括什么？

5-2　数控机床对电气系统的基本要求有哪些？

5-3　数控机床电气系统的故障特点是什么？

5-4　数控机床电气系统常用低压电器有哪些？它们的作用是什么？

5-5　数控机床开关出现故障的主要原因是什么？

5-6　低压断路器常见故障现象有哪些？如果出现动作延时过长故障，那故障原因会是什么？

5-7　接触器的维护要求是什么？接触器常见故障现象有哪些？

5-8　继电器的主要故障现象是什么？

5-9　熔断器常见故障现象是什么？故障原因是什么

5-10　电磁阀的工作原理是什么？电磁阀失效的影响因素有哪些？

5-11　数控机床交流主电路系统用哪些电器元件？常见故障有哪些？对查出有问题的电器元件如何处理？应注意什么问题？

5-12　数控机床辅助功能控制用哪些电器元件？常见故障有哪些？

5-13　什么是干扰？干扰的类型有哪些？干扰的传播途径是什么？

5-14　电磁干扰的抑制方法是什么？

5-15　机电一体化系统接地的目的是什么？接地方式有哪几种？

5-16　软件抗干扰技术有哪些？

5-17　简述数控机床的抗干扰措施。

5-18　数控机床电控系统的接地装置的要求是什么？

5-19　信号地和屏蔽地与接地线的连接要求是什么？

5-20　常用的输入、输出隔离措施有哪些？

第6章 SIEMENS系统的故障诊断与维修

本章知识点

1. 数控系统的概念、结构组成、特点和故障诊断的基本方法；
2. SIEMENS 810 系统的特点、结构组成、连接和设定端子；
3. SIEMENS 810 系统机床参数的设定和调整；
4. SIEMENS 810 系统常见故障报警与处理方法；
5. 数控系统的数据通信接口和网络。

先导案例

一台采用 SIEMENS 820T 数控系统的车床，通电后，数控系统启动失败，所有功能操作键都失效，CRT上只显示系统页面并锁定，同时CPU模块上的硬件出错红色指示灯点亮。故障发生前，有维护人员在机床通电的情况下，曾经按过系统位控模块上伺服轴位置反馈的插头，并用螺钉旋具紧固了插头的紧固螺钉，之后就造成了上述故障。故障原因是什么？如何排除？

6.1 概 述

6.1.1 数控系统的基本概念

数字控制（Numerical Control，NC）简称数控，是指利用数字化的代码构成的程序对控制对象的工作过程实现自动控制的一种方法。数控系统（Numerical Control System，NCS）是指利用数字控制技术实现的自动控制系统。数控系统中的控制信息是数字量（0、1），它与模拟控制相比具有许多优点，如可用不同的字长表示不同精度的信息，可对数字化信息进行逻辑运算、数学运算等复杂的信息处理工作，特别是可用软件来改变信息处理的方式或过程，具有很强的"柔性"。

数控机床是采用数控系统实现控制的机械设备，其操作命令是用数字或数字代码的形式来描述，工作过程是按照指定的程序自动进行。

数控系统的硬件基础是数字逻辑电路。最初的数控系统是由数字逻辑电路构成的，因而被称为硬件数控系统。随着微型计算机的发展，硬件数控系统已逐渐被淘汰，取而代之的是当前广泛使用的计算机数控系统（Computer Numerical Control，CNC）。CNC 系统是由计算机承担数控中的命令发生器和控制器的数控系统，它采用存储程序的方式实现部分或全部基本数控功能，从而具有真正的"柔性"，并可以处理硬件逻辑电路难以处理的复杂信息，使数控系统的性能大大提高。

CNC 系统具有如下优点。

（1）柔性强

对于 CNC 系统，若需改变其控制功能，只要改变其相应的控制程序即可。因此，CNC 系统具有很强的灵活性——柔性。

（2）可靠性高

在 CNC 系统中，加工程序通常是一次性输入存储器，许多功能均由软件实现，硬件采用模块结构，平均无故障率很高。

（3）易于实现多功能复杂程序的控制

由于计算机具有丰富的指令系统，能进行复杂的运算处理，实现多功能、复杂程序控制。

（4）具有较强的网络通信功能

随着数控技术的发展，要实现不同或相同类型数控设备的集中控制，因此 CNC 系统必须具有较强的网络通信功能，便于实现 DNC、FMS、CIMS 等。

6.1.2 数控系统的硬件和软件结构

数控系统是由硬件控制系统和软件控制系统两大部分组成，其中硬件控制系统是以微处理器为核心，采用大规模集成电路芯片，由可编程控制器、伺服驱动单元、伺服电动机、各种输入/输出设备（包括显示器、控制面板、输入/输出接口等）等可见部件组成。软件控制系统即数控软件，包括数据输入/输出、插补控制、刀具补偿控制、加减速控制、位置控制、伺服控制、键盘控制、显示控制、接口控制等控制软件及各种机床参数、PLC 参数、报警文本等组成。数控系统出现故障以后，就要分别对硬件和软件部分进行分析、判断，定位故障并维修。作为一个好的数控设备维修人员，必须具备电子线路、元器件、计算机软硬件、接口技术、测量技术等方面的知识，对数控系统的硬件组成和工作原理有一个清晰的认识，同时，又必须懂得数控系统的软件控制原理、数控加工程序编制、各种参数的设置等。

1. 数控系统的硬件结构

CNC 装置从它的硬件组成结构来看，若按其中含有 CPU 的多少来分，可分为下面几类。

① 单机系统。整个 CNC 装置只有一个 CPU，它集中控制和管理整个系统资源，通过分

时处理的方式来实现各种 NC 功能。这种结构现存的已较少。

② 主从结构。系统中只有一个 CPU（称为主 CPU）对系统的资源有控制和使用权。其他带 CPU 的功能部件，只能接收主 CPU 的控制命令或数据，或向主 CPU 发出请求信息以获得所需的数据，即它是处于从属地位的，故称之为主从结构。

③ 多机系统。CNC 装置中有两个或两个以上的 CPU，即系统中的某些功能模块自身也带有 CPU，根据部件间的相互关系又可将其分为多主结构和分布式结构。

多主结构系统中有两个或两个以上带 CPU 的模块部件对系统资源有控制或使用权，模块之间采用紧耦合方式，有集中的操作系统，通过仲裁器来解决总线争用问题，通过公共存储器进行信息交换。

分布式结构系统有两个或两个以上带 CPU 的功能模块，各模块有自己独立的运行环境，模块间采用松耦合，且采用通信方式交换信息。

（1）单机系统或主从结构

单机系统以 CPU 为核心，CPU 通过总线与存储器以及各种接口相连接，采用集中控制、分时处理的工作方式，完成数控加工中各个任务。有的 CNC 装置虽然有两个以上的 CPU，但其中只有一个 CPU 能控制总线，其他的 CPU 只是附属的专用智能部件，不能控制总线，不能访问主存储器。它们之间构成主从结构，在此我们将它归于单机系统中。

图 6-1 所示为单机系统硬件结构框图。CPU 通过总线与存储器（RAM、EPROM）及各种接口（如 MDI/CRT 接口等）相连。由于所有数控功能，如数据存储、插补运算、输入/输出控制、显示等由一个 CPU 完成，因此 CNC 装置的功能受 CPU 字长、寻址能力

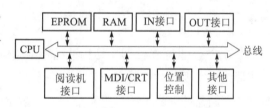

图 6-1 单机系统硬件结构

和运算速度等因素限制。为了提高处理速度，增强数控功能，常采用以下措施。

① 采用协处理器（增强运算功能，提高运算速度）。

② 由硬件完成一部分插补工作（精补）。

③ 采用带有 CPU 的 PLC 和 CRT 等智能部件。

数控系统程序通常存放在 EPROM 中，采用专用写入器将程序写入，程序一经写入便可长期保存。写入的程序可以用紫外线擦除。运算的中间结果存放在随机存储器（RAM）中，可以对其随机读写，但断电后信息随即消失。零件加工程序、数据和参数存放在带有后备电池的 CMOS RAM 中或磁泡存储器中，断电后信息仍保存。

（2）多机系统

多机系统的主要特点表现在两个方面，即它能实现真正意义上的并行处理，处理速度快，可以实现较复杂的系统功能；容错能力强，在某模块出了故障后，通过系统重组仍可继续工作。

数控系统的多 CPU 结构方案多种多样，它随着计算机系统结构的发展而变化。多处理

器的数控系统一般采用总线互连方式，典型的结构有共享总线型、共享存储器型和混合型3类结构。

图6-2所示为共享总线型结构的多机系统。这种多机系统的功能模块分为带有CPU或DMA（Direct Memory Access）的主模块和从模块（RAM/ROM，I/O模块），同时它以系统总线为中心，所有的主、从模块都插在严格定义的标准系统总线上，并且采用总线仲裁机构（电路）来裁定多个模块同时请求使用系统总线的竞争问题。该结构的优点是结构简单，系统组配灵活，成本相对较低，可靠性高，但是总线又构成了系统的"瓶颈"，一旦系统总线出现故障，将使整个系统受到影响，另外，由于使用总线要经仲裁，使信息传输率降低。

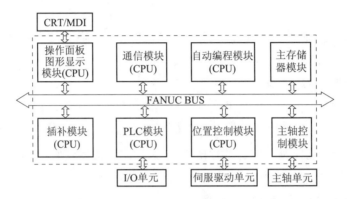

图6-2　共享总线型结构

图6-3为共享存储器型结构。这种结构的多机系统是面向公共存储器来设计的，即采用多端口来实现各主模块之间的互联和通信，采用多端口控制逻辑来解决多个模块同时访问多端口存储器冲突的矛盾。事实上，由于多端口存储器设计较复杂，而且对两个以上的主模块会因争用存储器可能造成存储器传输信息的阻塞，所以这种结构一般采用双端口存储器（双端口RAM）。

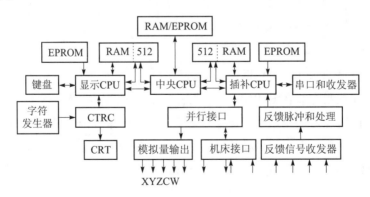

图6-3　共享存储器型结构

2. 数控系统的软件结构

CNC系统的软件是为完成CNC系统的各项功能而专门设计和编制的，是数控加工的一种专用软件，又称为系统软件（系统程序），其管理作用类似于计算机的操作系统的功能。

不同的 CNC 系统，其功能和控制方案不同，因而各系统软件在结构上和规模上差别较大，各个厂家的软件互不兼容。现代数控机床的功能采用软件实现的比例越来越大，因此系统软件的设计相当重要。

（1）数控系统硬件和软件功能划分

数控系统的功能是硬件和软件协调工作的结果，究竟哪些工作由硬件实现，哪些工作由软件完成，即数控系统软件和硬件功能的划分，取决于数控系统本身的性价比。早期的 NC 装置中，数控系统的全部信息处理功能都由硬件来实现。随着技术的发展，微机性能价格比提高，微机成为数控系统中信息处理的主角，由软件完成数控工作。随着产品的不同，功能要求的不同，软件和硬件功能的划分是不一样的。图 6－4 所示为 4 种典型 CNC 系统的软硬功能划分，从图中可以看出，Ⅰ、Ⅱ、Ⅲ、Ⅳ类 CNC 系统，其软件实现功能的比例越来越大。

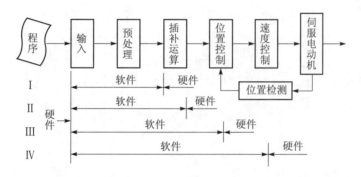

图 6－4 数控系统硬件和软件的功能划分

从理论上讲，硬件能完成的功能也可以用软件来完成。从实现功能的角度看，硬件与软件在逻辑上是等价的，但是采用硬件和软件来实现相同的功能其特点是不同的。硬件处理速度快，但灵活性差，实现复杂控制的功能困难。软件设计灵活，适应性强，但处理速度相对较慢。

（2）数控系统软件数据处理流程

数控系统软件的主要任务是将由零件加工程序表达的加工信息变换成各进给轴的位移指令、主轴转速指令和辅助动作指令，控制加工设备的轨迹运动和逻辑动作，加工出符合要求的零件。

从加工程序输入到数控系统到数控机床完成零件的加工，这个过程中数控系统软件必须进行一系列的数据处理工作，其整个处理工作包括：

① 译码——将用文本格式（通常用 ASCII 码）表达的零件加工程序，以程序段为单位转换成后续程序所要求的数据结构（格式）。

② 刀补处理——根据 G90/G91 计算零件轮廓的终点坐标值；根据 R 和 G41/42，计算本段刀具中心轨迹的终点坐标值；根据本段与前段连接关系，进行段间连接处理。

③ 速度预处理——根据加工程序给定的进给速度，计算在每个插补周期内的合成移动

量，供插补程序使用。

④ 插补处理——根据操作面板上"进给修调"开关的设定值，计算本次插补周期的实际合成位移量：$\Delta L_1 = \Delta L \times$修调值；将 ΔL_1 按插补的线形（直线、圆弧等）和本插补点所在的位置分解到各个进给轴，作为各轴的位置控制指令（ΔX_1、ΔY_1）；经插补计算后的数据存放在运行缓冲区中，以供位置控制程序之用。本程序以系统规定的插补周期 Δt 定时运行。

⑤ 位控处理——计算新的位置指令坐标值、新的位置实际坐标值、跟随误差、速度指令值。

（3）软件系统特点

CNC 系统是一个专用的实时多任务系统，CNC 装置通常作为一个独立的过程控制单元用于工业自动化生产中。因此，它的系统软件包括管理和控制两大部分。系统的管理部分包括输入、I/O 处理、通信、显示、诊断以及加工程序的编制管理等程序。系统的控制部分包括译码、刀具补偿、速度预处理、插补和位置控制等软件，如图 6-5 所示。

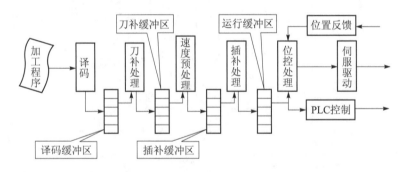

图 6-5　数控系统软件数据处理流程

数控的基本功能由上面这些功能子程序实现，这是任何一个计算机数控系统所必须具备的，功能增加，子程序就增加。不同的系统在其软件结构中对这些子程序的安排方式不同，管理方式亦不同。在单机系统中，常采用前后台型的软件结构和中断型的软件结构。在多机系统中，各个 CPU 分别承担一定的任务，它们之间的通信依靠共享总线和共享存储器进行协调。在子系统较多时，也可采用相互通信的方法。无论何种类型的结构，数控系统的软件结构都具有多任务并行处理和多重实时中断的特点。

1）多任务与并行处理。所谓多任务，就是指为了保证控制的连续性和各任务执行的时序配合要求，数控系统的任务必须采用并行处理，而不能逐一处理。

所谓并行处理，就是指系统在同一时间间隔或同一时刻内完成两个或两个以上任务处理的方法。

数控加工时，数控系统要完成许多任务，有的任务对实时性要求很高，有的任务无实时性要求。在多数情况下，几个任务必须同时进行。例如，为使操作人员能及时地了解数控系统的工作状态，软件中的显示模块必须与控制软件同时运行。在插补加工运行时，软件中的零件程序输入模块必须与控制软件同时运行。而控制软件运行时，本身的一些处理模块也必须同时运行。例如，为了保证加工过程的连续性，刀具在各程序段之间不停刀，译码、刀具补偿和速度预处理模块必须与插补模块同时运行，而插补程序又必须与位置控制程序同时运行。

采用多任务并行处理的目的是合理使用和调配 CNC 系统的资源和提高 CNC 系统的处理速度。具体实现方式有两种，即资源分时共享和资源重复利用。关于它们具体的特点描述请参见相关书籍。

2）实时中断处理。数控系统软件结构的另一个特点是实时中断处理。数控系统程序以零件加工为对象，每个程序段有许多子程序（子过程），它们按预定的顺序反复执行，各步骤之间关系十分密切，有许多子程序实时性很强，这就决定了中断成为整个系统不可缺少的重要组成部分。数控系统的中断类型主要有外部中断、内部定时中断、硬件故障中断、程序性中断。数控系统的中断管理主要靠硬件完成，而系统的中断结构决定了软件结构。

（4）软件系统结构

1）前后台型结构模式。在前后台软件结构中，前台程序是一个中断服务程序，完成全部的实时功能；后台（背景）程序是一个循环运行程序，管理软件和插补准备在这里完成，后台程序运行中，实时中断程序不断插入，与后台程序相配合。具体来讲，前台程序主要完成插补运算、位置控制、故障诊断等实时性很强的任务，它是一个实时中断服务程序；后台程序主要完成显示、零件加工程序的编辑管理、系统的输入/输出、插补预处理（译码、刀补处理、速度预处理）等弱实时性的任务，它是一个循环运行的程序，在运行过程中，不断地定时被前台中断程序所打断，前、后台相互配合来完成零件的加工任务，如图6-6所示。

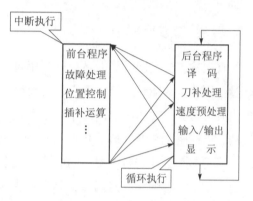

图6-6　前、后台程序运行关系

2）中断型结构模式。中断型结构模式的特点是除了初始化程序之外，整个系统软件的各种任务模块分别安排在不同级别的中断服务程序中，整个软件就是一个大的中断系统。其管理的功能主要通过各级中断服务程序之间的相互通信来解决。

3）基于实时操作系统的结构模式。实时操作系统（Real Time Operating System，RTOS）是操作系统的一个重要分支，它除了具有通用操作系统的功能外，还具有任务管理、多种实时任务调度机制（如优先级抢占调度、时间片轮转调度等）、任务间的通信机制（如邮箱、消息队列、信号灯等）等功能。由此可知，CNC 系统软件完全可以在实时操作系统的基础上进行开发。

基于实时操作系统的结构模式的优点为：

① 弱化功能模块间的耦合关系。CNC 各功能模块之间在逻辑上存在着耦合关系，在时间上存在着时序配合关系。为了协调和组织它们，前述结构模式中，需用许多全局变量标志和判断分支结构，致使各模块间的关系复杂。在本模式中，设计者只须考虑模块自身功能的

实现，然后按规则挂到实时操作系统上，而模块间的调用关系、信息交换方式等功能都由实时操作系统来实现，从而弱化了模块间的耦合关系。

② 系统的开放性和可维护性好。从本质上讲，前述结构模式采用的是单一流程加中断控制的机制，一旦开发完毕，系统将完全封闭（对系统的开发者也是如此），若想对系统进行功能扩充和修改将是困难的。在本模式中，系统功能的扩充或修改，只需将编写好的任务模块（模块程序加上任务控制块，TCB）挂到实时操作系统上（按要求进行编译）即可。因而，采用该模式开发的 CNC 系统具有良好的开放性和可维护性。

③ 减少系统开发的工作量。在 CNC 系统软件开发中，系统内核（任务管理、调度、通信机制）的设计开发往往是很复杂的，而且工作量也相当大。当以现有的实时操作系统为内核时，即可大大减少系统的开发工作量和开发周期。

6.2　数控系统故障诊断的基本方法

6.2.1　直观检查法

直观检查法，即维修人员充分利用自身的眼、耳、鼻、手等感觉器官查找故障的方法。通过仔细检查故障线路板，看有无熔丝熔断、元器件烧坏、烟熏、开裂等现象，从而可判断板内有无过流、过压、短路发生。用手摸并轻摇元器件（如电阻、电容、晶体管等）有无松动，以检查是否有断脚、虚焊等问题。针对故障的有关部分，用一些简单工具，如万用表、蜂鸣器等，检查各电源之间的连接线有无断路现象。若无，即可接入相应的电源，并注意有无烟、尘、噪声、焦煳味、异常发热的现象，以此发现一些较为明显的故障，进一步缩小检查范围。

6.2.2　故障现象分析法

对于非破坏性故障，必要时维修人员可让操作人员再现故障现象，最好会同机械、电气、液压等技术人员一起会诊，共同分析出现故障时的异常现象，有助于尽快而准确地找到故障规律和线索。

6.2.3　报警显示分析法

数控机床上多配有面板显示器和指示灯。面板显示器可把大部分被监控的故障识别结果以报警的方式给出。对于各个具体的故障，系统有固定的报警号和文字显示给予提示。出现故障后，系统会根据故障情况、类型给予故障提示或者中断运行、停机等处理。指示灯可粗略地提示故障部分及类型等。程序运行中出现故障，程序显示能指出故障出现时程序中断部分；坐标值显示能提示故障出现时运动部件坐标位置；状态显示能提示功能执行结果。维修人员应利用故障信号及有关信息分析故障原因。

6.2.4 换件诊断法

当系统出现故障后，维修人员把怀疑部分缩小，逐步缩小故障范围，直到把故障定位于板级或部分线路，甚至元器件级。此时，可利用备用的印刷线路板、集成电路芯片或元器件替换有疑点的部分，或将系统中具有相同功能的两块印刷线路板、集成电路芯片或元器件进行交换，即可迅速找出故障所在。这是一种简便易行的方法。但换件时应该注意备件的型号、规格、各种标记、电位器调整位置、开关状态、线路更改是否与怀疑的部分相同，此外，还要考虑到可能要重调新替换的某些电位器，以保证新旧两部分性能相近。任何细微的差异都可能导致失败或造成损失。

6.2.5 测量比较法

在设计生产数控系统印刷线路板时，为了调整、维修的便利，在印刷线路板上设计了多个检测用端子。用户也可利用这些端子，比较测量正常的印刷线路板和有故障的印刷线路板之间的差异。可以检测这些测量端子的电压或波形，分析故障的起因及故障的所在位置。有时甚至还可对正常的印刷线路板人为地制造"故障"，如断开连接或短路，拔去组件等，以判断真实故障的起因。

6.2.6 参数检查法

众所周知，数控参数能直接影响数控机床的性能。参数通常是存放在磁泡存储器或存放在需由电池保持的 CMOS RAM 中，一旦电量不足或由于外界的某种干扰等因素，会使个别参数丢失或变化，发生混乱，使机床无法工作。此时，通过核对、修正参数，就能将故障排除。当机床长期闲置后，工作时会有时无缘无故地出现不正常现象，就应根据特征，检查和校对有关参数。

另外，经过长期运行的数控机床，由于其机械传动部件磨损、电气元件性能变化等原因，也需对其有关参数进行调整。有些机床的故障往往就是由于未及时修改某些不适应的参数所致。

6.2.7 敲击法

当数控系统出现的故障表现为时有时无时，往往可用敲击法检查发生故障的部位。这是由于数控系统是由多块印刷线路板组成，每块板上又有许多焊点，板间或模块间又通过插接件及电缆相连。因此，任何虚焊或接触不良，都可能引起故障。当用绝缘物轻轻地敲打有虚焊及接触不良的疑点时，故障肯定会重复出现。

6.2.8 原理分析法

根据数控系统的工作原理，维修人员可从逻辑上分析可疑器件各点的电平和波形，然后用万用表、逻辑笔、示波器或逻辑分析仪进行测量、分析和对比，从而找出故障。这种方法对维修人员的要求较高，维修人员必须对整个系统乃至每个电路的原理有清楚的了解，但这也是检查疑难故障的最终方法。

6.2.9　接口信号法

由于数控机床的各个控制部分大都采用 I/O 接口来互为控制，利用机床各接口部分的 I/O 接口信号来分析，则可以找出故障出现的部位。利用接口信号法进行故障诊断的全过程可归纳为：故障报警→故障现象分析→确定故障范围（大范围）→采用接口信号法→逻辑分析→确定故障点→排除故障。

此方法符合系统的设计与调试原则，使用简单，容易掌握，能起到迅速、准确排除故障的作用。

6.2.10　自诊断技术

所谓自诊断技术，是指依靠数控系统内部计算机的快速处理数据的能力，对出错系统进行多路、快速的信号采集和处理，然后由诊断程序进行逻辑分析判断，以确定系统是否存在故障，以及对故障进行定位。

现代数控系统虽然还未达到高度智能化，但已具备了较强的自诊断功能。自诊断大致可分为两类：一类为"启动诊断"，指从每次通电开始至进入正常的运行准备状态为止，系统的内部诊断程序自动执行诊断，它可以对 CPU、存储器、总线、I/O 单元等模块或印刷线路板，以及 CRT 单元、阅读机、软盘驱动器等外围设备进行运行前的功能测试，确认系统的主要硬件是否可以正常工作。启动诊断的好处在于，使系统故障在没有造成危害之前就被发现，以便及时排除。另一类为"在线诊断"，指将诊断程序作为主程序的一部分，在系统的运行过程中不断对系统本身、与数控装置连接的各种外设、伺服系统等进行监控。只要系统不停电，在线诊断一直进行。一旦发现异常，立即报警，甚至可以对故障进行分类，并决定是否停机。一般数控系统有几十种报警号，有的甚至多达五六百种报警号，用户可以根据报警内容提示来寻找故障的根源。

6.3　SIEMENS 810 系统的主要特点和结构组成

SIEMENS 810 系统是德国 SIEMENS 公司 20 世纪 80 年代中期推出的中档数控系统。其后的十几年中，SIEMENS 公司相继推出的 810 系列产品有 GA1、GA2、GA3 三种型号。表 6 – 1 为 810 系统三种型号的区别。由于系统功能强大，使用方便，硬件采用模块化结构，系统容易维修，并且体积小，整体体积仅与一台 14 in①电视机相当，因此 810 系统得到了广泛的

---

① 1 in = 2.54 cm。

应用。

表 6 – 1　SIEMENS 810 系统三种型号的区别

功能 系统	种类	控制轴数	联动轴数	PLC 扩展	NC 存储器容量
810GA1	T、M	3	2 ~ 3	小型 EU	32KB
810GA2	T、M、G	4	3	小型 EU	64KB
810GA3	T、M、G、N	5	3	大型 EU	128KB

SIEMENS 810/820 系统分为 M、T、G、N 型。M 型用于镗床、铣床和加工中心；T 型用于车床；G 型用于磨床；N 型用于冲床。该数控系统一般适用于小型机床。

SIEMENS 810 系统与 SIEMENS 820 系统的功能差别见表 6 – 2。

表 6 – 2　SIEMENS 810 系统与 SIEMENS 820 系统的功能差别

功能 系统	PLC	可译码 M 信号个数	CRT	输入分辨 率/μm	位置分辨 率/μm	最大位 移量/m	最大位移 速度/(m·min⁻¹)
810	基本控制 1 基本控制 2	24	9 in（黑色）	10	5	±99.9	44.6
820	基本控制 2	100	12 in（彩色）	0.1	0.05	±9.9	4.46

与 SIEMENS 810 系统配套的产品有 SIMATIC S5 系列的 PLC，SIMODRIVE 611A 交流驱动装置，1FT5、1FT6 伺服电动机和 1PH5、1PH6 主轴电动机等。

6.3.1　SIEMENS 810 系统的主要特点

1）主 CPU 采用 80816 通道式结构的 CNC 装置，有主、辅两个通道以同一方式工作，通道由 PLC 同步。

2）可控制 2 ~ 4 个坐标轴，基本插补有：任两坐标直线插补、圆弧插补，任三坐标螺旋线插补，三坐标直线插补，插补范围为 ±99 m。

3）可用屏幕对话、图形功能，5 个软键和软键菜单操作编程，并可用图形模拟来调试程序，可采用极坐标编程轮廓描述编程（蓝图编程）。

4）诊断功能完善，有内部安全监控，主轴监控和接口诊断等。在屏幕上可以显示数据和机床（PLC）的报警信息及 PLC 的内部状态。

5）PLC 最大 128 点输入/64 点输出，用户程序容量为 12 KB，小型扩展机箱 EU 可安装 SINUMERIK I/O 模块，也可选 SIMATIC U 系列模块和 WF725/WF726 定位模块。

6）在加工的同时可以输入程序以缩短停机时间。数据或程序输入可通过两个 RS232C（V24）接口或 20 mA 电流环（TTY）接口。

6.3.2 SIEMENS 810 系统的结构组成和连接

1. SIEMENS 810 系统的结构组成

SIEMENS 810 系统由 CPU 模块、位置控制模块、系统程序存储器模块、文字图形处理模块、接口模块、I/O 模块、CRT 显示器及操作面板组成，是结构紧凑、经济、易于实现机电一体化的产品。

（1）硬件结构

图 6-7 为 SIEMENS 810 系统背面外观图，正面可参阅图 4-1。图 6-8 为系统的硬件结构框图。

系统硬件主要由以下几部分组成。

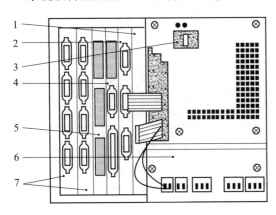

图 6-7 SIEMENS 810 系统背面外观图

1—显示器接口模块；2—具有算术协处理器的 CPU 模块；
3—电池；4—接口模块；5—存储器模块；
6—电源模块；7—测量模块（可选用）

① CPU 模块（6FX1 138）。该模块是数控系统的核心，主要包括 CNC 与 PLC 的 CPU、实际值寄存器、工件程序存储器、引导指令输入器（启动芯片）及两个串行通信接口。系统只有一片中央处理器（intel 80186），为 CNC 与 PLC 的 CPU 所共用。

② 位置控制模块（6FX1 121—4BA02 或 4BB02）。位置控制模块又称测量模块。该模块是数控系统对机床的进给轴与主轴实现位置反馈闭环控制的接口。它对每个控制轴的位置反馈进行拾取、监控、计数与缓冲，通过总线送到 CPU 模块的实际值寄存器，同时将数控系统对各轴的模拟量控制指令（-10 ~ +10 V）及使能信号送到相应轴的驱动装置。数控系统要求位置反馈元件是数字式的增量位移传感器，如光栅、光电脉冲编码器等，其中 4BB02 具有内装的脉冲整形插值器（EXE）。

③ 系统程序存储器模块（6FX1 128）。该模块的主要功能是插接系统程序存储器子模块（EPROM），同时还可带 32 K 静态 RAM 存储器，作为零件加工程序存储器的扩展，扩展容量相当于 80 m 穿孔带。

④ 接口模块（6FX1 121）。该模块通过 I/O 总线与输入/输出子模块（6FX1 124）及手轮控制子模块（6FX1 126），实现与系统操作面板和机床操作面板的接口。另外还可以连接两个快速测量头（用于工件和刀具的检测）及插接用户数据存储器（带电池的 16K RAM 存储器子模块）。

⑤ 文字图形处理器模块（6FX1 151）。该模块的主要功能是进行文字和图形的处理，输出高分辨率的隔行扫描信号给显示器的适配单元。

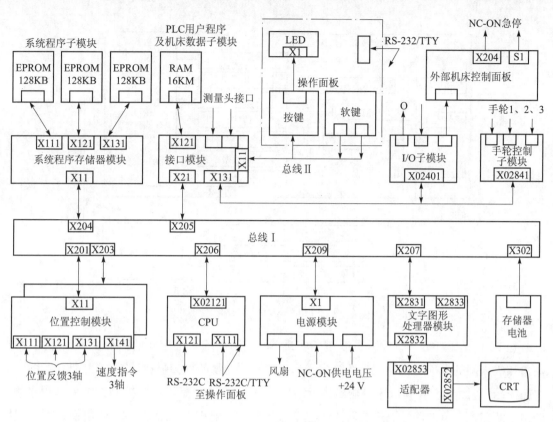

图 6 - 8　SIEMENS 810/820 数控系统硬件结构框图

⑥ 电源模块（6EV3055）。该模块包括电源启动逻辑控制、输入滤波、开关式稳压电源（24 V/5 V）及风扇监控等。

⑦ 监视器控制单元。它是监视器的一部分，通过接口连接到文字图形处理器模块，其上的电位器可调节监视器的亮度、对比度、聚焦等。

⑧ 监视器。一般采用9 in单色显示器，实现人机对话。

⑨ I/O 子模块（6FX1 124 - 6AA××）。它的主要功能是作为 PLC 的输入/输出开关量接口，可连接多点接口信号，如6FX1 124 - 6AA01 可连接 64 点的 24 V 输入信号，24 点直流 24 V、400 mA 的输出信号，这些信号短路时分别有 3 个 LED 指示短路报警；另外还有 8 点直流 24 V、100 mA 的输出信号，这 8 点输出信号没有短路保护。

（2）集成式可编程控制器（PLC）

SIEMENS 810 系统自带一个集成式可编程控制器（PLC），用于实现系统与机床的接口和电气逻辑控制。所谓集成式 PLC，就是数控装置没有单独的可编程控制器的 CPU，硬件上与 NC 不能分离，不属于某型号的可编程控制器与 NC 实现接口或者通信而构成系统的模式。编程语言采用 SIEMENS SIMATIC S5 系列可编程控制器的语言 STEP5。PLC 与 NC 间的信号交换如图 6 - 9 所示。

810 GA1 的 PLC 的用户程序可以编为两个程序块 PB1 和 PB2（或 FB1 和 FB2）。其中，

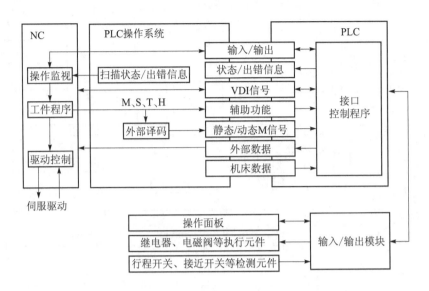

图 6 – 9 PLC 与 NC 之间的信号交换

PB1（FB1）是循环处理程序，可以用于实现 NC 控制系统和机床间的信号交换、辅助功能输出和机床间的电气逻辑控制，系统启动后，PLC 周而复始地扫描执行这个程序块，并在每次扫描结束时，向 NC 和机床侧输出执行结果；PB2（PB2）是以中断控制方式处理程序块，即由中断输入字节的信号引进跳转进入这个程序块，一般用于处理某种特定功能，如果对块长度有限制，可以不编制这个程序块。合理、巧妙地编制这两个程序块可以充分利用集成 PLC，从而使机床控制线路大为简化，同时提高可靠性。对于 810 GA1 型系统，两个程序块的语句总数不能超过 2 000 条。

对于 GA2 和 GA3，系统 PLC 的功能非常强，相当于 S5 115U 的编程结构，使用组织块 OB1 作为系统与用户程序的接口，CPU 循环扫描 OB1，在 OB1 中可以调用程序块、功能块等。组织块可使用 64 个，程序块、功能块、顺序块和数据块可编程 255 个，使编程更方便，控制功能更强大。PLC 的程序运行通常占用 15% 的 CPU 运行时间。

PLC 的开关量接口通过输入/输出模块（6FX1 124—6AA × ×）来实现，最多可有 128 点输入、64 点输出。

（3）软件组成

使用 810 系统的数控机床软件部分可分为启动软件、NC 和 PLC 系统软件、PLC 用户软件、机床数据、参数设置文件、工件程序等，详见表 6 – 3。表 6 – 3 中的 II、III 类程序，数据存储在 NC 系统的随机存储器中，是针对具体机床的。存储这些数据的存储器在机床断电时是受电池保护的，如果电池失效这些数据将丢失，所以用户需要将这些数据传出，做磁盘备份。

表 6 – 3 SIEMENS 810 的软件和数据

分类	名称	传 输识别符	简 要 说 明	所在存储器	编制者
I	启动程序	—	启动基本系统程序，引导控制系统建立工作状态	CPU 模 块 上 的EPROM	SIEMENS公司
	基本系统程序	—	NC 与 PLC 的基本系统程序，NC 的基本功能和选择功能、显示语种	存储器模块上的EPROM 子模块	
	加工循环	—	用于实现某些特定加工功能的子程序软件包		
	测量循环	—	用于配接快速测量头的测量子程序软件包，是选购件	占用一定容量的工件程序存储器	
II	NC 机床数据	% TEA1	数控系统与机床适配所需设置的各方面数据	16 KB RAM 数据存储器子模块	系统的使用设计者
	PLC 机床数据	% TEA2	系统 PLC 在使用中需要设置的数据		
	PLC 用户程序	% PCP	用 STEP5 语言编制的 PLC 循环、中断报警控制程序块，处理数控系统与机床的接口和电气控制		
	报警文本	% PCA	结合 PLC 用户程序设计的 PLC 报警（例如 N6000～N6031）和 PLC 操作提示（例如 N7000～N7031）的显示文本		
	系统设定数据	% SEA	进给轴的工作区域范围、主轴限速、串行接口的参数设定等		
III	加工主程序	% MPF	工件加工主程序% 0～% 9999	工件程序存储器	机床用户的编程人员
	加工子程序	% SPF	工件加工子程序 L1～L999		
	刀补参数	% TOA	刀具补偿参数（含刀具几何值和刀具磨损值）		
	零点偏置	% ZOA	可设定零偏 G54～G57；可编程零偏 G58、G59 及外部零偏（由 PLC 传送）		
	R 参数	% RPA	子通道 R 参数（R00～R499）和通道共用的中央 R 参数（R900～R999）	16 KB RAM 数据存储器子模块	

2. SIEMENS 810 系统的连接

（1）SIEMENS 810 系统的连接要求

图 6 – 10 为常用的、采用脉冲编码器作为反馈元件的 810 系统的连接总图。系统对于外部连接的要求如下。

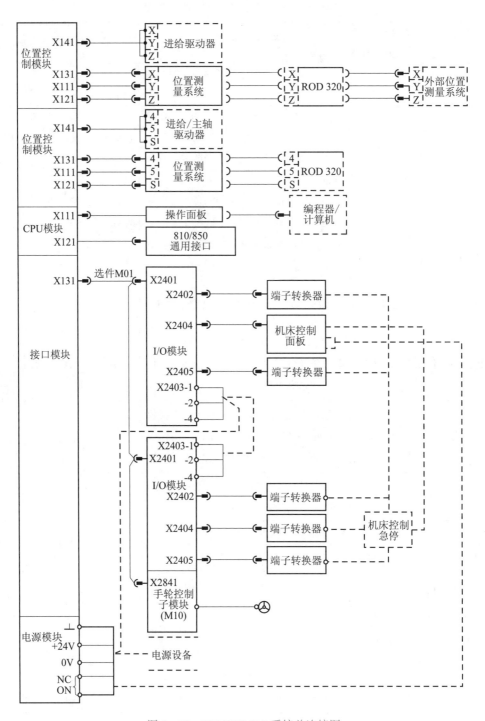

图 6-10 SIEMENS 810 系统总连接图

① 输入电源的连接。

由于使用显示器的区别，810 与 820 系统对输入电源的要求有明显的不同。

● 810 系统 CNC（不包括伺服驱动）对外部输入电源的要求为：

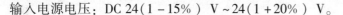

输入电源电压：DC 24(1 − 15%) V ~ 24(1 + 20%) V。

输入电源容量：120 VA。

● 820 系统 CNC（不包括伺服驱动）对外部输入电源的要求为：

输入电源电压：AC 220(1 − 15%) V ~ 220(1 + 5%) V。

输入电源频率：(50 ± 2) Hz。

输入电源容量：500 VA。

② 机床侧开关输入信号的连接。

810 系统 I/O 模块对机床侧开关输入信号的要求为：信号触点容量应大于 DC 30 V/6 mA，若触点断开，输入电压小于 +5 V；若触点闭合，输入电压大于 13 V，小于 30 V，信号持续时间大于 40 ms。

③ CNC 输出信号的连接。

810 输出信号对机床侧负载的要求为：

输出为"1"（触点闭合）：输出端负载电压 DC 24 V，最大负载电流小于 400 mA。

输出为"0"（触点断开）：输出端最大负载电压小于 DC 30 V。

（2）SIEMENS 810 系统与外部的连接

810 系统 CNC 与外部的连接主要包括电源连接、CNC 与驱动器的连接、CNC 与位置反馈编码器的连接、CNC 与机床侧 I/O 信号的连接等。

CNC 与驱动器的连接、CNC 与位置反馈编码器的连接通过 CNC 的位置控制模块进行，信号连接地址在 CNC 侧是固定不变的，但在驱动器与电动机（编码器）侧可能会因为驱动器与电动机的不同而有所区别。

① CNC 与驱动系统的连接。

CNC 与驱动器的连接主要有各坐标轴的速度给定信号、使能信号等，信号的连接要求见表 6 − 4。

表 6 − 4　速度给定信号和使能信号的连接

X141 脚号	线号	信号代号	信 号 含 义	备 注
1	9	+24 V	第 1 轴"速度控制使能"电源	来自第 1 轴驱动器
14	65	SCE1	第 1 轴"速度控制使能"输出	到第 1 轴驱动器
4	56	CVS1	第 1 轴"速度给定"输出	到第 1 轴驱动器
17	14	CVG1	第 1 轴"速度给定"输出（0 V）	到第 1 轴驱动器
21	9	+24 V	第 2 轴"速度控制使能"电源	来自第 2 轴驱动器
8	65	SCE2	第 2 轴"速度控制使能"输出	到第 2 轴驱动器
18	56	CVS2	第 2 轴"速度给定"输出	到第 2 轴驱动器
5	14	CVG2	第 2 轴"速度给定"输出（0 V）	到第 2 轴驱动器

续表

X141 脚号	线号	信号代号	信号含义	备 注
9	9	+24 V	第3轴"速度控制使能"电源	来自第3轴驱动器
22	65	SCE3	第3轴"速度控制使能"输出	到第3轴驱动器
12	56	CVS3	第3轴"速度给定"输出	到第3轴驱动器
25	14	CVG3	第3轴"速度给定"输出（0 V）	到第3轴驱动器

当系统安装有两个位置控制模块时，第2位置控制模块的连接与第1位置控制模块相同，但对应的控制轴为第4、5、6轴或者第4轴、主轴、第5轴。

② CNC与位置编码器的连接。

在810系统CNC中，通常采用伺服电动机内装的编码器作为位置检测元件，编码器信号也是直接与810系统的位置控制模块进行连接的，它不通过驱动系统。

编码器与模块的连接关系见表6-5。

表6-5 位置反馈信号的连接

脚号	信号代号	信号含义	备 注
1	Ua1	位置编码器 A 相输入	连接电动机编码器的 5 脚
9	*Ua1	位置编码器 A 相输入	连接电动机编码器的 6 脚
10	Ua2	位置编码器 B 相输入	连接电动机编码器的 8 脚
3	*Ua2	位置编码器 B 相输入	连接电动机编码器的 1 脚
4	Ua0	位置编码器 R 相输入	连接电动机编码器的 3 脚
12	*Ua0	位置编码器 R 相输入	连接电动机编码器的 4 脚
5	+5 V	位置编码器 +5 V 电源	连接电动机编码器的 2 脚
14	+5 V	位置编码器 +5 V 电源	连接电动机编码器的 12 脚
2	0 V	位置编码器 0 V 电源	连接电动机编码器的 11 脚
11	0 V	位置编码器 0 V 电源	连接电动机编码器的 10 脚

6.4 SIEMENS 810 系统设定端子的检查

6.4.1 CPU 模块的设定端子

810系统CPU模块（6FX1 138—5BB03）上安装有设定端子S1、S2、S3，这些设定通常是固定不变的，维修时一般不做改变，但在更换CPU模块时应对此做检查。设定端子S1、

S2、S3 的标准设定状态为：

S1：OFF（开路）；S2：OFF（开路）；S3：ON（短路）。

6.4.2 显示控制模块的设定端子

810 系统的显示控制模块（6FX1 126—1AA04）上安装有地址设定端子 S1、显示字符设定端子 S2 以及 S3，这些设定通常是固定不变的，维修时一般不做改变，但在更换显示控制模块时应对此做检查。

设定端子 S1 的标准设定状态为：

S1 – 1/16：OFF（开路）：S1 – 2/15：OFF（开路）；S1 – 3/14：ON（短路）；S1 – 4/13：OFF（开路）；S1 – 5/12：ON（短路）；S1 – 6/11：OFF（开路）；S1 – 7/10：OFF（开路）；S1 – 8/9：OFF（开路）。

设定端子 S2 的标准设定状态为：

S2 – 1/8：OFF（开路）；S2 – 2/7：OFF（开路）；S2 – 3/6：OFF（开路）；S2 – 4/5：ON（短路）。

设定端子 S3 的标准设定状态为：

S3 – 1/3：ON（短路）；S3 – 1/2：OFF（开路）。

6.4.3 接口/RAM 模块的设定端子

810 系统的接口/RAM 模块（6FX1 121—2BA03）上安装有外部传感器信号电平与信号形式设定端子 S1、S2、S3，这些设定通常是固定不变的，维修时一般不做改变，但在更换接口/RAM 模块时应对此做检查，其标准设定状态为：

S1.1：OFF（开路）；S2.1：OFF（开路）；S3.1：ON（短路）；S1.2：OFF（开路）；S2.2：OFF（开路）；S3.3：ON（短路）；S1：OFF（开路）。

6.4.4 存储器模块的设定端子

810 系统的存储器模块（6FX1 128—1BA00）上安装有地址设定端子 S1，设定通常是固定不变的，维修时一般不做改变，但在更换存储器模块时应对此做检查，其标准设定状态为：

S1.2：ON（短路）；S1.3：OFF（开路）。

6.4.5 位置控制模块的设定端子

810 系统的位置控制模块（6FX1 121— 4BA02）上安装有 3 轴的位置检测编码器的 +5 V电源供给方式选择等设定端子 S1 ~ S6，设定通常是固定不变的，维修时一般不做改变，但在更换位置控制模块时应对此做检查，其标准设定状态为：

S1 – 1/3：ON（短路）；S1 – 2/3：OFF（开路）；S2 – 1/3：ON（短路）；S2 – 2/3：

OFF（开路）；S3 – 1/3：ON（短路）；S3 – 2/3：OFF（开路）；S4：OFF（开路）；S5：OFF（开路）；S6 – 1/3：OFF（开路）；S6 – 2/3：ON（短路）。

6.4.6　I/O 模块的设定端子

810 系统的 I/O 模块（6FC3 984—3R＊）上安装有两个用于地址设定的多位设定开关 S1、S2，用于设定对应模块的 I/O 地址。在安装、调试、更换模块时，需要根据模块的实际连接要求改变地址设定端的状态，维修时应对此做检查。

S1：用于 I/O 模块输入地址的设定，多位设定开关 S1 的位置与 I/O 模块连接端地址的对应关系如下。

设定 0：模块输入连接器 X2404 对应的输入地址为 I0.0 ~ I3.7；模块输入连接器 X2405 对应的输入地址为 I4.0 ~ I7.7；

设定 1：模块输入连接器 X2404 对应的输入地址为 I8.0 ~ I11.7；模块输入连接器 X2405 对应的输入地址为 I12.0 ~ I15.7；

设定 2：模块输入连接器 X2404 对应的输入地址为 I16.0 ~ I19.7；模块输入连接器 X2405 对应的输入地址为 I20.0 ~ I23.7；

设定 3：模块输入连接器 X2404 对应的输入地址为 I24.0 ~ I27.7；模块输入连接器 X2405 对应的输入地址为 I28.0 ~ I31.7。

S2：用于 I/O 模块输出地址的设定，多位设定开关 S2 的位置与 I/O 模块连接端地址的对应关系如下。

设定 0：模块输出连接器 X2402 对应的输出地址为 Q0.0 ~ Q3.7；

设定 1：模块输出连接器 X2402 对应的输出地址为 Q4.0 ~ Q7.7；

设定 2：模块输出连接器 X2402 对应的输出地址为 Q8.0 ~ Q11.7；

设定 3：模块输出连接器 X2402 对应的输出地址为 Q12.0 ~ Q15.7。

6.4.7　手轮模块的设定端子

810 系统的手轮模块（6FC3 984—3RJ）上安装有两个用于地址设定的多位设定开关 S1、S2，用于设定对应模块的 I/O 地址。在安装、调试、更换模块时，需要根据模块的实际连接要求改变地址设定端的状态，维修时应对此做检查。

手轮模块（6FC3 984—3RJ）S1、S2 的设定位置均固定为 "0"。

6.5　SIEMENS 810 系统机床参数的设定和调整

设定正确的机床参数（或称机床数据）是保证机床正常工作的前提条件，也是机床维修的重要依据与参考，维修时必须保证机床参数的正确设定。

一般来说，系统与机床生产厂家在提供系统与机床时，均应提供最终的机床参数设定表。在进行维修工作时，维修人员应随时参考系统"机床参数"的设置情况，对机床进行必要的调整与维修。特别是在更换数控系统模块前，一定要事先记录机床的原始设置参数，以便机床功能的恢复。但是，由于种种原因，机床使用单位在维修时无法提供机床参数设定表的情况也经常发生，因此，维修人员必须对全部机床参数有完整、正确、清晰的了解，才能进行迅速、正确的维修。

机床参数的设定依据主要有两方面，一是系统生产厂家根据机床生产厂家所需要的CNC功能，对系统的基本功能进行的设定；二是机床生产厂按各机床的实际工作情况，对标准数控系统进行的设定与调整。

与系统功能有关的机床参数直接决定了系统的配置和功能，设定错误可能会导致系统功能的丧失；与机床调整有关的机床参数设定错误，可能会影响机床的主要参数与动静态性能、定位精度等。因此，保证机床参数的正确设定对机床的正常工作至关重要。

6.5.1　参数的组成

SIEMENS系统的机床参数大致可以分为CNC参数（NC-MD）、PLC参数（PLC-MD）、设定参数（SD）等部分，从广义上说，还包括PLC用户程序、PLC报警文本等。

CNC参数一般为系统功能的设定、伺服系统的调整、机床的主要性能指标的设定、主轴主要性能指标设定等，它是数控机床最重要的参数。

PLC参数一般为PLC模块的规格、定时器时间、计数器计算值、机床PLC程序用的设定参数等，它通常由机床生产厂家根据机床的实际控制要求进行设定。PLC用户参数也可以是机床生产厂家根据机床的功能要求而设置的参数，用于机床某些辅助部件动作的生效或取消，以提高PLC程序的通用化程度。

810系统设定参数包括零点偏置、R参数、主轴设定参数、轴设定参数等。与其他系统有所不同，在810系统中，部分设定参数（如主轴设定参数、轴设定参数）可能会影响到机床的正常运行，因此，在维修时除对CNC参数、PLC参数等进行检查外，还必须同时对设定参数进行检查。

PLC用户程序是根据机床控制要求编写的机床（PLC）控制软件，它直接决定了机床的动作与信号的逻辑关系。PLC报警文本是可以在CRT上显示的PLC报警信息ALM6000~6063与操作者信息7000 ~ 76063的文本内容。在不改变机床动作与功能时，维修中一般不需要对它们进行修改。但是，维修人员应当熟悉机床的PLC用户程序，以便通过接口信号来检查机床电气控制部分的故障。

1. CNC参数（NC-MD）

NC参数是使CNC与具体机床相匹配设置的有关参数，在810中包括如下部分。

（1）CNC通用参数（十进制字）

CNC通用参数包括NC-MD1~156，是对CNC基本状态的设定参数，一般可以直接使用系统生产厂的出厂数据，机床厂、用户通常不需要进行修改与调整。

（2）通道专用数据（十进制字）

通道专用数据包括 NC - MD108 * ~ 118 * （ * 代表通道号，可以是 0、1），用于对 CNC 开机默认 G 代码的设定。CNC 初次调试时需要设定，维修时可以根据实际加工要求进行修改与调整。

（3）"进给轴"参数（十进制字）

"进给轴"参数包括 NC - MD200 * ~ 396 * （ * 代表轴号，可以是 0、1、2、3、4，分别表示 5 个进给轴，下同），是坐标轴的漂移补偿、传动系统的间隙补偿、位置控制系统增益、坐标轴的速度和加速度、定位允差、轮廓监控等与坐标轴控制有关的设定数据，维修中这些数据有可能进行调整。

（4）主轴参数（十进制字）

主轴参数包括 NC - MD4000 ~ 4590，是对主轴在不同传动级（变速挡）下的特性加以调整的参数，在维修中都有可能进行调整。

（5）CNC 通用位参数（二进制位）

通用位参数包括 NC - MD5000 ~ 5050，是设置 CNC 基本功能的参数，维修时可以根据需要做某些改变。

（6）传送参数（二进制位）

传送参数包括 NC - MD5060 ~ 5066，当系统选择了"传送"功能选件时，用于指定需要传送的"轴名"。

（7）主轴专用"位参数"（二进制位）

主轴专用"位参数"包括 NC - MD5200 ~ 5210，是对主轴功能进行自动控制的参数，维修时可以根据需要做某些改变。

（8）通道专用"位参数"（十进制位）

通道专用"位参数"包括 NC - MD540 * ~ 558 * （ * 代表通道号，可以是 1、2），是对系统功能的选择参数，在机床交付使用后，一般不再做调整。

（9）进给轴专用"位参数"（二进制位）

进给轴专用"位参数"包括 NC - MD560 * ~ 576 *，是对进给坐标轴功能进行选择的参数，维修时可以根据需要做某些改变。

（10）螺距误差补偿参数（二进制位）

螺距误差补偿参数包括 NC - MD6000 ~ 6249，这些参数用来进行螺距补偿，通常需要用激光干涉仪测出丝杠螺距误差曲线后才能进行调整，在机床精度恢复时，应做调整。

由于 NC 机床数据涉及内容广，数量大，因此在修改与优化时，必须弄清数据的确切含义、取值范围和设定方法，才能进行相应的修改。

2. PLC 参数

810 系统的 PLC 参数（PLC - MD）包括系统参数与用户参数两大部分。PLC 系统参数又可以分为 PLC 系统参数、PLC 系统位参数两部分，用户参数可以分为 PLC 用户参数与

PLC 用户位参数两部分，具体如下。

（1）PLC 系统参数（System Data，十进制字）

PLC 系统参数 PLC－MD0～8 用于指定中断输入信号地址、PLC 程序的循环执行时间、定时器范围等。在通常情况下，PLC 系统参数不需要进行改变，可以直接使用 SIEMENS 标准数据。

（2）PLC 系统位参数（System Bits，二进制位）

PLC 系统位参数 PLC－MD2000～2005 用于指定部分与 PLC 有关的系统功能，如 M、S、T、H 代码的输出形式，操作面板的信号传送，I/O 信号的连接，倍率开关的使用，PLC 的启动和处理特性等。

在通常情况下，PLC 系统参数 PLC－MD2000～2005 应由机床生产厂家根据需要进行设定与调整。维修时应注意，在更换 CPU、存储器模块后必须对此进行正确的设定。

（3）PLC 用户参数（User Data，十进制字）

SIEMENS 810 系统的用户参数包括 PLC－MD1000 ～1007（双字节），它一般是机床生产厂家根据 PLC 程序要求设定的可变定时器的时间值、计数器计数值等。

（4）PLC 用户位参数（User Bits，十进制位）

PLC 用户位参数 PLC－MD2000～2003（单字节）一般是机床生产厂家根据机床的功能要求而设置的，用于机床某辅助部件动作的生效或取消的设定数据。

PLC 用户参数与 PLC 用户位参数可以在 CNC 重新启动时，由 CNC 的操作系统自动将其状态写入 PLC 的内部标志寄存器 F116.0～F135.7 中，并且具有断电记忆与可以随时通过操作面板进行重新设定与修改的功能。维修时应注意，在更换 CPU、存储器模块后，必须对此进行正确的设定。

3. 设定参数

810 系统的设定参数（CNC－SD）包括编程设定参数与基本设定参数两大部分，具体如下。

（1）编程设定参数

810 系统编程设定参数包括零点偏置参数（Zero Offset）、外部零点偏置参数（Ext. Zero Offset）、可编程零点偏置参数（Progr. Zero Offset）、附加零点偏置参数（Adda. Zero Offset）、R 参数（R Parameters）等。

以上参数与其他系统一样，通常只会影响到程序的轨迹与加工尺寸，但不会对系统的功能与动作产生太大的影响，因此，通常属于编程人员检查的范畴。

（2）基本设定参数

810 系统基本设定参数包括主轴设定参数（Spindle Setting）、通用轴设定参数（Common Axial Setting）、设定位参数（Setting Bits）、坐标轴旋转角度参数（Rotate Angle）、坐标轴比例参数（Scale Modif）等。

以上参数与其他系统不同，它们不仅影响到程序的轨迹与加工尺寸，而且会对系统的功能与动作产生影响，因此，在维修时应像 CNC 参数、PLC 参数一样引起重视，当机床发生故障时，必须同时对设定参数进行检查。

4. PLC 用户程序与报警文本

PLC 用户程序是根据机床控制要求编写的机床（PLC）控制软件，它直接决定了机床的动作与信号的逻辑关系，一般不需要对其进行修改。

PLC 报警文本是可以在 CRT 上显示的 PLC 报警信息 ALM6000 ~ ALM6063 与操作信息 7000 ~ 76063 的文本内容。PLC 报警文本的显示，可以通过 PLC 程序对内部标志寄存器 F100.0 ~ F115.7 的赋值进行，每页显示的报警条数与文本的长度决定于系统，在机床功能没有改变时，维修时原则上不应对其进行修改。

6.5.2 参数的显示

在 810 系统中，所有的机床参数均可以通过 CRT 的显示进行检查。当发现参数错误时，也可以通过 MDI/CRT 模块进行修改。810 系统机床参数的检查与修改的基本操作步骤方法如下。

1. CNC 参数的显示

显示 810 系统 CNC 参数的操作步骤如下。

① 按下 CNC 操作面板上的功能键 DIAGNOS，CRT 进入诊断显示页面。

② 通过 CNC 操作面板上的软功能键扩展键 >，CRT 进入参数选择显示页面。

③ 按下 CNC 操作面板上的功能键 NC – MD，CRT 进入 CNC 参数显示页面。

按软功能键 GENERAL DATA，CRT 显示 CNC 通用参数、通道参数；

按软功能键 AXIAL MD1，CRT 显示进给轴参数；

按软功能键 AXIAL MD2，CRT 显示螺距误差补偿参数；

按软功能键 SPINDLE DATA，CRT 显示主轴参数；

按软功能键 MACHINE BITS，CRT 显示机床位参数。

④ 通过系统操作面板上的选页键或光标移动键可以"逐页"或"逐行"显示参数。

进入相应的参数显示页面后，为了快速搜索到所需要的参数，也可以在显示对应参数页面时，通过输入参数号，直接用检索键进行检索。

2. PLC 参数的显示

显示 810 系统 PLC 参数的操作步骤为：

① 按下 CNC 操作面板上的功能键 DIAGNOS，CRT 进入诊断显示页面。

② 通过 CNC 操作面板上的软功能键扩展键 >，CRT 进入参数选择显示页面。

③ 按下 CNC 操作面板上的功能键 PLC – MD，系统进入 PLC 参数显示页面。

按软功能键 SYSTEM DATA，CRT 显示 PLC 系统参数；

按软功能键 SYSTEM BITS，CRT 显示 PLC 系统位参数；

按软功能键 USER DATA，CRT 显示 PLC 用户参数；

按软功能键 USER BITS，CRT 显示 PLC 用户位参数。

④ 通过系统操作面板上的选页键或光标移动键可以"逐页"或"逐行"显示参数。

进入相应的参数显示页面后，为了快速搜索到所需要的参数，也可以在显示对应参数页面时，通过输入参数号，直接用检索键进行检索。

3. 设定参数的显示

显示 810 系统设定参数（CNC – SD）的操作步骤为：

① 按下 CNC 操作面板上的功能键 SETTING DATA，CRT 进入设定参数显示页面。

② 通过 CNC 操作面板上的软功能键（部分软功能键需要通过软功能键扩展键 > 才能显示），CRT 可以显示如下设定参数页面：

按软功能键 ZERO OFFSET，CRT 显示零点偏置参数；

按软功能键 PROG ZO，CRT 显示可编程零点偏置参数；

按软功能键 EXT ZO，CRT 显示外部零点偏置参数；

按软功能键 R PARAMETER，CRT 显示 R 参数；

按软功能键 AXIAL，CRT 显示通用轴设定参数。

③ 通过软功能键扩展键 > 还可以继续显示如下参数。

按软功能键 SPINDLE，CRT 显示主轴设定参数；

按软功能键 SETTING BITS，CRT 显示设定位参数；

按软功能键 ROTAT ANGLE，CRT 显示坐标轴旋转角度参数；

按软功能键 SCALE MODIF，CRT 显示坐标轴比例参数。

进入相应的参数显示页面后，通过系统操作面板上的选页键或光标移动键可以"逐页"或"逐行"显示参数。

6. 5. 3　参数的修改

810 系统的设定参数（CNC – SD）通常只需要在选择参数后直接进行修改，无须其他步骤，但是如果 810 系统的 CNC 参数设置了对设定参数（SD）的保护，则它们也需要像修改 810 系统 CNC 参数或 PLC 参数那样通过如下步骤进行修改。修改 810 系统参数 CNC 参数或 PLC 参数的操作步骤为：

① 按下 CNC 操作面板上的调试键（带有"眼睛"标记符号的按键），CRT 进入调试显示页面。

② 输入 CNC 参数保护密码（系统默认值为"1111"），选择调试方式。

③ 按下系统操作面板上的功能键 DIAGNOS，CRT 进入诊断显示页面。

④ 通过与参数显示同样的操作，显示需要修改的参数。

⑤ 通过光标移动键，使光标定位到需要修改的参数上。

⑥ 通过操作面板上的数字键与输入键，输入需要修改或重新输入的参数值。

⑦ 确认输入参数是否正确，必要时可以再次输入，进行修改。

⑧ 通过以下任意一种方法，使参数生效。

● 关机，并再次开机；

● 按下系统操作面板上的调试键，选择初始化软功能键 INITIAL CLEAR，然后再选择调试结束软功能键 SET UP END PW。

⑨ 如果参数 NC – MD5、NC – MD8、NC – MD5012.6 被修改，则还需要对用户程序存储器进行格式化处理。

6.5.4 参数的设定和调整

在 810 系统中，机床参数涉及内容广，数量大，因此在修改与优化时，必须弄清数据的确切含义、取值范围和设定方法，才能进行相应的修改。

要了解各参数的确切含义、取值范围的设定方法，应参见 810 系统的"安装说明书"。为了维修方便，现将常用的主要参数简要说明如下。

1. PLC 参数的设定与调整

如前所述，810 系统的 PLC 参数（PLC – MD）包括 PLC 系统参数、PLC 系统位参数、PLC 用户参数。主要 PLC 参数含义见表 6 – 6。

表 6 – 6　PLC – MD 参数总览表

类别	参数号	含　义	备　注
PLC 系统参数	PLC – MD0	执行中断处理程序的输入字节号	十进制字
	PLC – MD1	PLC 程序允许的最大编译时间	十进制字
	PLC – MD2	PLC 调用 OB1 的时间设定	十进制字
	PLC – MD3	PLC 程序管理块 OB2 允许的最大编译时间	十进制字
	PLC – MD5	PLC 程序允许的最大处理时间	十进制字
	PLC – MD6	PLC 程序使用的最大定时器号	十进制字
	PLC – MD8	用于 PLC 数据块 DB37 的接口号	十进制字
PLC 系统位参数	PLC – MD2000	bit0：PLC 用户参数 PLC – MD1000 的数据形式 bit1：PLC 用户参数 PLC – MD1001 的数据形式 bit2：PLC 用户参数 PLC – MD1002 的数据形式 bit3：PLC 用户参数 PLC – MD1003 的数据形式 bit4：PLC 用户参数 PLC – MD1004 的数据形式 bit5：PLC 用户参数 PLC – MD1005 的数据形式 bit6：PLC 用户参数 PLC – MD1006 的数据形式 bit7：PLC 用户参数 PLC – MD1007 的数据形式	位参数 设定"0"：二进制；设定"1"：BCD 码
	PLC – MD2001	bit4：CNC 的 M 代码指令输出形式 bit5：CNC 的 S 代码指令输出形式 bit6：CNC 的 T 代码指令输出形式	位参数

续表

类别	参数号	含　义	备　注
PLC 系统 位参数	PLC – MD2001	bit7：CNC 的 H 代码指令输出形式 设定"0"：二进制 设定"1"：BCD 码	位参数
	PLC – MD2002	bit0：PLC 中断处理程序的执行设定 "1"：不执行 bit1：第 2 轴选择开关设定 "1"：第 2 轴选择开关有效 bit3：外部机床操作面板信号的处理形式设定 "0"：由用户 PLC 程序进行处理 "1"：由 PLC 操作系统进行处理 bit4：PLC I/O 扩展模块的指定 "0"：CPU 模块无 I/O 扩展模块 "1"：CPU 模块带有 I/O 扩展模块 bit5：第 3~7 轴的倍率开关设定 "0"：倍率开关对第 3~7 轴无效 "1"：倍率开关对第 3~7 轴有效 bit7：扩展 M 代码功能输出设定 "0"：扩展 M 代码仅输出到标志字节 FY54~FY64 "1"：扩展 M 代码同时输出到标志字节 FY92~FY99	位参数
	PLC – MD2003	bit0：PLC 用户程序 OB2 超过 PLC – MD3 设定的最大编译时间时的处理方式 "0"：仅出现 PLC 报警 ALM6160 "1"：出现 PLC 报警 ALM6160 同时停止 PLC 运行 bit1：PLC 用户程序超过 PLC – MD1 设定的最大编译时间时的处理方式 "0"：仅出现 PLC 报警 ALM6159 "1"：出现 PLC 报警 ALM6159 同时停止 PLC 运行	位参数

类别	参数号	含　义	备　注
PLC 系统位参数	PLC – MD2003	bit2：CPU 模块所带的 I/O 扩展模块故障时的处理方式 "0"：仅出现 PLC 报警 ALM6138 "1"：出现 PLC 报警 ALM6138 同时停止 PLC 运行	位参数
		bit3：PLC 的重新启动形式设定 "0"：系统"总清"后执行重新启动 "1"：系统"总清"后不执行重新启动	
		bit4：PLC 的特殊指令（LIR、TIR、TNB、TNW 等）设定 "0"：PLC 的特殊指令禁止使用 "1"：PLC 的特殊指令可以使用	
		bit5：执行用户 PLC 程序设定 "0"：执行用户 PLC 程序 "1"：不执行用户 PLC 程序，系统仅可以用于"演示"	
		bit6：用户 PLC 程序的执行方式设定 "0"：连续执行用户 PLC 程序 "1"：分段执行用户 PLC 程序	
		bit7：诊断数据块 DB1 的诊断功能设定 "0"：禁止 DB1 的诊断功能 "1"：执行 DB1 的诊断功能	
PLC 用户位参数	PLC – MD1000	对应 PLC 标志位 FW120 的状态	双字节参数
	PLC – MD1001	对应 PLC 标志位 FW122 的状态	双字节参数
	PLC – MD1002	对应 PLC 标志位 FW124 的状态	双字节参数
	PLC – MD1003	对应 PLC 标志位 FW126 的状态	双字节参数
	PLC – MD1004	对应 PLC 标志位 FW128 的状态	双字节参数
	PLC – MD1005	对应 PLC 标志位 FW130 的状态	双字节参数
	PLC – MD1006	对应 PLC 标志位 FW132 的状态	双字节参数
	PLC – MD1007	对应 PLC 标志位 FW134 的状态	双字节参数

续表

类别	参数号	含　义	备　注
PLC 用户 位参数	PLC – MD3000	对应 PLC 标志位 FY116 的状态	单字节参数
	PLC – MD3001	对应 PLC 标志位 FY117 的状态	单字节参数
	PLC – MD3002	对应 PLC 标志位 FY118 的状态	单字节参数
	PLC – MD3003	对应 PLC 标志位 FY119 的状态	单字节参数

2. CNC 位参数的设定与调整

所谓位参数是指以八位二进制表示的机床参数，其中每一位均有具体含义，通常它们是直接决定系统的基本配置、基本功能等方面内容的重要参数。相对而言，十进制参数的变化通常仅仅是在参数（如速度、位置）数值上的增减，它们一般不会引起系统功能、机床动作的本质变化。但 810 系统的基本位参数却可以改变功能与信号的状态，它会导致系统功能、机床动作的本质变化。因此，在机床维修与调整时，尤其要引起重视。

在机床位参数（Machine Bits）中，NC 功能位参数是直接决定系统选择功能的最重要参数，一旦设定错误，可能会直接导致系统选择功能的丧失。

此外，在维修时需要经常检查与重点调整的参数还有通用位参数、主轴专用位参数、通道专用位参数、进给轴专用位参数等。它们与 CNC 功能参数一样，都是直接决定系统功能的基本参数。

（1）NC 功能位参数

NC 功能位参数是直接决定系统选择功能的重要参数，与 FANUC 系统不同，810 系统的功能位参数无特别的设定区域，它穿插在其他的位参数之中。通常来说，系统的功能位参数属于系统生产厂家的保密范围，它与系统的价值直接相关，一般不提供给机床生产厂家与用户。功能位参数的设定与调整，原则上只能按照系统出厂时随机附带的设定表进行，不允许维修人员进行任意修改。但如果维修人员能够正确理解、掌握功能位参数的内在含义，就可能使系统的功能得到加强与提升，从而提高数控机床的性能与价值。

表 6 - 7 是 810 系统部分常用功能位参数的含义，可以供维修人员参考。需要注意的是：系统中少数特殊功能，除应设定正确的功能参数外，还需要硬件的支持。在这种情况下，即使设定了完全正确的功能位参数，系统功能仍然无法得到加强与提升，必须配套相应的硬件。

表 6 - 7　810 系统部分功能参数表

参数号	含　义	备　注
NC – MD5643.7	第 4 轴控制生效	保密参数
NC – MD5644.7	第 5 轴控制生效	保密参数

续表

参数号	含　义	备　注
NC - MD5013.3	C 轴控制生效	保密参数
NC - MD5015.0	三轴联动生效	保密参数
NC - MD5013.6	极坐标编程生效	保密参数
NC - MD5014.6	蓝图编程生效	保密参数
NC - MD5200.4	主轴定位生效	保密参数
NC - MD5210.7 NC - MD5400.2	主轴模拟量输出生效	保密参数
NC - MD5016.1	螺距误差补偿功能生效	保密参数
NC - MD5012.7	报警文本显示	保密参数

另外请注意，在本书中对于"位参数"作如下统一规定：除非特别说明，表中的"含义"均指参数的相应位被设定为"1"时的状态。

（2）CNC 通用位参数

810 系统常用的通用位参数见表 6-8。当系统基本功能出现错误时，应对表中的位参数进行重点检查。

表 6-8　CNC 通用位参数

参数号	含　义
NC - MD5000.3 ~ 5000.0	在极坐标编程、蓝图编程等中，用于指定"半径"的地址
NC - MD5001.3 ~ 5001.0	在极坐标编程、蓝图编程等中，用于指定"角度"的地址
NC - MD5002.3 ~ 5002.0	位置测量系统分辨率设定
NC - MD5002.7 ~ 5002.5	CNC 输入分辨率设定
NC - MD5003.2	辅助机能代码在坐标轴运动前输出
NC - MD5003.3	关机时偏置值（PRESET、OFFSET 值）不撤销
NC - MD5003.4	G90/G91 对极坐标编程同样有效
NC - MD5003.5	G90/G91 对 I、J、K 编程同样有效
NC - MD5003.6	"软件限位"对手动（JOG）同样有效
NC - MD5003.7	撤销"软件限位"前的"减速"功能
NC - MD5004.2 ~ 5004.0	手轮 3、2、1 的生效设定

续表

参数号	含 义
NC – MD5004.3	自动加工前可以不进行"回参考点"操作
NC – MD5004.4	快速倍率开关生效
NC – MD5005.7 ~ 5005.0	程序保护开关的保护范围设定
NC – MD5006.5 ~ 5006.0	程序保护开关的保护范围设定
NC – MD5006.7	译码信号传送到 PLC 的输入信号 IB104 与 IB110
NC – MD5007.0	刀具补偿对于未编程的坐标轴也生效
NC – MD5007.1	G53 可以撤销全部偏置值
NC – MD5007.2	M17 代码不输出到 PLC
NC – MD5007.3	刀具补偿表中的参数 P8、P9 生效
NC – MD5007.4	允许加工时进行"模拟"运动
NC – MD5007.5	同一程序段中,允许 G90/G91 混合编程
NC – MD5007.6	刀具补偿表中的参数 P5 ~ P7 无效
NC – MD5007.7	刀具补偿表中参数 P4 定义为"直径"
NC – MD5008.0	集成操作面板(选择件 J81)生效
NC – MD5008.1	外部机床操作面板(选择件 J85)生效
NC – MD5008.2	手轮生效
NC – MD5008.3	轴选择开关使用"格雷码"编码
NC – MD5008.4	没有选择刀具类型时,CNC 默认为铣刀(类型 20)
NC – MD5008.5	"回参考点"、增量进给等手动进给方式下,需要连续按住方向键
NC – MD5008.6	REPOS 进给方式下,需要连续按住方向键
NC – MD5009.1	外部机床操作面板(选择件 J85)为铣床类(M 型)
NC – MD5009.3	"空格"不在 CRT 显示
NC – MD5011.0 ~ 5011.7	利用 CL800 语言读出的是"直径"值
NC – MD5012.2	禁止用 CL800 语言修改 NC – MD
NC – MD5012.7	可以通过 RS232 接口读入 PLC 报警文本

续表

参数号	含　义
NC – MD5013.0	撤销 G63 的减速
NC – MD5013.1	采用"柔性"攻丝方式
NC – MD5013.4	进给速度编程对刀具中心轨迹有效
NC – MD5013.7	圆弧插补可以用半径编程
NC – MD5014.5	参数编程生效
NC – MD5014.7	刀具补偿功能生效
NC – MD5015.2	图形显示生效

（3）主轴专用位参数

810 系统主轴专用位参数见表 6 – 9。当系统出现主轴报警或转速不正确等故障时，应对表中的位参数进行重点检查。

表 6 – 9　主轴专用位参数

参数号	含　义
NC – MD5200.1	改变主轴位置检测信号的反馈极性
NC – MD5200.2	主轴装有位置检测编码器
NC – MD5200.3	主轴转速指令（S 代码）的基本单位为 $0.1\ r/min$
NC – MD5200.5	坐标轴运动可以与主轴定位同时执行
NC – MD5200.6	CNC 复位不能撤销主轴定位功能
NC – MD5200.7	主轴倍率开关对螺纹加工也有效
NC – MD5210.0	设定"0"，表明主轴位置反馈与进给轴在同一轴控制模块中输入
NC – MD5210.1	改变主轴模拟量输出的极性
NC – MD5210.3	不改变主轴定位的增益特性
NC – MD5210.4	主轴定位可以通过 PLC 程序或者 M03/04 指令解除
NC – MD5210.5	主轴转速必须在收到 PLC 的"自动传动级交换完成"信号后才输出
NC – MD5210.6	操作面板上的 CNC 复位对主轴无效
NC – MD5210.7	主轴控制功能生效

（4）通道专用位参数

810 系统通道专用位参数见表 6 – 10。当系统出现通道错误或报警等故障时，应对表中的位参数进行重点检查。

表6-10 通道专用位参数

参数号	含 义
NC - MD5400.0	允许辅助机能输出到PLC
NC - MD5400.2	允许主轴模拟量输出
NC - MD5400.6	进给速度单位改变为m/min
NC - MD5400.7	CNC复位对"传送"无效
NC - MD5460.0	程序检索时，不允许全部辅助机能输出到PLC
NC - MD5460.2	程序检索时，输出M代码（前提：NC - MD5460.0 = 0）
NC - MD5460.3	程序检索时，输出S代码（前提：NC - MD5460.0 = 0）
NC - MD5460.4	程序检索时，输出T代码（前提：NC - MD5460.0 = 0）
NC - MD5460.6	程序检索时，输出H代码（前提：NC - MD5460.0 = 0）
NC - MD5480	第1轴名称
NC - MD5500	第2轴名称
NC - MD5520	第3轴名称
NC - MD5540	G96有效的轴名称
NC - MD5580.0	程序检索时，加入检索前程序段的坐标位置

（5）进给轴专用位参数

810系统轴专用位参数见表6-11。当系统出现进给轴错误、轴无法运动或者运动过程中出现报警等故障时，应对表中的位参数进行重点检查。表中"*"代表轴号，第1轴（如X轴）"*"为"0"；第2轴（如Y轴）"*"为"1"；第3轴（如Z轴）"*"为"2"；第4轴（如A轴）"*"为"3"等。

表6-11 进给轴专用位参数

参数号	含 义
NC - MD560*.0	撤销坐标轴位置检测信号的反馈报警 ALM132*
NC - MD560*.2	回转坐标轴的定位单位为1°或0.5°的倍数
NC - MD560*.3	回转坐标轴可以任意角度定位
NC - MD560*.4	没有回参考点也可以自动运行程序
NC - MD560*.5	软件限位生效
NC - MD560*.6	回参考点方式2（参考点位置在减速挡块之前）
NC - MD560*.7	回转坐标轴显示范围0° ~ 360°
NC - MD564*.0	回参考点为"负"方向运动
NC - MD564*.1	改变进给轴模拟量输出的极性
NC - MD564*.2	改变进给轴位置反馈的极性
NC - MD564*.5	进给轴为回转轴

参数号	含　义
NC – MD564 ∗ .6	进给轴为虚拟坐标轴
NC – MD564 ∗ .7	进给轴为实际坐标轴
NC – MD568 ∗	进给轴名称设定
NC – MD572 ∗ .0	进给轴的零点偏置也可以被"镜像"
NC – MD572 ∗ .1	进给轴为平面坐标轴，可以使用直径编程或者刀具半径补偿
NC – MD572 ∗ .2	进给轴为回转轴，且编程范围0° ~ 360°
NC – MD572 ∗ .3	进给轴的刀具偏置也可以被"镜像"
NC – MD572 ∗ .4	回转坐标轴定位具有"捷径"选择功能
NC – MD576 ∗	"轴复制"时的进给轴名称设定
NC – MD580 ∗ .0	进给轴带有绝对位置编码器
NC – MD580 ∗ .2	绝对位置编码器位置反馈的极性设定
NC – MD580 ∗ .3	绝对位置偏置有效
NC – MD580 ∗ .5	旋转轴使用绝对位置编码器
NC – MD580 ∗ .6	使用光栅测量系统

3. CNC 参数总览

除以上机床参数以外，CNC 参数中还包括其他以十进制形式设定的参数，这部分参数的设定相对较简单。虽然这部分的参数设定不当也会给机床性能带来一定的影响，但是，通常情况下它们不会像位参数那样直接影响到机床的功能。为了维修方便，现将810系统的全部 CNC 参数（NC – MD）归纳、汇总如下（见表6 – 12）。

表6 – 12　810 系统 CNC 参数汇总表

参数类型	参数号	含　义	备　注
CNC 通用参数	NC – MD0	软件"预限位"位置设定	
	NC – MD1	到达软件"预限位"位置以后的最大运动速度设定	
	NC – MD3	G62 指令程序段转换时的减速速度设定	
	NC – MD5	"输入缓冲区"的变量数设定	需要对用户程序存储器进行格式化操作
	NC – MD6	刀具半径补偿时可忽略的中间过渡段长度设定	

续表

参数类型	参数号	含　义	备　注
CNC 通用参数	NC – MD7	圆弧插补终点允许的极限偏差	
	NC – MD8	最大可以处理的用户程序数	需要对用户程序存储器进行格式化操作
	NC – MD9	重新定位时的极限偏差	
	NC – MD10	程序段检索完成后向目标点运动的速度	
	NC – MD11	用户密码设定	
	NC – MD13	刀具补偿变量数设定	
	NC – MD14	密码保护的 R 参数起始号	
	NC – MD15	密码保护的 R 参数结束号	
	NC – MD16	钥匙开关保护的 R 参数起始号	
	NC – MD17	钥匙开关保护的 R 参数结束号	
	NC – MD20	环行缓冲区的大小设定	
	NC – MD100 ~ MD130	各级进给倍率开关所对应的倍率值设定	
	NC – MD131 ~ MD146	各级主轴倍率开关所对应的倍率值设定	
	NC – MD147 ~ MD154	各级快速倍率开关所对应的倍率值设定	
	NC – MD155	位置采样周期设定	
	NC – MD156	伺服使能延时时间设定	
	NC – MD157	固定循环类型以及软件版本设定	
	NC – MD250	显示语言（1：英文）	
通道专用参数	NC – MD108 ∗	开机默认的第 0 组 G 代码设定	"∗"：通道号 0：通道 1 1：通道 2
	NC – MD110 ∗	开机默认的第 2 组 G 代码设定	
	NC – MD112 ∗	开机默认的第 5 组 G 代码设定	
	NC – MD114 ∗	开机默认的第 7 组 G 代码设定	
	NC – MD118 ∗	开机默认的第 11 组 G 代码设定	

续表

参数类型	参数号	含　义	备　注
进给轴专用参数	NC – MD200 *	位置编码器硬件接口设定	
	NC – MD204 *	粗定位允差	
	NC – MD208 *	准确定位允差	
	NC – MD212 *	夹紧定位允差	
	NC – MD220 *	反向间隙补偿	
	NC – MD224 *	正向第 1 软件限位位置	
	NC – MD228 *	负向第 1 软件限位位置	
	NC – MD232 *	正向第 2 软件限位位置	
	NC – MD236 *	负向第 2 软件限位位置	
	NC – MD240 *	参考点位置	"＊"：轴号
	NC – MD244 *	参考点偏移量	0：第 1 轴
	NC – MD248 *	刀具基准点位置	1：第 2 轴
	NC – MD252 *	位置环增益	2：第 3 轴
	NC – MD256 *	位置环积分时间	3：第 4 轴
	NC – MD260 *	快速时 D/A 转换器输出电压设定	4：第 5 轴
	NC – MD264 *	D/A 转换器输出极限	
	NC – MD268 *	D/A 转换器最大输出电压设定	
	NC – MD272 *	漂移补偿	
	NC – MD276 *	加速度	
	NC – MD280 *	快进速度	
	NC – MD284 *	回参考点减速速度	
	NC – MD288 *	JOG 方式的运动速度	
	NC – MD292 *	JOG 方式的快速移动速度	
	NC – MD296 *	回参考点的快速移动速度	

续表

参数类型	参数号	含　义	备　注
进给轴专用参数	NC – MD300 *	INC 方式的运动速度	"*"：轴号 0：第 1 轴 1：第 2 轴 2：第 3 轴 3：第 4 轴 4：第 5 轴
	NC – MD304 *	圆弧插补参数编程地址	
	NC – MD316 *	螺距误差补偿正向基准点	
	NC – MD320 *	螺距误差补偿负向基准点	
	NC – MD324 *	螺距误差补偿间隔	
	NC – MD328 *	螺距误差补偿量	
	NC – MD332 *	轮廓监控极限允差	
	NC – MD336 *	轮廓监控生效的最小运动速度	
	NC – MD340 *	刀具自动交换的位置	
	NC – MD344 *	螺距误差补偿的旋转轴模数	
	NC – MD348 *	内部位置反馈分频系数	
	NC – MD352 *	第 2 位置环增益	
	NC – MD360 *	第 2 位置环积分时间	
	NC – MD364 *	电动机每转输入脉冲数设定，设定值为实际值的 4 倍	
进给轴专用参数	NC – MD368 *	电动机每转移动量，设定值为实际值的 2 倍	"*"：轴号 0：第 1 轴 1：第 2 轴 2：第 3 轴 3：第 4 轴 4：第 5 轴
	NC – MD372 *	"零速监控"延时时间	
	NC – MD384 *	光栅参考点间隔	
	NC – MD388 *	编程坐标值与实际移动坐标值间的转换系数	
	NC – MD392 *	绝对偏置	
主轴轴专用参数	NC – MD400 *	主轴位置编码器硬件接口设定	"*"：主轴号 0：第 1 主轴 1：第 2 主轴
	NC – MD401 *	主轴漂移补偿	
	NC – MD402 *	主轴零位偏移	
	NC – MD403 * ~ MD410	8 级变速挡所对应的最高主轴转速	
	NC – MD411 * ~ MD418	8 级变速挡所对应的最低主轴转速	
	NC – MD419 * ~ MD426	8 级变速挡所对应的加减速时间	
	NC – MD427 * ~ MD434	8 级变速挡所对应的主轴定位转速	

参数类型	参数号	含　义	备　注
主轴轴专用参数	NC – MD435 * ~ MD442	8 级变速挡所对应的轴转定位增益	"＊"：主轴号 0：第 1 主轴 1：第 2 主轴
	NC – MD443 *	主轴定位允许误差	
	NC – MD444 *	主轴实际转速允许误差	
	NC – MD445 *	最大主轴转速允许误差	
	NC – MD446 *	主轴零速允许误差	
	NC – MD447 *	主轴伺服使能延时时间设定	
	NC – MD448 *	最低主轴转速设定	
	NC – MD449 *	PLC 控制的主轴基本转速	
	NC – MD450 *	主轴变速挡换挡转速	
	NC – MD451 *	最大主轴转速	
	NC – MD452 *	外部主轴定位转速	
	NC – MD459 *	主轴位置编码器脉冲数	

4. 设定参数的调整

如前所述，810 系统的基本设定参数不仅会影响到程序的轨迹与加工尺寸，而且会对系统的功能与动作产生影响。因此，当机床发生故障时，必须同时对设定参数进行检查。810 系统与系统功能、动作、维修有关的主要设定参数见表 6 – 13。

表 6 – 13　810 系统与维修有关的设定参数表

参数类型	参数名称（号）	作　　用	
主轴	G92 主轴转速极限	限制 G96 方式下的主轴最高转速	
	M19 定位位置设定	改变主轴定位位置	
	主轴转速极限	限制任何方式下的主轴最高转速	
进给轴	空运行速度	决定机床在各坐标轴在空运行（DRY RUN）时的进给速度	
	加工区域限制	限制坐标轴的运动范围，作用与软件限位相同	
	手轮分配	指定各坐标轴的手轮	
旋转	坐标系旋转	指定 G54、G55、G56、G57 坐标系的旋转角度	

续表

参数类型	参数名称（号）	作　　用	
比例	尺寸比例	指定坐标轴的比例因子	
功能设定	SD5000.0	钻削固定循环 L81～L89、L98 生效	
	SD5000.1	铣削固定循环 L903/L930 生效	
	SD5000.2	车削固定循环 L93/L95 生效	
	SD5600.2	比例缩放功能生效	
接口设定	SD5010	接口 1 设备标记	PLC 程序检查、调试设定：00000100；PCIN 软件传送数据时设定：00000000
	SD5011	接口 1 连接参数	PLC 程序检查、调试设定：00000111；PCIN 软件传送数据时设定：11000111
	SD5018	接口 2 设备标记	PLC 程序检查、调试设定：00000100；PCIN 软件传送数据时设定：00000000
	SD5019	接口 2 连接参数	PLC 程序检查、调试设定：00000111；PCIN 软件传送数据时设定：11000111

6.6　系统常见故障报警与处理

6.6.1　SIEMENS 810 系统自诊断功能

与所有的现代化数控系统一样，SIEMENS 810 系统也具备很强的自诊断系统。整个自诊断处理功能通过数控系统的 CPU 模块，对整个系统及输入、输出信息进行全面监控，并实时识别控制系统及机床出现的故障，以及用户应用程序中的错误，在显示器上显示相应的故障号和故障信息，从而不但能有效地避免机床的误操作或者带病运行，而且还能更加有效地为维修机床提供依据。

数控系统自诊断系统在系统运行过程中主要的监控内容包括以下几个方面。

1）CPU 模块监控。包括主处理单元、NC 与 PLC 之间的数据传输、串行接口、模块中各种测试标志及监控点、内存单元、电压和温度等。

2）位置控制模块监控。主要包括输入信号、位置及速度反馈信号的监测与比较。

3）接口控制模块监控。PLC 中各输入、输出点及标志的监控，并根据这些信息由 PLC 用户程序判断是否正常，如发现异常，产生报警。

4）机床应用部分的监控。主要是用户应用程序格式的合法性以及各类应用参数的合法性。

SIEMENS 810 系统的自诊断系统主要可分为两个方面：CPU 控制模块自诊断和数控系统的自诊断。

1. CPU 控制模块的自诊断

CPU 控制模块是西门子 810 数控系统工作的关键。CPU 控制部分一旦出现故障，整个系统将无法启动。出现这类故障时，可借助 CPU 板上的发光二极管的指示灯的提示来分析故障状况。在正常的情况下，系统在启动的最初 6 ~ 7 s，指示灯将频繁闪动，即首先对 CPU 模块进行自检，如果硬件正常工作，则系统开始启动，此时发光二极管熄灭；否则发光二极管将常亮，此时的数控系统将不能正常工作，显示器上也不会出现任何显示，这类故障主要包括以下几个方面的原因。

1）CPU 控制模块硬件故障；

2）EPROM 存储器故障；

3）启动芯片损坏；

4）模块中有跨接线接错；

5）总线板损坏；

6）机床数据丢失，需要重新装入数据。

如果在数控系统启动后，正常工作时这个发光二极管亮了，则表明：

1）模块中出现硬件故障；

2）CPU 循环工作出错。

2. 数控系统自诊断

当 CPU 模块正常工作时，能够利用系统的自诊断功能来诊断其他部分的故障，通过运行自诊断程序，当检测出系统故障时，可以在显示器上显示报警号和报警信息，维护人员可以根据报警信息来诊断故障。

3. 运行自诊断

在正常运行时，系统也在随时监视系统各部分的运行，一旦发现异常，立即产生报警。PLC 运行用户机床厂家编制的逻辑程序，实时监测机床的运行，如发现机床动作有问题，立即停机，并产生报警。

6.6.2 报警分类

根据系统报警显示进行故障的维修处理，是数控机床维修过程中使用最广、最基本的维修技术，是维修人员必须掌握的最基本方法之一。通过 CNC 的诊断功能，810 系统在 CRT 上能显示近千条报警信息，指示系统故障的原因。

810 系统显示的报警，根据引起故障的不同原因，大致可以分为表 6 - 14 所示的六大类，具体报警号对应的详细报警内容可以参见 810 系统报警手册。

表 6 - 14 SIEMENS 810 系统报警分类一览表

序号	故障类别	报警号	报警清除方式
1	CNC 报警	001 ~ 015 040 ~ 099	重新开控制器 □
2	RS - 232 接口报警	016 ~ 039	1. 查找 "数据输入/输出" （DATA IN - OUT） 菜单 2. 按 "数据输入/输出" （DATA IN - OUT） 的软键 3. 按 "停止" （STOP） 软键
3	伺服故障引起的报警	100 * ~ 196 *	按复位键 □
4	操作、编程引起的报警	2000 ~ 3999	1. 2000 ~ 2999：按复位键 □ 2. 3000 ~ 3089：按应答键 □
5	PLC 报警	6000 ~ 6163	按应答键 □
6	操作者信息	7000 ~ 7063	由 PLC 程序自动复位

当系统出现报警时，根据故障的情况，CNC 可以自动撤销 "CNC 准备好" 信号，或者使 CNC 自动进入 "进给保持" 状态等。

表 6 - 14 中 6000 ~ 6031 号报警是 PLC 程序报警，它是机床设计人员在编制 PLC 程序时，结合机床的具体要求设计的故障信息，报警显示的文字内容由报警文本（% PCA）输入。6000 ~ 6031 号报警的含义在不同机床上各不相同，维修时应根据 PLC 用户程序与机床生产厂家提供的使用说明书分析、查找故障原因，报警排除后，可以用应答键清除。6032 ~ 6039 号报警为 PLC 内部出错报警，一般只在编制、调试机床 PLC 程序时才出现，它是给 PLC 程序设计者的提示，在机床维修、使用中一般不容易遇到。7000 ~ 7031 号报警是操作者提示信息，不属于故障，这是 PLC 程序设计者设计的提示信息，显示的文字内容也由% PCA 文本设定，称为操作者提示文本。操作者信息不需要清除，在相应状态消失后，显示会自行消除。

6.6.3 常见报警与处理

一般来说，810 系统大部分报警显示的含义清晰，处理方法也较明了，可以直接进行处理，但也有部分报警的含义较广泛，现将故障可能原因及处理方法说明如下。

1. CNC 报警的处理

810 系统的 1～15 号报警属于 CNC 本身出现的故障，报警的提示较明确，但需要注意以下几点。

（1）1 号报警

提示 CNC 存储器的电池即将用完，应尽快更换电池。更换电池必须在 CNC 通电的情况下进行，否则存储内容会丢失。

（2）3 号报警

表明 PLC 处于停止状态。当出现本报警时，PLC 的 I/O 接口信号被封锁，机床不能工作。

出现本报警，原则上应通过 PLC 编程器读出 PLC 中断堆栈的内容，才能查明故障的真正原因。但是，对于使用中的机床，可能会因为偶然的干扰或其他方面的原因，使 PLC 工作中断。当故障原因不明，且无其他部件故障时，若维修现场无编程器，可以通过如下的 CNC 初始化操作重新启动 PLC，使机床恢复工作。

为了防止在初始化操作过程中对 CNC 参数、用户程序等可能进行的"总清"，初始化操作应严格按照以下步骤进行。

① 按住系统面板上的调试键，同时接通系统电源，CNC 显示初始化页面。

② 按下软功能键 INITIAL CLEAR，选择初始化操作。

③ CNC 显示初始化内容选择页面，这时千万不要选择其中的任何一项内容，否则，对应的选择内容将被清除。

④ 按下软功能键 SETUP END PW，立即结束系统初始化操作。CNC 在完成初始化操作后，一般就恢复正常工作状态。

（3）6 号报警

指示 CNC 数据存储器子模块的电池用尽，应以更换新的子模块。子模块调换后，需对存储内容进行重新安装。更换必须在系统断电的情况下进行，否则会引起 CNC 故障。

（4）12 号报警

用户程序存储器格式错误报警。出现本报警时，首先应检查 CNC 参数 MD8 的设定，若 MD8 设定正确，应对加工程序存储器进行格式化处理。

2. RS－232 接口报警的处理

16～39 号报警为 RS－232C 接口报警，810 系统有两个 RS－232C 接口，可以通过设定数据 SD5010～SD5028 使它与不同外部设备进行数据传输。

数据传输与电缆连接、系统与传输设备的状态、数据格式、传输识别符以及传输波特率等有关，16～39 号报警是对数据传输过程进行监控，其中常见的有如下几种。

（1）17 号报警

17 号报警为接口"数据溢出"报警，表示 CNC 无法接收传输的字符，故障一般与设定参数 SD5011、SD5013、SD5019、SD5021 的设定不当有关。

（2）18 号报警

18 号报警为接口"数据格式出错"报警，表示 CNC 无法识别传输的字符，故障一般与设定参数 SD5011、SD5013、SD5019、SD5021 的设定有关。

（3）22 号报警

22 号报警为接口"时间监控生效"报警，表示 CNC 在规定时间内没有输出或收到字符，故障一般与外部设备的状态或设定参数、电缆连接等有关。

（4）28 号报警

28 号报警为"缓冲器溢出"报警，表明 CNC 不能及时处理读入的字符，可能的原因是传输速度太快，可降低 CNC 与外设的数据传输波特率。

（5）20 号报警

20 号报警为"报警文本格式出错"报警，表示 CNC 不能识别报警文本中的字符。故障可能的原因是 CNC 位参数设定错误，应检查 NC – MD5012.7 的设定，保证本位为 1；此外还应对 NC 数据（NC – MD）中的文本进行格式化处理。在清除 20 号报警时，应选择格式化软功能键 FORMAT ALL TEXT 进行格式化。

以上报警排除后，用数据输入/输出操作中的 STOP 功能键即可以清除报警，无须进行关机操作。

3. 进给轴报警的处理

进给轴报警 100＊~196＊（＊为轴号，第 1 轴：＊为 0；第 2 轴：＊为 1；第 3 轴：＊为 2；第 4 轴：＊为 3；第 5 轴：＊为 4）表示机床某个位置控制轴存在故障，这是维修中常见的报警。

（1）指令值到达输出极限报警 104＊

104＊报警号的含义是：坐标轴指令值到达了内部 D/A 转换器的输出极限。报警在需要进行处理的指令值大于机床参数 NC – MD268＊中规定的 D/A 转换极限值时出现，其本质是机床实际位置与指令位置间的误差过大，致使 CNC 无法对这样的数字指令值实现 D/A 转换。

故障可能的原因有以下几点。

① 坐标轴的进给速度过大，机床无法跟随速度指令；

② 位置反馈错误使得位置反馈值为 0，或位置反馈连接不良导致位置环开环；

③ 参数（NC – MD268＊、MD364＊、MD368＊等）设定错误；

④ 伺服驱动器不良，使机床无法产生实际移动；

⑤ 机械传动系统不良或机械部件存在干涉，引起了实际运动的滞后；

⑥ 负载过重或者摩擦阻力过大，影响了坐标轴的实际运动速度。

（2）夹紧监控报警 112＊

112＊报警号的含义是：坐标轴在停止时的位置误差超过了 MD212＊规定的夹紧监控允差。故障可能的原因有以下几点。

① 位置编码器极性连接错误，使得位置环形成了正反馈；

② 伺服驱动器不良，使得机床在未接到 CNC 运动指令时已经产生了运动，或者是在接到 CNC 运动指令后，无法产生实际运动；

③ CNC 的位置控制板不良，导致了速度指令的错误输出；

④ 速度模拟量输出极性连接错误，使得位置环形成了正反馈；

⑤ 伺服驱动系统速度反馈极性连接错误或者速度控制回路不良，使得速度环无法正常工作；

⑥ 负载过重或者自重过大，使得机床实际位置受到外力移动；

⑦ 参数 NC – MD212 * 、MD204 * 设定不当。

（3）轮廓监控出错报警 116 *

116 * 报警号的含义是：坐标轴以大于机床参数 MD336 * 规定的轮廓监控速度移动时，机床实际位置与指令位置间的误差超过了 MD332 * 规定的轮廓监控允差；或是在制动时，坐标轴不能在规定时间内达到要求的速度。故障可能的原因有以下几点。

① 机械传动系统不良或机械部件存在干涉；

② 伺服驱动器不良，机床无法跟随指令速度；

③ CNC 的位置环增益（NC – MD252 * ）设置不当；

④ 轮廓监控参数 NC – MD332 * 设定不当；

⑤ 伺服驱动系统动态特性调整不良；

⑥ 负载过重或者摩擦阻力过大。

（4）位置反馈回路硬件报警 132 *

132 * 报警号的含义是：位置反馈回路硬件发生故障，导致 CNC 检测到的位置反馈信号存在错误，或者是未能检测到位置反馈信号。故障可能的原因有以下几点。

① CNC 的位置测量电缆断线、脱落；

② 测量回路插头连接不可靠；

③ 位置控制模块存在故障或者安装不良；

④ 位置编码器存在不良；

⑤ 编码器信号受到干扰。

（5）位置漂移过大报警 160 *

160 * 号报警表示坐标轴的位置漂移误差值超过了 CNC 规定的位置跟随误差值，解决的方法可以先通过调整伺服驱动器的速度环偏移电压进行补偿，减小位置跟随误差，然后再通过 CNC 的自动漂移补偿机能进行自动补偿。

SIEMENS 810 系统自动漂移补偿的操作步骤如下。

① 按软功能键 DIAGNOS，并按软功能键扩展键 > ；

② 按软功能键 NC – MD；

③ 按软功能键 AXIS – MD1；

④ 调整光标，定位于参数 NC – MD272 * 上；

⑤ 按操作面板上的程序编辑修改键，CNC 将对指定轴进行自动漂移补偿。

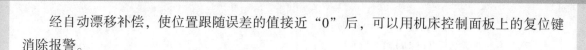

经自动漂移补偿，使位置跟随误差的值接近"0"后，可以用机床控制面板上的复位键消除报警。

（6）进给使能报警168∗

168∗号报警表示坐标轴的进给使能信号被PLC程序所撤销，应根据PLC程序检查PLC程序的逻辑关系以及有关接口信号的状态，查明故障原因。

以上报警在排除原因后，可以用机床控制面板上的复位键消除。

4. 操作、编程报警的处理

2000～2999号报警一般在操作不当或程序出错时出现，当程序编制错误时，报警不仅指明了故障类型，而且还可以指示出错的程序段。

报警在排除原因后，用机床控制面板上的复位键消除。

（1）急停报警2000

2000号报警表示CNC收到了来自PLC的急停信号（Q78.1），使得CNC进入了急停状态。当维修现场有SIEMENS PLC时，可以直接通过对PLC程序的动态检查，迅速确定使PLC输出Q78.1为"0"的原因，然后进行解决。

根据通常的习惯，数控机床上"急停"控制回路设计主要考虑的因素有以下几类。

① 面板上的急停按钮生效；

② 工作台的超极限保护生效；

③ 伺服驱动、主轴驱动器、液压电动机、刀库电动机等主要工作电动机及主回路的过载保护；

④ 24 V控制电源等重要部分的故障；

⑤ 自动换刀装置、交换工作台装置等主要部件发生故障。

因此，当现场无SIEMENS PLC时，对于2000"急停"报警，首先应对以上几点进行逐一检查。

一般来说，如果报警是因为面板上的"急停"生效以及工作台的"超极限"保护生效而引起的，在相应的元件、工作台位置恢复正常后即可直接启动机床。但对于伺服驱动、主轴驱动器、液压电动机、刀库电动机等主要工作电动机及主回路产生的过载保护、24 V控制电源等重要部分的故障，应对保护动作的回路进行进一步的检查，排除故障后才能启动机床。

当机床因"超极限"保护生效引起"急停"时，退出"超极限"状态的方法应优先采用关机后"手动退出"的方法，以保证机床安全。在关机后"手动退出"较困难时，方可采用电气短接的方法将机床的"超极限"信号取消，在这种情况下，必须注意以下几点。

① 确认机床驱动器、位置控制系统无故障；

② 操作时应注意坐标轴的移动方向；

③ 机床退出"超极限"保护后，应立即将机床的"超极限"信号恢复，使机床的"超

极限"保护功能重新生效。

（2）主轴实际转速过高报警 2152

2152 号报警为主轴实际转速过高报警，本报警只有在主轴安装有脉冲编码器时（参数 NC – MD5200.2 为"1"）才可能产生，引起故障的原因如下。

① 编程的主轴转速 S 值太大；

② 主轴参数 NC – MD4030 ~ MD4100 传动级最高转速设定错误；

③ 主轴参数 NC – MD4450 最高转速允许误差设定错误；

④ 主轴参数 NC – MD4510 最高转速设定错误；

⑤ PLC 指定了不正确的传动级；

⑥ 主轴速度限制编程错误。

（3）程序段格式错误报警 3006

3006 号报警为程序段格式错误报警，引起本报警的原因较多，必须对照程序进行详细的检查，常见的原因有如下几点。

① 程序段中的 M 代码数超过 3 个；

② 程序段中的 S 代码数超过 1 个；

③ 程序段中的 T 代码数超过 1 个；

④ 程序段中的 H 代码数超过 1 个；

⑤ 程序段中的辅助机能代码总数超过 4 个；

⑥ 程序段中同时控制的轴总数超过了 3 轴；

⑦ 程序段中圆弧插补轴总数超过了 2 轴；

⑧ G04 指令后的地址不为 X 或 F；

⑨ M19 指令后的地址不为 S；

⑩ 圆弧插补参数定义错误；

⑪ G92 指令未使用单独程序段；

⑫ G74 指令未使用单独程序段。

 知识拓展

现代 CNC 装置都使用标准串行通信接口与其他微型计算机相连，进行点对点通信，实现零件程序和参数的传送。为了适应工厂自动化（FA）和计算机集成制造系统（CIMS）的发展，CNC 装置作为分布式数控系统（DNC）及柔性制造系统（FMS）的基础组成部分，应该具有与 DNC 计算机或上级主计算机直接通信功能或网络通信功能。

1. 数控系统的数据通信设备和接口

数控系统作为独立的控制单元，通常需要与下列设备连接进行数据和信息的传送。

（1）数据输入/输出设备

如打印和穿复校装置（TTY）、零件和可编程控制器的程编机、上位计算机、显示器与键盘、磁盘驱动器等。

（2）外部机床控制面板

在数控机床的操作过程中，为了操作方便，往往在机床外侧设置一个机床操作面板。数控系统需要与它的操作面板进行通信联系。

（3）手摇脉冲发生器

在手工操作过程中，数控系统需要与手摇脉冲发生器进行信息交换。

（4）进给驱动线路和主轴驱动线路

随着工厂自动化计算机和集成制造系统的发展，数控系统作为一个基础层次，已成为分布式数控系统或群控系统、柔性制造系统的有机组成部分。因此，数控系统需要与上位计算机、DNC计算机或工业局部网相连。

AB公司8600数控系统配有3种接口：小型DNC接口、远距离输入/输出接口和数据高速通道（相当于工业局部网络的通信接口）。除此以外，FANUC 15数控系统还配置了MAP3.0接口板，以满足CIMS的通信要求。SINUMERIK 850/880系统配有3种接口：RS-232C接口、SINEC H1网络接口和SINEC H2网络接口，其中SINEC H1网络遵循IEEE802.3标准，SINEC H2网络遵循MAP协议和IEEE802.4标准。

2. 数据通信的基本概念

（1）数据通信系统的组成

数据通信是指在发送端将数据转换成数字信号或模拟信号，通过某种特定的介质传输到接收端，然后再还原为数据的过程。数据通信的模型如图6-11所示。信源是信息的发送端，信道是指信号的传输媒体及相关的设备，信宿是信息的接收端。信源将各种信息转换成原始电信号，由变换器进行转换后，通过信道传输到远地的接收端，经过反变换器的转换，复原成原始的电信号，再送给接收端的信宿，然后由信宿将其转换成各种信息。

图6-11　数据通信模型

数据通信系统分为模拟传输系统和数字传输系统两类，模拟传输系统用于传输模拟信号，数字传输系统用于传输数字信号。当信源是数字计算机或数字终端时，它们产生的原始信号都是数字信号，这种数字信号要在模拟传输系统上传输时，先要将数字式的原始信号转换成模拟式的电信号，这个过程称为调制。执行调制功能的变换器称为调制器。通过信道端，传送到接收端的模拟电信号，然后转换成数字信号，信宿（数字计算机或数字终端）才能接收，这个过程称为解调。执行解调功能的反变换器称为解调器。通常情况下，数据通信是双向的，调制器和解调器合在一个装置中，这就是调制解调器。

数据通信，也就是数字计算机或数字终端之间的通信。在通信的过程中，对信息进行收集和处理的设备称为数据终端设备（Data Terminal Equipment，DTE），它可以是信宿、信源或两者兼有。对数据进行调制、对电信号进行解调的设备称为数据通信设备（Data Communication Equipment，DCE），它是数据终端设备与通信信道的连接点。数据通信系统的组成如图 6-12 所示。

图 6-12　数据通信系统的组成

（2）数据通信的连接方式

在数据通信系统中，计算机与数控设备之间的通信连接有 3 种方式：点-点连接、分支式连接和集线式连接，以适应不同现代制造系统的要求。

1）点-点连接。计算机与一台数控设备之间通过调制解调器直接连接，适用于单台数控设备与计算机的数据通信，如图 6-13（a）所示。

2）分支式连接。计算机与多台数控设备之间通过主线连接，其中计算机作为控制站，对各台数控设备进行信息的发送和接收控制，如图 6-13（b）所示。

计算机用选择的方法向各台数控设备发送信息，在某一数控设备准备好时，计算机向其发送信息；计算机采用轮询的方法从各台数控设备接收信息，适用于分布式数控系统或群控系统。

3）集线式连接。在远距离通信时，可将各台数控设备用集线器进行集中，再用一频带较宽的线路与计算机连接，适用于计算机集成制造系统，如图 6-13（c）所示。

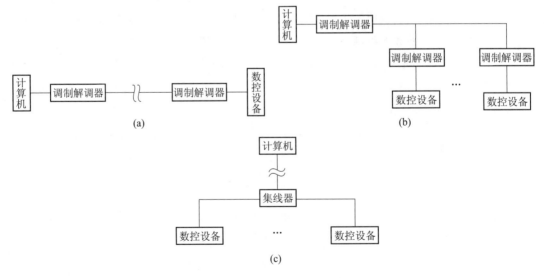

图 6-13　数据通信的连接方式

(a) 点-点连接；(b) 分支式连接；(c) 集线式连接

（3）数据通信系统的通信方式

在串行数据通信系统中，数据传输是有方向性的。按传输的方向分，数据通信方式可分为单工通信、半双工通信和全双工通信 3 种形式。

1）单工通信。两通信终端间的数据信息只能按一个方向传递，如图6-14（a）所示。数据信息只能从发送装置A向接收装置B方向传送。为了保证数据传送的正确性，在数据接收端需要对接收到的数据进行检验，如果数据出现错误，则数据接收端要求数据发送端重发数据，直至正确为止。

2）半双工通信。两通信终端可以互传信息，即都可以发送或接收数据，传送的方向取决于开关K_1、K_2，但同一时刻只允许单方向传送，如图6-14（b）所示。这种通信方式使用二线连接，在通信过程中需要频繁地切换信道，效率较低，适用于终端间的会话式通信。

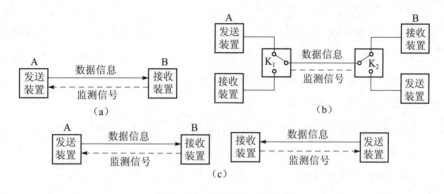

图6-14　数据通信的方式
(a) 单工通信；(b) 半双工通信；(c) 全双工通信

3）全双工通信。两通信终端可以同时进行信息的发送与接收，如图6-14（c）所示。这种通信方式使用四线连接，在通信过程中无须切换信道，控制简单，效率高，适用于计算机之间的通信。

（4）数据通信的传输方式

计算机与数控系统之间的通信主要采用并行和串行两种通信方式。

1）并行数据传输。并行数据传输是指数据的各位同时传送，可以用字并行传送，也可以用字节并行传送，如图6-15所示。并行数据传送的距离通常小于10 m，成本较高，适用于近距离、高速度的数据传输。

2）串行数据传输。串行数据传输是用一条信号线进行数据传送，这需要将信息代码按顺序串行排列成数据流，逐位传送，如图6-16所示。串行数据通信是远距离数据通信的唯一手段。

（5）数据通信协议

在数据通信过程中，计算机按一定频率和起始时间发出数据后，数控系统的接收装置应与计算机步调一致，也就是说，双方按照统一的通信协议进行数据通信。通信协议分为两种：异步通信协议和同步通信协议。异步通信协议比较简单，速度较低；同步通信协议接口复杂，速度较高，在数控系统中应用较为广泛。

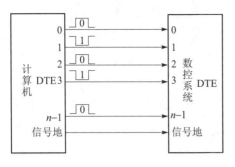

图6-15　并行数据传输

图6-16　串行数据传输

1）异步通信。在异步通信中，发送的每一个数据字符均带有起始位、停止位和可选择的奇偶位。数据字符间没有特殊关系，也不需要时钟信号。计算机独立发送每一个数据，接收装置每收到一个字符的开始位后就进行同步，如图6-17所示。

2）同步通信。在同步通信中，被传输的数据块前后加上同步字符SYN（Synchronous）或同步位模式，组成一帧，在同一时钟信号下进行传输，如图6-18所示。在传输的过程中，同步字符起到联络作用，通

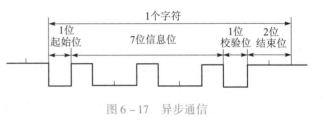

图6-17　异步通信

知接收装置开始接收数据。时钟信号使通信双方步调保持一致。

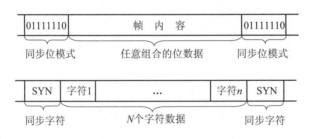

图6-18　同步通信

（6）数据通信的传输媒体

数据传输媒体是指数据通信中所使用的媒体，即通信线路或物理信道。常用的数据传输媒体有3种：双绞线、同轴电缆和光缆。

1）双绞线。双绞线是将两根有绝缘保护的铜导线按一定密度互相绞合在一起。将一对或多对双绞线安装在一个套筒里，即可构成双绞线电缆。双绞线可以传输数字信号和模拟信号，是最简单经济的传输媒体，安装方便可靠，抗干扰能力强，适用于短距离传输，特别是局域网。双绞线分为非屏蔽双绞线和屏蔽双绞线。

2）同轴电缆。同轴电缆由绕同一轴线的两个导体组成。位于电缆中央的内导体是一根单芯铜导线或一股铜导线，由泡沫塑料包裹与外层导体绝缘，用于传输信号。网状导电铝箔

构成的外导体由绝缘塑料包封，用于屏蔽电磁干扰和辐射。同轴电缆的结构如图 6 – 19（a）所示。同轴电缆抗干扰能力强，通信容量大，适用范围宽。常用的同轴电缆有基带电缆 RG – 8 或 RG – 11（50 Ω）、基带细缆 RG – 58（50 Ω）、宽带电缆（公用电视天线 CATV 电缆）RG – 59（75 Ω）、网络电缆 RG – 62（93 Ω）等。

同轴电缆用于点到点连接和多点连接，基带 50 Ω 电缆可支持几百台数控设备，宽带 75 Ω 电缆可支持数千台数控设备，但 75 Ω 电缆在高传输率（50 Mb/s）时，数控设备数目限制在 20 ~ 30 台。

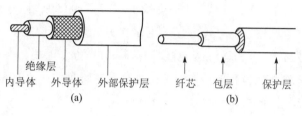

图 6 – 19　数据传输媒体
(a) 同轴电缆；(b) 光缆

3）光缆。光缆由纤芯和包层两种光学性质不同的介质构成，也就是光导纤维通信电缆。纤芯为光通路。包层由多层反射玻璃构成，它将光折射到纤芯上。光缆外部是保护层。光纤芯由单根或多股光纤构成，如图 6 – 19（b）所示。

3. 异步串行通信接口

异步串行数控传送在数控系统中应用比较广泛，主要的接口标准为 EIA RS – 232C/20 mA 电流环、EIA RS – 422/449 和 EIA RS – 485 等。

（1）RS – 232C/20 mA

在数控系统中，RS232 – C 接口主要用于连接输入输出设备、外部机床控制面板或手摇脉冲发生器。图 6 – 20 所示为数控系统中标准的 RS – 232C/20 mA 接口结构，它采用 8251A 作为可编程串行接口芯片（USART），将 CPU 的并行数据转换成串行数据发送给外设，也可以从外设接收串行数据并把其转换成可供 CPU 使用的并行数据。在使用 RS – 232C 接口时应注意以下几个问题。

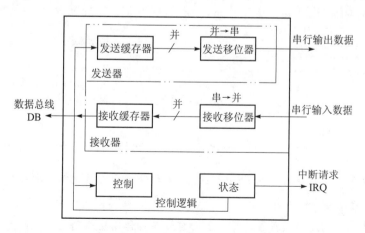

图 6 – 20　数控系统中标准的 RS – 232C 接口示意图

① RS – 232C 协议规定了数据终端设备（DTE）与数据通信设备（DCE）间连接的信号

关系。在连接设备时要区分是数据终端设备还是数据通信设备，在接线时注意不要接错。

② 公布的 RS-232C 协议规定：一对器件间的电缆总长不得超过 30 m，传输速率不得超过 9 600 b/s。SIEMENS 数控系统规定连接距离不得超过 50 m。

③ RS-232C 协议规定的电平与 TTL 和 MOS 电路不同。RS-232C 协议规定：逻辑"0"要高于 3 V，逻辑"1"要低于 -3 V，电源采用 ±12 V 或 ±15 V。

数控系统中的 20 mA 电流环通常与 RS-232C 一起配置。20 mA 电流环用于控制电流，逻辑"1"为 20 mA 电流，逻辑"0"为零电流，在环路中只有一个电流源。电流环对共模干扰有抑制作用，可采用隔离技术消除接地回路引起的干扰，使配置 RS-232C 接口的数控系统的通信传输距离可达 1 000 m。

（2）RS-422/RS-449

RS-422 标准规定了双端平衡电气接口模块。RS-449 规定了这种接口的机械连接标准，即采用 37 脚的连接器，与 RS-232C 的 25 脚插座不同。这种平衡发送能保证可靠、更快速的数据传送。它采用双端驱动器发送信号，而用差分接收器接收信号，能抗传送过程的共模干扰，还允许线路有较大信号衰减，从而提高了传送频率，加大了传送距离。

RS-422 常用的驱动器有 75157、MC3487，常用的接收器有 75154、MC3486。最近出现一种新的集成电路——双 RS-422/423 收发器 MC34050、MC34051，每一个器件上有两个独立的驱动器和两个独立的接收器。

（3）数据系统通信

在实际应用中，计算机与数控系统进行连接多使用 25 针 D 型连接器 DB-25 和 9 针 D 型连接器 DB-9，两连接器的关系见表 6-15。

表 6-15 连接器 DB-9 与 DB-25 的引脚对应关系

DB-9	信号名称	DB-25	DB-9	信号名称	DB-25
1	接收线信号检测（DCD）	8	6	数据传输设备就绪（DSR）	6
2	接收数据（$R_X D$）	3	7	请求发送（RTS）	4
3	发送数据（$T_X D$）	2	8	允许发送（CTS）	5
4	数据终端就绪（DTR）	20	9	振铃指示（RI）	22
5	信号地（SIG）	7			

数控系统大都通过系统自备的 RS-232C 接口直接进行数据通信，如图 6-21 所示。使用 RS-232 接口进行数据通信的过程为：在一台具有完备数据系统的数控设备上通过 RS-232C 接口与另一台计算机相连接，再在计算机上由自带数据传输功能的数控软件直接发送数据。

在近距离通信时，一般不使用调制解调器，采用空调制解调器的连接方式，如图 6-22 所示。

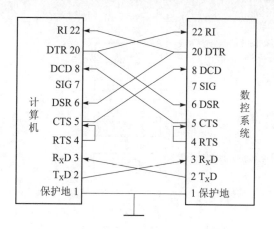

图 6-21 RS-232C 直接连接示意图

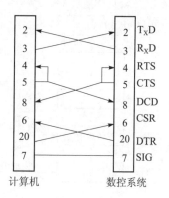

图 6-22 空 MODEM 连接示意图

4. 通信网络

随着工业生产自动化技术的发展，单台数控早已不能满足要求，需要与其他设备和计算机一起通过工业局部网络（LAN）联网，以构成 FMS 或 CIMS。为了保证网络中的设备能够高速、可靠地传输数据和程序，一般采用同步串行通信方式。在数控系统中设有专用的通信微机处理器的通信接口，完成网络通信业务。

现代网络通信以多种通信协议和模型为理论基础，比较著名和基础性较强的是由国际标准化组织 ISO 提出的"开放系统互联参考模型" OSI 和 IEEE802 局部网络的有关协议。近年来，MAP 已成为应用于工厂自动化的标准工业局部网络的协议。工业局部网络（LAN）采用双绞线、同轴电缆和光缆等传输媒体传输信号，一般有距离限制（几公里），并且要求有较高的传输速率和较低的误码率。

ISO 的开放系统互联参考模型（OSI/RM）是国际标准化组织提出的分层结构的计算机通信协议的模型，如图 6-23 所示。这一模型是为了使世界各国不同厂家生产的设备能够互联，它是网络的基础。该协议划分为 7 个层次，每一层完成一定功能，并直接为上层提供服务，服务功能是通过相邻层之间定义的接口来完成的。从外部来看，接收方和发送方的对应层之间进行直接对话，而实际上信息是由发送方的高层从上到下传递，并在每一层做相应处理，最终到达物理层，经过物理传输线路传送到接收方，接收方各层再由下到上进行与发送方相反的操作，将数据传送到每一相应高层，从而完成收发双方的会话。

在两个系统之间进行的网络通信，需要具有相同的层次功能，同等层间的通信要遵守一系列的规则和约定，即协议。OSI/RM 的最大优点就在于它有效地解决了异地之间的通信问题。不管两个系统之间的差异有多大，只要具有下述特点就可以相互有效地通信。

① 它们完成一组同样的功能；

② 这些功能分成相同的层次，对同等层次提供相同的功能；

③ 同等层必须共享共同的协议。

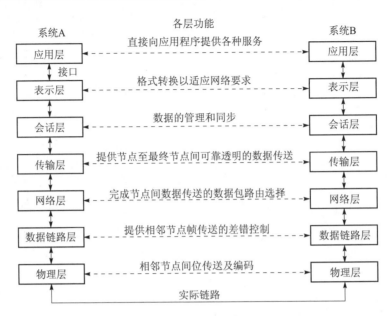

图 6 – 23　OSI/RM 的 7 层结构

　　近年来制造自动化协议（MAP）已很快成为应用于工厂自动化的标准工业网络协议。MAPF 是美国通用汽车（GM）公司研究和开发的用于工厂车间环境的通用网络通信标准，已为许多国家和企业接受。FANUC、SIEMENS、AB 等公司支持 MAP，并在它们生产的数控系统中配置 MAP 2.1 或 MAP 3.0 的网络通信接口。如 FANUC15 系列的数控系统配有 MAP 3.0 接口，以满足 CIMS 的通信要求。

先导案例解决

　　1. 故障诊断

　　数控系统无论在断电或通电的情况下，如果用带静电的螺钉旋具或人的肢体去接触数控系统的联接接口，都容易使静电窜入数控系统而造成电子元器件的损坏。在通电的情况下紧固或插拔数控系统的连接插头，很容易引起接插件的短路，从而造成数控系统的中断保护或电子元器件的损坏，故判断故障由上述原因引起。

　　2. 故障排除

　　在通电状态下，一手按住电源模块上的复位按钮（RESET）。另一手按数控系统起动按钮，系统即恢复正常。通过 INITIAL CLEAR（初始化）及 SET UP END PW（设定结束）软键操作，进行系统的初始化，系统即进入正常运行状态。如果上述方法无效，则说明系统已损坏，必须更换相应的模块甚至系统。

● 生产学习经验 ●

【案例6-1】 一台数控淬火机床，采用SIEMENS 810系统，在正常工作时经常自动断电关机，而屏幕上无法显示故障。故障原因是什么？如何排除？

【案例6-2】 一台数控磨床，采用SIEMENS 810系统，在自动加工时出现3号（PLC STOP）报警。故障原因是什么？如何排除？

【案例6-3】 一台数控外圆磨床，采用SIEMENS 810系统，执行加工程序时死机。如何诊断与排除故障？

【案例6-4】 一台数控淬火机床，采用SIEMENS 810系统，在正常淬火加工时，系统死机，不能进行任何操作。

【案例6-5】 一台数控淬火机床，采用SINUMERIK 810系统，在正常加工过程中经常出现3号（PLC STOP）报警，关机再开还可以正常工作。

【案例6-6】 一台数控淬火机床，采用SIEMENS 810系统，在修改工件程序时，将数据程序保护开关打开，当输入修改的程序时，出现报警"22Time Monitoring RS232（V1.24）"，数据输不进去。

【案例6-7】 一台数控球道磨床，采用SIEMENS 810系统，开机时出现报警"11Wrong UMS Identifier"。

【案例6-8】 CJK6140D数控车床，采用SIEMENS 810T系统，送电启动时出现死机，屏幕显示如下信息：

SINUMERIK 810 GA3

Copyring（c）siemens AG 1991

All Rights Reserved

…initializing and testing system…

"NC报警"灯一直亮着。

【案例6-9】 一台配套SIEMENS 810M的加工中心，出现NC显示突然消失的故障。

【案例6-10】 一台配套SIEMENS 810M的加工中心，出现NC无显示、面板指示灯同时亮的故障。

【案例6-11】 一台配套SIEMENS 810M的加工中心，出现CNC页面不能转换的故障。

【案例6-12】 一台配套SIEMENS 810M GA3的加工中心，出现"超程"引起急停的故障。

【案例6-13】 一台配套SIEMENS 810M GA3的立式加工中心，出现垂直轴"超程"引起急停的故障。

【案例6-14】 一台配套SIEMENS 810M的加工中心，"减速挡块"引起"超程"的故障。

【案例6-15】 一台配套 SIEMENS 810M GA3 的数控机床，出现指令位置与实际移动距离不符的故障。

【案例6-16】 一台配套 SIEMENS 810M 的数控机床，出现自动运行不到位的故障。

【案例6-17】 一台配套 SIEMENS 810M 的立式加工中心，出现"刀库互锁"引起的 M03 不能执行的故障。

【案例6-18】 一台数控淬火机床，采用 SIEMENS 810 系统，出现系统自动掉电关机的故障。

【案例6-19】 双工位专用数控机床，采用德国 SIEMENS 810T 系统，每工位各用一套数控系统。伺服系统也是采用德国西门子公司的产品，型号为 6SCS6101-4。数控系统经常出现自动关机的故障。

【案例6-1】　【案例6-2】　【案例6-3】　【案例6-4】

【案例6-5】　【案例6-6】　【案例6-7】　【案例6-8】

【案例6-9】　【案例6-10】　【案例6-11】　【案例6-12】

【案例6-13】　【案例6-14】　【案例6-15】　【案例6-16】

【案例6-17】　【案例6-18】　【案例6-19】

本章 小结
BENZHANGXIAOJIE

　　本章主要学习了机床数控系统的结构、特点，以及故障诊断的基本方法，并针对 SIEMENS 810 系统，在结构、连接、端子设定、机床参数设定和调整、常见故障报警与处理等方面作了详细的讲解。本章学习重点在数控系统故障诊断的基本方法和 SIEMENS 810 系统的相关知识点上，这也是学习难点所在。

思考与练习

　　6-1　数控系统的概念是什么？数控系统具有什么特点？

　　6-2　以 CPU 的多少来分类，CNC 装置硬件结构可分为哪几类？分别有何特点？

　　6-3　为提高单机系统的处理速度，增强其数控性能，可采用哪些措施？

　　6-4　共享总线型多机系统和共享存储器多机系统分别有何特点？

　　6-5　CNC 软硬件功能如何划分？假如某一功能既可用硬件实现，也可用软件来实现，则这两种实现方式各有何特点？

　　6-6　数控系统整个软件数据处理流程是怎样的？

　　6-7　什么是多任务并行处理和多重实时中断？

　　6-8　数控系统软件结构模式有哪几种？

　　6-9　数控系统故障诊断的基本方法是什么？

　　6-10　数控系统的自诊断技术有哪几种方式？

　　6-11　SIEMENS 810 系统的主要特点是什么？

　　6-12　SIEMENS 810 系统的硬件结构组成有哪些？

　　6-13　SIEMENS 810 系统的软件结构组成有哪些？

　　6-14　数控机床参数的设定依据是什么？

　　6-15　SIEMENS 810 系统的机床参数大致可以分为哪几类？

　　6-16　SIEMENS 810 系统的 PLC 参数（PLC-MD）包括哪几部分？

　　6-17　修改 SIEMENS 810 系统参数 CNC 参数或 PLC 参数的操作步骤是什么？

　　6-18　数控系统自诊断系统在系统运行过程中主要的监控内容是什么？

　　6-19　SIEMENS 810 系统显示的报警，根据引起故障的不同原因，大致可以分为哪几类？报警如何排除？

　　6-20　数据通信系统的概念是什么？组成部分有哪些？数据通信的连接方式有哪几种？

　　6-21　数据通信的传输方式有哪几种？

　　6-22　常用的数据传输媒体是什么？

　　6-23　什么叫并行通信？什么叫串行通信？常用的串行通信接口是什么？

第7章　伺服系统的故障诊断与维修

本章知识点

1. 伺服系统的概念、组成、工作原理、作用和分类；
2. 常用主轴伺服系统、主轴伺服系统的常见故障形式；
3. 直流主轴伺服系统和交流主轴伺服系统的特点和故障诊断；
4. 常用进给伺服系统、进给伺服系统的结构形式和常见故障；
5. 直流伺服电机与交流伺服电机的维护要求；
6. 进给伺服驱动系统的故障诊断与维修；
7. 位置检测系统的故障诊断与维修。

先导案例

数控万能工具铣床 XK8140A，采用 SIEMENS 810M 系统，停放一周后重新再开动机床时，进给保持灯一直亮着，各轴均无任何反应。XK8140A 万能工具铣床采用 IFT5066 系列交流伺服系统及日本三菱公司的主轴驱动系统，可三轴联动。三轴设置分别为：垂直—Z 轴，纵向—X 轴，横向—Y 轴。如何诊断与维修故障？

7.1　概　　述

7.1.1　伺服系统的概念

数控机床伺服系统是指以机床移动部件的位置和速度作为控制量的自动控制系统，又称随动系统。在数控机床中，伺服系统是连接数控系统和数控机床本体的中间环节，是数控机床的"四肢"。因为伺服系统的性能决定了数控机床的性能，所以要求伺服系统具有高精度、快速度和良好的稳定性。研究与开发高性能的伺服系统一直是现代数控机床的关键技术之一。在实际应用中，数控机床的伺服系统出现故障的概率较高，因此充分认识伺服系统的重要性，掌握伺服系统的故障诊断与维修方法是很有必要的。

7.1.2 伺服系统的组成

数控机床的伺服系统一般由驱动控制单元、驱动元件、机械传动部件、执行元件和检测反馈环节等组成。驱动控制单元和驱动元件组成伺服驱动系统，机械传动部件和执行元件组成机械传动系统，检测元件与反馈电路组成检测装置，亦称检测系统。

7.1.3 伺服系统的工作原理

伺服系统是一种反馈控制系统，它以指令脉冲为输入给定值，与输出被调量进行比较，利用比较后产生的偏差值对系统进行自动调节，以消除偏差，使被调量跟踪给定值。所以伺服系统的运动来源于偏差信号，必须具有负反馈回路，并且始终处于过渡过程状态。在运动过程中实现了力的放大。伺服系统必须有一个不断输入能量的能源，外加负载可视为系统的扰动输入。

7.1.4 伺服系统的作用

在数控机床中，伺服系统是数控装置和机床的联系环节，它的作用是把来自数控装置中插补器的指令脉冲或计算机插补软件生成的指令脉冲，经变换和放大后，转换为机床移动部件的机械运动，并保证动作的快速和准确。数控机床的精度和速度等技术指标，常常取决于伺服系统。

7.1.5 伺服系统的分类

数控机床伺服系统的分类方法很多。按伺服系统有无检测元件或调节原理不同，可分为开环伺服系统、闭环伺服系统和半闭环伺服系统；按作用或功能不同，可分为主轴伺服系统（控制主轴的切削运动，以旋转运动为主）和进给伺服系统（控制机床各坐标轴的切削进给运动）；按驱动电动机不同，可分为直流伺服系统和交流伺服系统；按反馈比较控制方式不同，可分为脉冲比较伺服系统、相位比较伺服系统和幅值比较伺服系统。

7.2 主轴伺服系统故障诊断与维修

机床主轴主传动是旋转运动，传递切削力，伺服驱动系统分为直流主轴驱动系统和交流主轴驱动系统两大类，有的数控机床主轴利用通用变频器，驱动三相交流电动机，进行速度控制。数控机床要求主轴伺服驱动系统能够在很宽范围内实现转速连续可调，并且稳定可靠。当机床有螺纹加工功能、C 轴功能、准停功能和恒线速度加工时，主轴电动机需要装配检测元件，对主轴速度和位置进行控制。

主轴驱动变速目前主要有 3 种形式：一是带有变速齿轮传动方式，可实现分段无级调速，扩大输出转矩，满足强力切削要求的转矩；二是通过带传动方式，可避免齿轮传动时引起的振动与噪声，适用于低转矩特性要求的小型机床；三是由调速电动机直接驱动的传动方式，主轴传动部件结构简单紧凑，这种方式主轴输入的转矩小。

7.2.1 常用主轴驱动系统介绍

1. FANUC 公司主轴驱动系统

从 20 世纪 80 年代开始，FANUC 公司已使用了交流主轴驱动系统，直流驱动系统已被交流驱动系统所取代。目前 3 个系列交流主轴电动机为：S 系列电动机，额定输出功率范围 1.5 ~ 37 kW；H 系列电动机，额定输出功率范围 1.5 ~ 22 kW；P 系列电动机，额定输出功率范围 3.7 ~ 37 kW。该公司交流主轴驱动系统的特点为：

1）采用 CPU 控制技术，进行矢量计算，从而实现最佳控制；

2）主回路采用晶体管 PWM 逆变器，使电动机电流非常接近正弦波形；

3）具有主轴定向控制、数字和模拟输入接口等功能。

2. SIEMENS 公司主轴驱动系统

SIEMENS 公司生产的直流主轴电动机有 1GG5、1GF5、1GL5 和 1GH5 这 4 个系列，与上述 4 个系列电动机配套的 6RA24、6RA27 系列驱动装置采用晶闸管控制。

20 世纪 80 年代初期，该公司又推出了 1PH5 和 1PH6 两个系列的交流主轴电动机，功率范围为 3 ~ 100 kW。驱动装置为 6SC650D 系列交流主轴驱动装置或 6SC611A（SIMODRIVE 611A）主轴驱动模块，主回路采用晶体管 PWM 变频控制的方式，具有能量再生制动功能。另外，采用微处理器 80186 可进行闭环转速、转矩控制及磁场计算，从而完成矢量控制。通过选件实现 C 轴进给控制，在不需要 CNC 的帮助下，实现主轴定位控制。

3. MITSUBISHI 公司主轴驱动系统

MITSUBISHI 公司主轴驱动装置与 CNC 采用总线连接，主回路采用 PWM 技术。主轴与进给轴完全同步，使用 90000P/RPM 脉冲编码器实现 C 轴功能。

MITSUBISHI 公司主轴驱动有 SPJ、SPJ2 型小型化系列，SPJ2 可通过增加 PJEX 扩展单元实现主轴的定位和 C 轴控制，所配备的主轴电动机为 SJ – P、SJ – PF 系列，其功率为 0.2 ~ 7.5 kW。SP 系列是大型主轴驱动装置，所配备的主轴电动机为 SJ 系列，其功率为 0.5 ~ 45 kW。

7.2.2 主轴伺服系统的常见故障形式

当主轴伺服系统发生故障时，通常有 3 种表现形式：一是在操作面板上用指示灯或 CRT 显示报警信息；二是在主轴驱动装置上用指示灯或数码管显示故障状态；三是主轴工作不正常，但无任何报警信息。常见数控机床主轴伺服系统的故障有以下几种。

1. 外界干扰

故障现象：主轴在运转过程中出现无规律性地振动或转动。

原因分析：主轴伺服系统受电磁、供电线路或信号传输干扰的影响，主轴速度指令信号或反馈信号受到干扰，主轴伺服系统误动作。

检查方法：令主轴转速指令信号为零，调整零速平衡电位计或漂移补偿量参数值，观察是否是因系统参数变化引起的故障。若调整后仍不能消除该故障，则多为外界干扰信号引起主轴伺服系统误动作。

采取措施：电源进线端加装电源净化装置，动力线和信号线分开，布线要合理，信号线和反馈线按要求屏蔽，接地线要可靠。

2. 主轴过载

故障现象：主轴电动机过热，CNC 装置和主轴驱动装置显示过电流报警等。

原因分析：主轴电动机通风系统不良，动力连线接触不良，机床切削用量过大，主轴频繁正反转等引起电流增加，电能以热能的形式散发出来，主轴驱动系统和 CNC 装置通过检测，显示过载报警。

检查方法：根据 CNC 和主轴驱动装置提示报警信息，检查可能引起故障的各种因素。

采取措施：保持主轴电动机通风系统良好，保持过滤网清洁；检查动力接线端子接触情况；正确使用和操作机床，避免超载。

3. 主轴定位抖动

故障现象：主轴在正常加工时没有问题，仅在定位时产生抖动。

原因分析：主轴定位一般分机械、电气和编码器 3 种准停定位，当定位机械执行机构不到位，检测装置信息有误时会产生抖动。另外主轴定位要有一个减速过程，如果减速或增益等参数设置不当，也会引起故障。

检查方法：根据主轴定位的方式，主要检查各定位、减速检测元件的工作状况和安装固定情况，如限位开关、接近开关、霍尔元件等。

采取措施：保证定位执行元件运转灵活，检测元件稳定可靠。

4. 主轴转速与进给不匹配

故障现象：当进行螺纹切削、刚性攻牙或要求主轴与进给同步配合的加工时，出现进给停止、主轴仍继续运转，或加工螺纹零件出现乱牙现象。

原因分析：当主轴与进给同步配合加工时，要依靠主轴上的脉冲编码器检测反馈信息，若脉冲编码器或连接电缆有问题，会引起上述故障。

检查方法：通过调用 I/O 状态数据，观察编码器信号线的通断状态；取消主轴与进给同步配合，用每分钟进给指令代替每转进给指令来执行程序，可判断故障是否与编码器有关。

采取措施：更换、维修编码器，检查电缆接线情况，特别注意信号线的抗干扰措施。

5. 转速偏离指令值

故障现象：实际主轴转速值超过技术要求规定指令值的范围。

原因分析：① 电动机负载过大，引起转速降低，或低速极限值设定太小，造成主轴电动机过载；② 测速反馈信号变化，引起速度控制单元输入变化；③ 主轴驱动装置故障，导致速度控制单元错误输出；④ CNC 系统输出的主轴转速模拟量（±10 V）没有达到与转速指令相对应的值。

检查方法：① 空载运转主轴，检测比较实际主轴转速值与指令值，判断故障是否由负载过大引起；② 检查测速反馈装置及电缆，调节速度反馈量的大小，使实际主轴转速达到指令值；③ 用备件替换法判断驱动装置的故障部位；④ 检查信号电缆的连接情况，调整有关参数使 CNC 系统输出的模拟量与转速指令值相对应。

采取措施：更换、维修损坏的部件，调整相关的参数。

6. 主轴异常噪声及振动

首先要区别异常噪声及振动发生在机械部分还是在电气驱动部分：① 若在减速过程中发生，一般是驱动装置再生回路发生故障；② 主轴电动机在自由停车过程中若存在噪声和振动，则多为主轴机械部分故障；③ 若振动周期与转速有关，应检查主轴机械部分及测速装置，若无关，一般是主轴驱动装置参数未调整好。

7. 主轴电动机不转

CNC 系统至主轴驱动装置一般有速度控制模拟量信号和使能控制信号，主轴电动机不转应重点围绕这两个信号进行检查。① 检查 CNC 系统是否有速度控制信号输出；② 检查使能信号是否接通，通过调用 I/O 状态数据，确定主轴的启动条件如润滑、冷却等是否满足；③ 主轴驱动装置故障；④ 主轴电动机故障。

7.2.3 直流主轴伺服系统的特点和故障诊断

1. 直流主轴伺服系统的特点

（1）简化了变速机构

系统简化了传统的主轴变速机构，传统的主轴变速机构采用恒定速度的交流异步电动机，由离合器、齿轮等组成多级机械变速装置。在采用直流主轴伺服系统时通常只要设置高、低两级速度的机械变速机构，就能得到全部的主轴变换速度。电动机的速度由主轴伺服单元控制，变速时间短。通过最佳切削速度的选择，可以提高加工质量和加工效率，并进一步提高可靠性。

（2）具有适应工厂环境的全封闭结构

直流主轴电动机采用全封闭的结构形式，所以能在有尘埃和切削液飞溅的工业环境中使用。

（3）采用特殊的热管冷却系统，外形小

在主轴电动机轴上装入了比铜的热传导率大数百倍的热管，能将转子产生的热立即向外部发散。为了把发热限制在最小限度以内，定子内采用了特殊附加磁极，减小了损耗，提高了效率。电动机的外形尺寸小于同等容量的开启式电动机，容易安装在机床上，而且噪声很小。

（4）驱动方式性能好

主轴伺服单元采用晶闸管三相全波驱动方式，主轴振动小，旋转灵活。

（5）控制功能强，容易与数控系统配合

在与 NC 结合时，主轴伺服单元准备了必要的 D/A 转换器、超程输入、速度计数器用输出等功能。

（6）纯电式主轴定位控制功能

采用纯电式主轴定位控制，能用纯电式手段控制主轴的定位停止，故无须机械定位装置，可进一步缩短定位时间。

2. 直流主轴伺服系统的日常维护

（1）安装注意事项

① 伺服单元应置于密封的强电柜内。为了不使强电柜内温度过高，应将强电柜内部的温升设计在 15 ℃ 以下；强电柜的外部空气引入口务必设置过滤器；要注意从排气口侵入尘埃或烟雾；要注意电缆出入口、门等的密封；冷却风扇的风不要直接吹向伺服单元，以免灰尘等附着在伺服单元上。

② 安装伺服单元时要考虑到易于维修检查和拆卸。

③ 电动机的安装要遵守下列原则：

安装面要平，且有足够的刚性，要考虑到不会受电动机振动等影响；

因为电刷需要定期维修及更换，因此安装位置应尽可能使检修作业容易进行；

出入电动机冷却风口的空气要充分，安装位置要尽可能使冷却部分的检修清洁工作容易进行；

电动机应安装在灰尘少、湿度不高的场所，环境温度应在 40 ℃ 以下；

电动机应安装在切削液和油之类的东西不能直接溅到的位置上。

（2）使用检查

① 伺服系统启动前的检查按下述步骤进行：检查伺服单元和电动机的信号线、动力线等的连接是否正确、是否松动以及绝缘是否良好；强电柜和电动机是否可靠接地；电动机电刷的安装是否牢靠，电动机安装螺栓是否完全拧紧。

② 使用时的检查注意事项：运行时强电柜门应关闭；检查速度指令值与电动机转速是否一致；负载转矩指示（或电动机电流指示）是否太大；电动机有否发出异常声音和异常振动；轴承温度是否有急剧上升的不正常现象；在电刷上是否有显著的火花产生的痕迹。

（3）日常维护

① 强电柜的空气过滤器每月要清扫一次；

② 强电柜及伺服单元的冷却风扇应每两年检查一次；

③ 主轴电动机每天应检查旋转速度、异常振动、异常声音、通风状态、轴承温度、机壳温度和异常味道；

④ 主轴电动机每月（至少也应每三个月）应做电动机电刷的清理和检查、换向器检查；

⑤ 主轴电动机每半年（至少也要每年一次）需检查测速发电机、轴承，做热管冷却部分的清理和绝缘电阻的测量。

3. 直流主轴伺服系统的故障诊断

表 7-1 列出了直流主轴伺服系统的故障现象及故障诊断。

表 7-1　直流主轴伺服系统的故障现象及故障诊断

直流主轴伺服系统的故障现象	发生故障的可能原因
主轴不转	印刷线路板太脏
	触发脉冲电路故障，没有脉冲发生
	主轴电动机动力线断线或与主轴控制单元连接不良
	高/低挡齿轮切换用的离合器切换不好
	机床负载太大
	机床未给出主轴旋转信号
电动机转速异常或转速不稳定	D/A 转换器故障
	测速发电机断线
	速度指令错误
	电动机失效（包括励磁丧失）
	过负荷
	印刷线路板故障
主轴电动机振动或噪声太大	电源缺相或电源电压不正常
	控制单元上的电源开关设定（50 Hz/60 Hz 切换）错误
	伺服单元上的增益电路和颤抖电路调整不好
	电流反馈回路未调整好
	三相输入的相序不对
	电动机轴承故障
	主轴齿轮啮合不好或主轴负载太大
过流报警	电流极限设定错误
	同步脉冲紊乱
	主轴电动机电枢线圈内部短路
	+15 V 电源异常
速度偏差太大	负荷太大
	电流零信号没有输出
	主轴被制动

直流主轴伺服系统的故障现象	发生故障的可能原因
熔丝熔断	印刷线路板不良（LED1 灯亮）
	电动机不良
	测速发电机不良（LED2 灯亮）
	输入电源反相（LED3 灯亮）
	输入电源缺相
热继电器跳闸	LED4 灯亮，表示过负荷
电动机过热	LED4 灯亮，表示过载
过电压吸收器烧坏	由于外加电压过高或干扰引起
运转终止	LED5 灯亮，表示电源电压太低，控制电源不正常
LED2 灯亮	表示励磁丧失
速度达不到最高转速	励磁电流太大
	励磁控制回路不动作
	晶闸管整流部分太脏，造成绝缘能力降低
主轴在加/减速时不正常	减速极限电路调整不良
	电流反馈回路不良
	加/减速回路时间常数设定和负载惯量不匹配
	传动带连接不良
电动机电刷磨损严重，或电刷上有火花痕迹，或电刷滑动面上有深沟	过负荷
	换向器表面太脏或有伤痕
	电刷上粘有大量的切削液
	驱动回路给定不正确

7.2.4 交流主轴伺服系统的特点和故障诊断

目前数控机床的主轴驱动多用交流主轴驱动系统，例如在 SIEMENS 810 系统中较多地使用交流模拟主轴驱动，而 FANUC 0i 系统则可以同时控制两个主轴电动机，两个主轴电动机可以都是数字式控制的；也可以一个是数字式，另一个为模拟式。

主轴驱动具有速度控制和位置控制两种控制方式。普通加工时为速度控制，主轴电动机轴上装有圆形磁性传感器，用作速度反馈。位置控制就是控制主轴的转角或转位，用于主轴同步、主轴定向、刚性攻丝、C轴轮廓的控制。系统在轮廓控制时主轴要与其他轴插补，此时须在机床的主轴上装位置编码器。位置编码器有光电式和磁性传感器2种，用于转角的测量与反馈。主轴控制单元采用单独的CPU控制，从CPU单元输出的控制指令用一条光缆送到主轴的控制单元，数据为串行传送，因此可靠性比较高。

1. 交流主轴伺服系统的特点

交流主轴伺服系统分为模拟式（模拟接口）和数字式（串行接口）两种，交流主轴伺服系统的特点如下。

（1）振动和噪声小

交流主轴伺服系统由于采用了微处理器和最新的电气技术，在全部速度范围内能平滑地运行，并且振动和噪声很小。

（2）采用了再生制动控制功能

在直流主轴伺服系统中，电动机急停时，采用动态能耗制动；而在交流主轴伺服系统中，采用再生制动，可将电动机能量反馈回电网。

（3）交流数字式伺服系统控制精度高

与交流模拟式伺服系统相比，交流数字式伺服系统由于采用数字直接控制，数控系统输出不需要经过D/A转换，所以控制精度高。

（4）交流数字式伺服系统用参数设定（不是改变电位器阻值）调整电路状态

与交流模拟式伺服系统相比，交流数字式伺服系统电路中不用电位器调整，而是采用参数设定的方法调整系统状态，所以比电位器调整准确，设定灵活，范围广，而且可以无级设定。

2. 交流主轴伺服系统的故障诊断

SIEMENS 810 系统常用的主轴驱动系统是 650/611A 主轴驱动系统。

650 系列交流主轴驱动系统发生故障时，通常可以通过驱动系统面板上的数码管显示故障代码，根据故障代码即可判断故障原因。

表 7 - 2 为 650 系列驱动系统故障一览表。

表 7 - 2   650 系列驱动系统故障一览表

故障代码	故障名称	故 障 原 因
F - 01	电源故障	脉冲电缆 G02 - X117 未接好
		输入电源缺相
		主回路进线熔断器 F1、F2 或 F3 熔断
		A0 模块上的 F4、F5 或 F6（驱动系统 6502/6503）熔断或断路器 Q1 断开（驱动系统 6504 以上规格）
		A0 模块不良（驱动系统 6502/6503）
		U1 模块不良

续表

故障代码	故障名称	故障原因
F－02	相序不正确	输入电源的相序不正确
F－11	转速控制器输出最大，但无实际转速反馈	电动机测量系统电缆连接不良
		编码器连接不良
		编码器不良
		电动机电枢与驱动系统连接不良
		电动机处于机械制动状态
		U1 模块故障
		触发电路或 EPROM 故障
		驱动电路中的电源故障
		直流母线熔断器熔断
		未进行新的软件引导
F－12	驱动系统过流	电动机与驱动系统匹配不正确
		驱动系统上存在短路或接地故障
		电流检测电路互感器 U12、U13 故障
		驱动系统内部电缆连接不良
		U1 模块故障
		N1 模块故障
		功率晶体管模块不良
		转矩极限值设定不正确
F－14	电动机过热	电动机过载
		电动机电流设定过大（如 P－96 参数中电动机代码设定错误）
		电动机上的热敏电阻故障
		电动机风扇故障
		U1 模块故障
		电动机绕组存在局部短路
F－15	驱动系统过热	驱动系统过载（电动机与驱动系统匹配不正确）
		环境温度太高
		热敏电阻故障
		风扇故障
		断路器 Q1 或 Q2 跳闸

故障代码	故障名称	故 障 原 因
F-19	温度传感器不良	电动机上的热敏电阻不良
		热敏电阻连接线断线
		环境温度低于 -20 ℃
		U1 模块故障
F-40	驱动系统内部电源故障	+10 V 电源故障
		+15 V 电源故障
		-10 V 电源故障
		+5 V 电源故障
		+24 V 电源故障
		G01 故障
		G02 故障
		U1 故障
		电动机某相对地短路（对地电阻 < 10 kΩ）
F-41	直流母线过电压	电网电压过高
		A0、G01 或 U1 上的电压测量回路故障
		直流母线电容器故障
		直流母线"斩波管" V1 或 V5 故障
		电动机与驱动系统匹配不正确
		二极管 V9 或 V10（仅 6512 和 6520）故障
		在再生制动工作状态时出现外部停电
		电动机某相对地短路
		编码器或连线不良
		参数设定不正确（P176 过大）
F-42	直流母线过电流	驱动系统过载
		A0 故障（仅 6502 和 6503）
		互感器 U11 有故障
		"斩波管" V1、V5 故障
		晶闸管故障（直流母线存在短路）
		功率晶体管不良
		U1 模块故障
		参数设定不正确（P176 过大）
		N1 模块故障

续表

故障代码	故障名称	故 障 原 因
F－48	＋24 V 电源过载	提供给外部的 ＋24 V 电源过载
F－51	直流母线过电压	N1 模块故障；当其他原因引起直流母线过电压时，原因同故障 F－41
F－52	直流母线欠电压	电网电压过低或瞬间中断
		A0 模块故障（仅 6502 和 6503）
		G01（G02）故障
		U1 故障
F－53	直流母线充电故障	G01 模块的晶闸管触发脉冲线 X13/X14 连接不良
		A0 故障（仅 6502 和 6503）
		G02 故障（仅 6502 和 6503）
		G01 故障
		U1 故障
		N1 故障
F－54	电网频率不正确	频率波动过大
		A0 故障（仅 6502 和 6503）
		U1 故障
		N1 故障
F－55	设定值错误	写入 EEPROM 的参数超过极限值或需软件引导
F－56	电网频率计数故障	N1 故障
		U1 故障
		G01 故障
F－57	频率检测故障	N1 故障
F－61	超过电动机最高频率	参数 P29 中的电动机转速极限值设定不正确
F－71	控制模块 EEPROM 低字节与总和校验错误	N1 上的 EEPROM D82 故障
F－72	控制模块 EEPROM 高字节与总和校验错误	N1 上的 EEPROM D80 故障
F－73	控制模块 EEPROM 低字节与总和校验错误	N1 上的 EEPROM D78 有故障
F－74	控制模块 EEPROM 高字节与总和校验错误	N1 上的 EEPROM D76 故障

续表

故障代码	故障名称	故 障 原 因
F－75	EEPROM 总和校验错误	EEPROM 存在错误或需要软件引导
		EEPROM D74 故障
F－77	无初始脉冲	N1 连接不良
		U1 连接不良
		U1 故障
F－78	I/O 程序执行时间超过	EEPROM D74 中故障（需要软件引导或更换 EEPROM）
F－81	直流母线电压过高	G02 故障（仅 6502 和 6503）
		A0 故障（仅 6502 和 6503）
		U1 故障
F－82	主回路进线过电流	A1 故障
		G01 故障
		G02 故障（仅 6502 和 6503）
F－P1	不能达到的位置设定值	主轴定向准停或 C 轴达不到给定的位置
		A73/A74 故障
		编码器连接不良
		参数设定不当
F－P2	缺少零脉冲	主轴"定向准停"缺少零脉冲信号

若接通电源后，显示器上所有数码管均不亮，可能的故障原因有以下几种。

① 主电路进线断路器跳闸；

② 主回路进线电源至少有两相以上存在缺相；

③ 驱动系统至少有两个以上的输入熔断器熔断；

④ 驱动系统模块 A1 中的熔断器熔断；

⑤ 显示模块 H1 和控制模块 N1 之间连接故障；

⑥ 辅助控制电压中的 5 V 电源故障；

⑦ 控制模块 N1 故障。

若接通电源时，数码管上所有数码位均显示 8，即显示状态为 888888，可能的故障原因有以下几种。

① 控制模块 N1 故障；

② 控制模块 N1 上的 EPROM 安装不良或软件出错；

③ 输入/输出模块中的复位信号为 "1"。

611A 系列主轴驱动系统为 SIEMENS 公司在 650 系列基础上改进的交流主轴驱动产品，总体上，除外形、结构、软件版本等与 650 系列驱动相比存在一定的区别外，驱动系统的工作原理、操作方法、参数意义、调整方法、步骤等均与 650 系列驱动系统相同。

611A 系列驱动系统与 650 系列驱动系统相比，最大的区别是采用了模块化结构，进给伺服驱动与主轴驱动公用电源模块，模块与模块、进给伺服驱动系统与主轴驱动系统间通过驱动系统总线连接，因此，既大大减小了驱动装置的体积与制造成本，同时又大大简化了系统的结构，驱动系统的安装、调试、维修都比 650 系列驱动系统更方便。

在 611A 系列驱动系统中，主轴驱动模块根据需要可以安装多个，每一主轴驱动模块均有独立的液晶显示器与操作键，用于显示驱动器工作状态与设定驱动器的内部数据。

主轴驱动模块可以与 SIEMENS 1PH6、1PH4、1PH2、1PH7 等系列的主轴电动机配套，构成交流主轴驱动系统。

611A 系列主轴驱动系统常见的故障及引起故障的原因与 650 系列驱动系统基本相同，但由于结构、软件上的区别，部分故障有所不同，说明如下。

若开机时，611A 主轴驱动系统的液晶显示器上无任何显示，可能的原因有以下几种。

① 输入电源存在 "缺相"；

② 电源模块至少有两相以上输入熔断器熔断；

③ 电源模块的辅助控制电源故障；

④ 驱动系统设备母线连接不良；

⑤ 主轴驱动模块不良；

⑥ 主轴驱动模块的 EPROM/FEPROM 不良。

若主轴驱动系统正常工作后，在较高的主轴速度给定电压输入或主轴定位时，其实际电动机转速总是低于 10 r/min，此故障通常是由主轴电动机的 "相序" 错误引起的，应交换电动机与驱动系统的连线。

主轴驱动系统正常显示后，驱动系统的报警可以通过 6 位液晶显示器的后 4 位进行显示。发生故障时，显示器右边第 4 位显示 "F"，右边第 3 位、第 2 位为报警号；如果右边第 1 位显示 "三"，则表明驱动系统存在多个故障，通过操作驱动器上的 " + "键，可以逐个显示存在的全部故障号。

驱动系统常见的报警号以及可能的原因见表 7 - 3。

表7-3　611A主轴驱动系统常见报警及原因

报警号	内　容	原　因
F07	FEPROM 数据出错	若报警在写入驱动器数据时发生，表明 FEPROM 不良 若正常开机时出现本报警，或者在数据修改后出现本报警，报警的意义为"修改的数据未进行存储"。数据的存储应通过设定参数 P52 = 0001 进行参数的写入操作后才能生效
F08	永久性数据丢失	FEPROM 不良，产生了 FEPROM 数据的永久性丢失，应更换驱动系统的控制模块
F09	编码器出错 1（电动机编码器）	X412 连接的电动机速度检测编码器未连接 X412 连接的电动机速度检测编码器电缆连接不良 X412 连接的速度检测测量电路 1 故障或者控制模块连接不良 X412 连接的速度检测编码器故障
F10	编码器出错 2（电动机编码器）	使用主轴编码 2S（X432）进行定位控制时，报警原因如下： X432 连接的电动机位置检测编码器未连接 X432 连接的电动机位置检测编码器电缆连接不良 X412 连接的位置检测测量电路 2 故障或者控制模块连接不良 X412 连接的速度检测编码器故障 参数 P150 设定不正确
F11	速度调节器输出达到极限值，转速实际值信号错误	电动机速度检测编码器未连接 电动机速度检测编码器电缆连接不良 速度检测编码器故障 电动机接地不良 电动机速度检测编码器屏蔽连接不良 电枢线连接错误或"相序"不正确 电动机转子不良 速度检测实际值测量电路不良或测量电路模块连接不良
F14	电动机过热	电动机过载（如切削负载过重等） 电动机实际电流设定过大，或参数 P96 设定错误 电动机温度检测元件不良 电动机风机不良 实际值测量电路不良 电枢绕组局部短路 机械传动系统不良 环境温度过高

续表

报警号	内 容	原 因
F15	驱动系统过热	驱动系统过载 电气柜内部或者环境温度太高 驱动系统风机不良 驱动系统温度检测元件不良 温度检测元件连线断线 驱动系统模块不良
F17	空载电流过大	电动机与驱动系统不匹配 驱动系统参数设定错误 主电动机轴承部件不良 主轴机械传动系统不良 实际电流测量电路不良 电枢绕组局部短路 驱动系统模块不良
F19	温度检测元件短路或断线	电动机温度检测元件不良 温度检测元件连线断线 测量电路不良
F79	电动机参数设定错误	参数 P159 ~ P176 或 P219 ~ P236 设定错误
FP01	定位给定值大于编码器脉冲数	参数 P121 ~ P125，P131 设定错误
FP02	零位脉冲监控出错	编码系统或传感器无零脉冲
FP03	参数设定错误	参数 P130 的值大于 P131 设定的编码器脉冲数

7.3 进给伺服系统故障诊断与维修

7.3.1 常用进给驱动系统介绍

1. FANUC 进给驱动系统

从 1980 年开始，FANUC 公司陆续推出了小惯量 L 系列、中惯量 M 系列和大惯量 H 系列的直流伺服电动机及相应的驱动装置。中、小惯量伺服电动机采用 PWM 速度控制单元，大惯量伺服电动机采用晶闸管速度控制单元。驱动装置具有多种保护功能，如过速、过电流、过电压和过载等。

20 世纪 80 年代中期，FANUC 公司推出了晶体管 PWM 控制的交流驱动单元和永磁式三相交流同步电动机，电动机有 S 系列、L 系列、SP 系列和 T 系列。

目前广泛使用新一代 α、β 系列交流驱动电动机。α_i 系列结合使用纳米插补和伺服 HRV 控制的高增益伺服系统，可以实现高速、高精度加工。此外，通过自动跟随 HRV 滤波器，可避免因频率变化而造成的机床共振。α_i 系列是高可靠、高性价比的交流伺服系统，通过驱动器代码信息可以很方便地进行诊断维护。

2. SIEMENS 进给驱动系统

SIEMENS 公司在 20 世纪 70 年代生产 1HU 系列永磁式直流伺服电动机，配套的速度控制单元有 6RA20 和 6RA26 系列，前者采用晶体管 PWM 控制，后者采用晶闸管控制用于大功率驱动。进给伺服驱动系统除了各种保护功能外，还具有 I^2t 热效应监控等功能。

1983 年推出交流驱动系统，由 6SC610 系列进给驱动装置和 6SC611A（SIMODRIVE 611A）系列进给驱动模块、1FT5 和 1FT6 系列永磁式交流同步电动机组成，驱动采用晶体管 PWM 控制技术。另外，SIEMENS 公司还有用于数字伺服系统的 SIMODRIVE 611D、SIMODRIVE 611U 系列进给驱动模块。

3. MITSUBISHI 进给驱动系统

MITSUBISHI 公司有 HD 系列永磁式直流伺服电动机，配套的 6R 系列伺服驱动单元，采用晶体管 PWM 控制术，具有过载、过电流、过电压和过速保护，带有电流监控等功能。

交流驱动单元有 MR－J2S 系列，该系列采用高分辨率编码器，能够适应多种系列伺服电动机需求。该驱动单元具有优异的自动调谐性能，高适应性的防振控制，能够进行包含机械性能在内的最佳状态调整功能。MR－E 系列操作简单，具有高响应性，可以高精度定位，能自动调谐实现增益设置。交流伺服电动机有 HC 系列。另外，MITSUBISHI 公司还有数字伺服系统 MDS－SVJ2 系列交流驱动单元。

4. 步进驱动系统

在步进电动机驱动的开环控制系统中，典型的产品比较多，例如，上海开通 KT400 数控系统及 KT300 步进驱动装置，SIEMENS 802S 数控系统配 STEPDRIVE 步进驱动装置及 IMP5 五相步进电动机等。另外，在特种加工和电加工领域应用也较广泛，在我国快走丝线切割机床中，很多采用步进驱动系统。

7.3.2　进给伺服系统的结构形式

伺服系统结构形式的区别主要体现在检测信号的反馈形式上，以带编码器的伺服电动机为例，可分为以下 3 种形式。

1）转速反馈信号与位置反馈信号的处理分离，驱动装置与数控系统配接，这种方式驱动装置与数控系统具有通用性。

2）伺服电动机上的编码器既用来检测转速，又用来检测位置，位置处理和速度处理均在数控系统中完成。

3）伺服电动机上的编码器用来检测速度和位置，伺服驱动单元一方面利用检测信号进

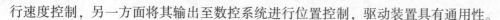

行速度控制，另一方面将其输出至数控系统进行位置控制，驱动装置具有通用性。

在上述 3 种控制方式中，共同的特点是位置控制均在数控系统中进行，且速度控制信号均为模拟信号。

在数字式伺服系统中，数控系统将位置控制指令以数字量的形式输出至数字伺服系统，数字伺服驱动单元本身具有位置反馈和位置控制功能，能独立完成位置控制；数控系统和数字伺服驱动单元采用串行通信的方式，可减少连接电缆，便于机床安装和维护，提高了系统的可靠性。能实现数字伺服控制的数控系统有 MITSUBISHI MELDAS 50、FANUC OD、SIEMENS 810D 和 SIEMENS 840D 等。

7.3.3 进给伺服系统的常见故障形式

当进给系统出现故障时，通常有 3 种表现形式：一是在 CRT 或操作面板上显示报警内容或报警信息；二是在进给驱动单元上用报警灯或数码管显示驱动单元的故障；三是进给运动不正常，但无任何报警信息。进给伺服系统常见的故障有以下几种。

1. 超程

当进给运动超过由软件设定的软限位或超过由限位开关决定的硬限位时，就会发生超程报警，一般会在 CRT 上显示报警内容，根据数控系统说明书，即可排除故障，解除报警。

2. 过载

当进给运动的负载过大，频繁正、反向运动以及进给传动链润滑状态不良时，均会引起过载报警。一般会在 CRT 上显示伺服电动机过载、过热或过流等报警信息，同时，在强电枢中的进给驱动单元上，用指示灯或数码管提示驱动单元过载、过电流等信息。

3. 窜动

在进给时出现窜动现象的原因有：① 测速信号不稳定，如测速装置故障、测速反馈信号干扰等；② 速度控制信号不稳定或受到干扰；③ 接线端子接触不良，如螺钉松动等。若窜动发生在由正向运动向反向运动的瞬间，一般是由进给传动链的反向间隙或伺服系统增益过大所致。

4. 爬行

发生在启动加速段或低速进给时，一般是由进给传动链的润滑状态不良、伺服系统增益过低及外加负载过大等因素所致。尤其要注意的是，伺服电动机和滚珠丝杠连接用的联轴器，由于连接松动或联轴器本身的缺陷，如裂纹等，造成滚珠丝杠转动和伺服电动机的转动不同步，从而使进给运动忽快忽慢，产生爬行现象。

5. 振动

分析机床振动周期是否与进给速度有关。① 如与进给速度有关，振动一般与该轴的速度环增益太高或速度反馈故障有关。② 若与进给速度无关，振动一般与位置环增益太高或位置反馈故障有关。③ 如振动在加减速过程中产生，往往是系统加减速时间设定过小造成的。

6. 伺服电动机不转

数控系统至进给驱动单元除了速度控制信号外，还有使能控制信号，一般为 DC + 24 V 继电器线圈电压。检查方法有：① 检查数控系统是否有速度控制信号输出。② 检查使能信号是否接通。通过 CRT 观察 I/O 状态，分析机床 PLC 梯形图（或流程图），以确定进给轴的启动条件，如润滑、冷却等是否满足。③ 对带电磁制动的伺服电动机，应检查电磁制动是否释放。④ 进给驱动单元故障，伺服电动机故障。

7. 位置误差

当伺服轴运动超过位置允差范围时，数控系统就会产生位置误差过大的报警，包括跟随误差、轮廓误差和定位误差等。主要原因有：① 系统设定的允差范围过小。② 伺服系统增益设置不当。③ 位置检测装置有污染。④ 进给传动链累积误差过大。⑤ 主轴箱垂直运动时平衡装置（如平衡油缸等）不稳。

8. 漂移

当指令值为零时坐标轴仍移动，从而造成位置误差。通过漂移补偿和驱动单元上的零速调整来消除。

9. 回参考点故障

机床不能回参考点或回得不准。

7.3.4 直流伺服电动机与交流伺服电动机的维护

1. 直流伺服电动机的维护

（1）直流伺服电动机的检查

① 在数控系统处于断电状态且电动机已经完全冷却的情况下进行检查。

② 取下橡胶刷帽，用螺钉旋具拧下刷盖取出电刷。图 7 - 1 为直流伺服电动机电刷安装部位示意图。

③ 测量电刷长度，如 FANUC 直流伺服电动机的电刷由 10 mm 磨损到小于 5 mm 时，必须更换同型号的新电刷。

④ 仔细检查电刷的弧形接触面是否有深沟或裂痕，以及电刷弹簧上有无打火痕迹。如有上述现象，则要考虑电动机的工作条件是否过分恶劣或电动机本身是否有问题。

⑤ 将不含金属粉末及水分的压缩空气导入装电刷的刷握孔，吹净粘在孔壁上的电刷粉末。如果难以吹净，可用螺钉旋具尖轻轻清理，直至孔壁全部干净为止，但要注意不要碰到换向器表面。

⑥ 重新装上电刷，拧紧刷盖。如果更换了新电刷，应使电动机空运行跑合一段时

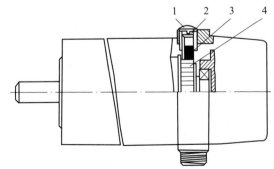

图 7 - 1 直流伺服电动机电刷安装部位

1—橡胶刷帽；2—刷盖；3—电刷；4—换向器

间，以使电刷表面和换向器表面相吻合。

（2）直流伺服电动机的日常维护

① 每天在机床运行时的维护检查。在电动机运转过程中要注意观察电动机的旋转速度；检查电动机是否有异常的振动和噪声；检查电动机是否有异常臭味；检查电动机的机壳和轴承的温度。

② 直流伺服电动机的定期检查。直流伺服电动机带有数对电刷，电动机旋转时，电刷与换向器摩擦而逐渐磨损。电刷异常或过度磨损会影响电动机工作性能，所以对直流伺服电动机进行定期检查是必要的。数控车床、铣床和加工中心中的直流伺服电动机应每年检查一次，频繁加、减速的机床（如冲床等）中的直流伺服电动机应每两个月检查一次。对电动机电刷进行清理和检查时，要注意电动机电刷的允许使用长度。

③ 每半年（最少也要每年一次）的定期检查。这包括测速发电机的检查，电枢绝缘电阻的检查等。

（3）直流伺服电动机的存放要求

不要将直流伺服电动机长期存放在室外，同时也要避免存放在湿度高、温度有急剧变化和多尘的地方。如需存放一年以上，应将电刷从电动机上取下来，否则易腐蚀换向器，损坏电动机。

（4）当机床长期不运行时的保养

在机床长达几个月不开启的情况下，要对全部电刷进行检查，并要认真检查换向器表面是否生锈。如有锈，要用特别缓慢的速度，充分、均匀地运转。经过 1~2 h 后再行检查，直至处于正常状态，方可使用机床。

2. 交流伺服电动机的维护

交流伺服电动机与直流伺服电动机相比，最大的优点是不存在电刷维护的问题。应用于进给驱动的交流伺服电动机多采用交流永磁同步电动机，根据不同的规格要求，其永磁材料分别采用铁氧体、铝镍和稀土材料。电动机采用全封闭结构形式，其特点如下。

① 采用独特的转子结构，使其气隙磁密按正弦分布，从而达到最小的转矩波动；

② 定子采用无机壳结构，有良好的冷却效果，能减小体积，减轻重量，并具有较好的加减速性能；

③ 无刷和全封闭的结构形式，使得电动机不需维修，即使在恶劣的使用环境下仍有很长的寿命。

7.3.5　直流伺服电动机与交流伺服电动机的故障诊断与维修

1. 直流伺服电动机的故障诊断与维修

直流伺服电动机的常见故障及其诊断如下。

（1）伺服电动机不转

当机床开机后，CNC 工作正常，但伺服电动机不转。从电动机本身以及相关部分来说，可能有以下几方面的原因。

① 电枢线断线或接触不良。

② 电动机永磁体脱落。

③ 制动器不良或制动器未通电造成的制动器未松开。

（2）伺服电动机过热

伺服电动机过热可能的原因如下。

① 电动机负载过大。

② 由于切削液和电刷灰引起换向器绝缘不正常或内部短路。

③ 由于电枢电流大于磁钢去磁最大允许电流，造成磁钢发生去磁。

④ 对于带有制动器的电动机，可能是制动线圈断线、制动器未松开、制动摩擦片间隙调整不当而造成制动器不释放。

（3）伺服电动机旋转时有大的冲击

若机床电源刚接通，伺服电动机即有冲击，通常是由电枢或测速机极性相反引起的。若在运动过程中出现冲击，可能的原因如下。

① 测速发电机输出电压突变。

② 测速发电机输出电压的"纹波"太大。

③ 电枢绕组不良或内部短路、对地短路。

④ 测速发电机或者脉冲编码器不良。

（4）低速加工时工件表面有大的振纹

造成低速加工时工件表面振纹的原因较多，包括刀具、切削参数、机床等方面的原因，应予以综合分析，从电动机方面考虑有以下原因。

① 电动机的永磁体被局部去磁。

② 测速发电机性能下降。

（5）伺服电动机噪声大

造成直流伺服电动机噪声的原因主要有以下几种。

① 换向器接触面粗糙或换向器损坏。

② 电动机轴向间隙太大。

③ 切削液等进入电刷槽中，引起换向器的局部短路。

（6）伺服电动机在运转、停车或变速时有振动现象

造成直流伺服电动机转动不稳、振动的原因主要有以下几种。

① 测速发电机或者脉冲编码器不良。

② 电枢绕组不良，绕组内部短路或对地短路。

③ 若在工作台快速移动时产生机床振动，甚至有较大的冲击或伺服驱动器的熔断器熔断，故障的主要原因是测速发电机电刷接触不良。

2. 交流伺服电动机的故障诊断与维修

交流永磁同步电动机结构的特点是磁极是转子，定子的电枢绕组与三相交流电动机电枢绕组一样，但它由三相逆变器供电，通过电动机转子位置检测器产生的信号去控制定子绕组

的开关器件，使其有序导通，实现换流作用，从而使转子连续不断地旋转。转子位置检测器与电动机转子同轴安装，用于转子的位置检测，检测装置一般为霍耳开关或具有相位检测的光电脉冲编码器。

（1）交流伺服电动机常见故障

① 接线故障。由于接线不当，在使用一段时间后就可能出现一些故障，主要为插座脱焊、端子接线松开引起的接触不良。

② 转子位置检测装置故障。当霍尔开关或光电脉冲编码器发生故障时，会引起电动机失控，使进给有振动现象。

③ 电磁制动故障。带电磁制动的伺服电动机，当电磁制动器出现故障时，会出现得电不松开、失电不制动的现象。

（2）交流伺服电动机故障判断方法

用万用表或电桥测量电枢绕组的直流电阻，检查是否断路，并用兆欧表检查绝缘是否良好。将电动机与机械装置分离，用手转动电动机转子，正常情况下感觉有阻力，转一个角度后手放开，转子有返回现象。如果用手转动转子时能连续转几圈并能自由停止，表明该电动机已损坏；如果用手转不动或转动后无返回，则电动机机械部分可能有故障。

由交流伺服电动机故障引起的机床故障，主要表现为机床振动和紧急制动等。

7.3.6 进给伺服驱动系统的故障诊断与维修

1. 直流进给伺服驱动系统的故障诊断与维修

SIEMENS 常用的直流伺服系统为 6RA26 系列产品，一般用于 20 世纪 80 年代进口的数控机床上，配套的 CNC 有 SIEMENS 3、6、8、PRIMOS、850/880 等。虽然，SIEMENS 直流驱动直接与 810 系统配套使用的场合并不多，但根据实际维修情况，部分经过更换 810 系统改造的数控机床仍然有保留原直流伺服驱动的情况，加上在其他系统配套使用该驱动的场合也较多，因此它也属于维修过程中的常见驱动系统之一。

（1）6RA26 系列伺服驱动系统的主要特点

SIEMENS 6RA26 ＊＊系列直流伺服驱动系统常用的有 6RA26 ＊＊－6MV30 与 6RA26 ＊＊－6DV30 两种规格，前者（6MV30）用于电枢电压为 200 V 的直流伺服电动机驱动，后者（6DV30）用于电枢电压为 400 V 的直流伺服电动机驱动，最大输出电流均可以达到 175 A。

6RA26 系列产品一般与 1HU 系列永磁式直流伺服电动机或 1GS 系列他励直流伺服电动机配套，组成数控机床的伺服进给驱动系统。

驱动系统与 CNC 的位置控制配合，位置增益可以达到 30 s^{-1} 以上，适用于大部分数控机床的位置控制。

6RA26 ＊＊系列直流伺服驱动系统主回路采用了三相全控反并联桥式整流电路，逻辑无环流双闭环调速，电流环为内环，速度环为外环。速度环与电流环均采用 P、I 独立可调的比例－积分（PI）调节器，保证了改变比例系数 P 不影响积分常数 I（反之亦然），为系统调整提供了方便。

为了提高系统的可靠性，该系列驱动系统主要采取了以下措施。

① 晶闸管触发电路采用了填充式双脉冲触发电路，可以有效防止反并联桥式整流中存在的逆变颠覆现象。

② 驱动系统除常规的保护外，还设置了相序保护与欠压保护等保护措施，提高了可靠性。

③ 通过电流给定的静态颤动偏置，以及采用大增益（$P > 5$）的电流调节器，提高了系统的快速性。

④ 电流调节器引入了电流自适应控制，且比例系数与积分常数独立调节，使系统在轻载情况下仍然能运行平稳，增加了系统的调速范围。

⑤ 系统的速度调节器引入了加速度调节，可以有效防止超调。

（2）6RA26 系列伺服驱动系统的状态指示

SIEMENS 6RA26 * * 系列直流伺服驱动系统设有不同的状态指示灯，其含义如下。

1）电源故障指示灯 V96。故障指示灯 V96 安装于电源同步与触发控制板 A2 上，当指示灯亮时表示驱动系统存在故障，其可能的原因有如下几点。

① 电源相序不正确。

② 电源缺相。

③ 电源电压低于额定值的 80%。

④ 驱动系统的控制端 63 未输入使能信号。

2）200 ms 延时封锁指示灯 V57。200 ms 延时封锁指示灯 V57 安装在电源同步与触发控制板 A2 上，指示灯亮时代表驱 动系统处于停止状态，可能的原因有如下几点。

① 电枢回路或励磁（1GS 系列他励直流伺服电动机）回路断线。

② 速度反馈信号线断线。

③ 测速机不良。

④ 励磁电流太小（仅 1GS 系列他励直流伺服电动机）。

⑤ 驱动系统的控制端 63 未输入使能信号。

⑥ 驱动系统的控制端 64 未输入使能信号。

3）调节器释放状态指示灯 V52。调节器释放状态指示灯 V52 安装于电源同步与触发控制板 A2 上，指示灯亮时代表驱 动系统处于"封锁"状态，可能的原因是驱动系统的控制端 64 未输入使能信号。

4）正组工作指示灯 V56。调节器正组工作指示灯 V56 安装于电源同步与触发控制板 A2 上，指示灯亮时代表驱动器主回路 SCR 的"正组"处在工作状态。坐标轴静止时，由于闭环调节作用，正组工作指示灯 V56 与下述的反组工作指示灯 V55 交替闪烁。

5）反组工作指示灯 V55。调节器反组工作指示灯 V55 安装于电源同步与触发控制板 A2 上，指示灯亮时代表驱动系统主回路 SCR 的"反组"处在工作状态。与上述正组工作指示灯 V56 一样，坐标轴静止时，与正组工作指示灯 V56 交替闪烁。

（3）6RA26 系列驱动系统的故障诊断与维修

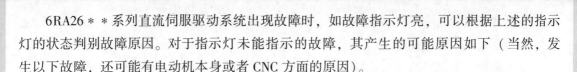

6RA26＊＊系列直流伺服驱动系统出现故障时，如故障指示灯亮，可以根据上述的指示灯的状态判别故障原因。对于指示灯未能指示的故障，其产生的可能原因如下（当然，发生以下故障，还可能有电动机本身或者 CNC 方面的原因）。

1）主回路熔断器熔断。主回路熔断器熔断是 SCR 驱动系统的常见故障，造成熔断器熔断的原因有下述几种。

① 电源进线相序不正确。由于 SCR 驱动器存在触发脉冲与主电路的同步问题，因此对输入电源的相序有严格的要求，若相序不正确，接通电源可能会立即引起驱动系统主回路熔断器的熔断。

② 机械故障造成负载过大。工作台的摩擦阻力太大，齿轮啮合不良引起卡死，工件与机床的干涉、碰撞，机械部件的锁紧等都可能造成负载过大。出现以上故障时，一般可通过脱开电动机与机械传动系统间的连接与测量电动机的实际工作电流来进一步判断确认。

③ 切削条件不合适。如机床切削量过大、连续重切削等。

④ 驱动系统存在故障。如控制单元的元器件损坏、控制板上设定端设定错误、电位器调整不当等。

⑤ 驱动系统与电动机之间的连接错误。如速度负反馈被接成正反馈，使电动机"飞车"或系统处于振荡状态。

⑥ 电动机选用不合适或电动机不良。如：因长期工作或其他原因引起直流伺服电动机的退磁，造成励磁电流过大；电动机绕组存在局部短路，从而引起驱动器熔断器熔断。

2）伺服电动机不转。当机床开机后，CNC 工作正常，但伺服电动机不转，从驱动系统以及相关部分来说，可能有以下几方面的原因。

① 电枢线断线或接触不良。

② 脉冲使能信号或控制使能信号没有送到驱动系统，这时，通常是驱动系统的 V57 指示灯不亮。

③ 速度指令电压连接线连接不良或者断线。

④ 对于带制动器的电动机来说，可能是制动器不良或制动器未通电造成的制动器未松开。

⑤ 松开制动器用的直流电压未接入或整流桥损坏、制动器断线等。

3）电动机转速过高。造成电动机转速过高的原因主要有以下几种。

① 电动机电枢极性接反，使速度环变成了正反馈。

② 测速发电机极性接反，使速度环变成了正反馈。

③ 他励伺服电动机的励磁回路的电压过低，如励磁控制回路的电压调节过低或励磁回路断线。

④ 速度给定输入电压过高。

4）电动机运转不稳，速度时快时慢。造成这种故障的原因主要有以下几种。

① 驱动器参数调整不当，调节器未达到最佳工作状态。

② 由于干扰、连接不良引起的速度反馈信号不稳定。

③ 测速发电机安装不良，或测速发电机与电动机轴的连接不良。

④ 伺服电动机的炭刷磨损。

⑤ 电枢绕组局部短路或对地短路。

⑥ 速度给定输入电压受到干扰或连接不良。

5）电动机启动时间太长或达不到额定转速。造成这种故障的原因主要有以下几种。

① 驱动系统的给定滤波器参数调整不当。

② 驱动系统的励磁回路参数调整不当，励磁电流过低。

③ 电流极限调节过低。

6）输出转矩达不到额定值。造成这种故障的原因主要有以下几种。

① 驱动系统的电流极限调节过低。

② 速度调节器的输出限幅值调整不当。

③ 驱动系统的励磁回路参数调整不当。

④ 伺服电动机制动器未完全松开。

⑤ 电枢线连接不良，接触电阻太大。

7）伺服电动机发热。造成这种故障的原因主要有以下几种。

① 驱动系统的电流极限调节过高。

② 驱动系统的励磁回路参数调整不当，励磁电流过高。

③ 伺服电动机制动器未完全松开。

④ 电枢绕组局部短路或对地短路。

除以上驱动系统本身不良外，当驱动系统在数控机床上使用时还可能出现以下综合性的故障。

8）机床振动。若坐标轴在数控机床停止时或在移动过程中出现振动、爬行现象，除驱动系统本身设定、调整不当外，引起机床振动的原因主要有下述几种。

① 机械系统连接不良，如联轴器损坏等。

② 测速发电机不良。对于测速发电机不良的情况，可首先断开系统的位置环与速度环，手动进行电动机的旋转，观察速度反馈电压波形，如果出现电压突然"跳变"的波形，说明反馈部件不良。

③ 电动机电枢线圈不良（如局部短路等）。这种情况可以通过测量电动机的空载电流进行确认，若出现空载电流与转速成正比增加的情况，说明电动机内部有局部短路现象。

出现本故障一般应首先清理换向器，检查电刷等环节，再进行测量确认。如果故障依然存在，则可能是电动机绕组存在局部短路现象，应对电动机进行进一步的检查，必要时对其进行维修。

④ 驱动系统不良。应首先检查驱动系统的调整与设定，若调整与设定正确，可通过更换驱动系统的控制线路板进行确认，必要时进行控制线路板的维修处理。

⑤ 外部干扰。对于固定不变的干扰，可检查速度、电流检测端子以及同步端的波形，检查是否存在干扰，并采取相应的措施。对于偶然性干扰，只有通过有效的屏蔽、可靠的接

地等措施，尽可能避免。

⑥ 系统振荡。应观察电动机电流的波形是否有振荡，引起振荡的可能原因是调整不当，测速发电机不良，或是机械传动系统的间隙太大等。

9）超调。当驱动器本身无故障时，造成进给系统超调的原因有下述两种。

① 伺服系统的速度环增益过低或位置环增益过高。

可以通过调整驱动器的电位器 R25 提高速度环增益，或通过改变 CNC 的机床参数，降低位置环增益进行优化处理。

② 伺服进给系统和机械进给系统的刚性过低。应检查机械传动系统，提高伺服进给系统的刚性。

10）单脉冲进给精度差。产生这种现象的原因有以下两种。

① 机械传动系统存在间隙、死区或精度不足。应重新调整机械传动系统，消除间隙，减小摩擦阻力，提高机械传动系统的灵敏度。

② 伺服系统速度环或位置环增益太低。应通过调整速度控制单元的电位器 R25、R51，或通过改变 CNC 的机床参数，提高位置环增益，进行优化处理。

11）低速爬行。在伺服进给系统元件本身无故障时，造成低速爬行的原因有以下两种。

① 系统不稳定，产生低频振荡。

② 机械传动系统惯量过大。

对于这种情况，有时可以通过改变印刷线路板上驱动器的相关参数来调整解决。

12）圆弧切削时切削面出现条纹。造成这一现象的原因有以下几种。

① 伺服系统增益设定不当。可以通过降低位置环增益，提高速度环增益解决。

② 检查驱动器的电流波形，确认电流是否连续。

③ 检查机械传动系统是否有连接松动、间隙等。

由于伺服驱动系统的报警原因较多，它可能涉及 CNC、速度控制单元、伺服电动机、连接等多个方面，维修时应参考相关内容。

2. 交流进给伺服驱动系统的故障诊断与维修

SIEMENS 公司常用的交流模拟伺服主要有 SIMODRIVE 610 系列、SIMODRIVE 611A 系列两种规格。其中 610 系列产品为 SIEMENS 公司早期的交流模拟伺服驱动产品，它主要与该公司的 1FT5 系列交流伺服电动机配套，作为数控机床的进给驱动使用。610 驱动器以 ±10 V 模拟量作为速度给定指令，内部采用速度、电流双闭环控制，PWM 调制。系列产品的伺服驱动独立组成装置（不与主轴驱动一体），全部进给轴共用整流直流电源，调节器模块与功率驱动模块可根据机床需要选择。一套驱动装置最大可以安装 6 个轴的调节器模块与功率驱动模块，输入电压为三相 AC 165 V，直流母线电压为 DC 210 V，6 个轴的最大总功率可以达到 40 kW。611A 系列产品为 SIEMENS 公司在 610 系列基础上改进的交流模拟伺服驱动产品，它与 610 系列的主要区别是主轴驱动与伺服驱动共用电源模块和控制总线，是一种进给、主轴一体化的结构形式，驱动器整体体积比 610 系列大大缩小。611A 系列产品中的伺服驱动器可以与该公司的 1FT4、1FT5、1FT6 系列交流伺服电动机配套，驱动器仍然以 ±10 V 模拟量作为速度给定指令，性能与 610 系列相似。以上两种产品是 810 系统常用的驱动系统。

（1）610 驱动系统的使用要求

① 为减少开机瞬间对电网和驱动器的冲击，对于功率较大的驱动器，在进线侧应加浪涌电压限制器。

② 驱动系统的控制端 96 具有外部电流极限控制功能，当使用该功能时，调节器模块内部的速度监控功能将被取消。在这种情况下，如遇到电动机"堵转"、电动机缺相等故障时，驱动系统将不再产生报警，因此，在通常情况下最好使用内部电流极限控制功能。

③ 驱动系统具有停机"故障存储"功能，利用该功能可以在主回路电源断开后，将故障报警电路改变为由外部电源供电，使故障信息得以保存。使用该功能应注意的有：

外加的 +24 V 直流电压最好通过 PLC 进行控制，正常工作时，外部 +24 V 不加入驱动系统，当出现故障使主回路停机时，再通过 PLC 加入。由于驱动系统内有很大的滤波电容，在关机的数秒钟内，即使未加入外部电源也不会导致故障信息的丢失。

如控制需要，希望驱动系统始终外加 +24 V 直流电压时，这一电源的电压应在 DC 18 ~ 22 V 的范围，如电压过高，可能会造成驱动系统内、外电源间的相互影响，造成器件功耗的增加，使驱动器产生报警。

④ 维修时应检查电气柜的通风状况，如发现风扇不转或风量明显减弱，应立即维修，以免散热不良造成功率器件的损坏。

（2）610 系列驱动系统的故障诊断与维修

610 伺服驱动系统最常见的故障是电源模块与调节器模块的故障。电源模块（G0）上设有 4 个故障指示灯，由下到上依次为 V1 ~ V4。各指示灯亮代表的含义如下。

V1：驱动系统存在报警（∑故障）。

V2：驱动系统 ±15 V 辅助电源故障。

V3：直流母线过电压。

V4：驱动系统端子 63/64 未输入使能信号。

调节器模块中，每轴都安装有 4 个故障指示灯，由上到下依次为 V1（V5、V9），V2（V6、V10），V3（V7、V11），V4（V8、V12）。其中，V1 ~ V4 为第 1 轴，V5 ~ V8 为第 2 轴，V9 ~ V12 为第 3 轴。各指示灯亮代表的含义如下。

V1（V5、V9）：测速反馈报警。

V2（V6、V10）：速度调节器达到输出极限。

V3（V7、V11）：驱动器过载报警（I^2t 监控）。

V4（V8、V12）：伺服电动机过热。

当驱动系统发生报警时，相应的报警指示灯亮，在不同的故障情况下，故障指示灯的显示及可能的原因见表 7 - 4。

表7－4 610伺服驱动系统的常见故障及其诊断

故障现象	显 示	含 义	可能原因
电动机不转	G0－V4 亮	端子63、64 无使能信号	未加使能或 R20、R21 未接通
	所有指示灯不亮		电源未加入或电源有故障
	G0－V1 亮 G0－V2 亮 G0－V3 亮	±15 V 故障，或直流母线电压过高	供电电压过高 负载惯量过大 电流极限调整不当
	G0－V1 亮 N＊－V1 亮	转速监控电路报警	测速发电机或测速反馈电缆故障
	G0－V1 亮 N＊－V2 亮	速度调节器输出达到极限	电枢线断 机械负载过大 电动机和驱动器之间的电缆连接不良 功率模块故障，调节器和功率模块之间的带状电缆有故障 电动机相序连接不正确
电动机运行中断	G0－V1 亮 G0－V3 亮	直流母线过压	负载惯量过大 电流极限设定与实际电动机不匹配 电动机转速超过额定转速 直流母线电压控制回路不良 垂直轴平衡系统不良
	G0－V1 亮 N＊－V3 亮 N＊－V4 亮	$I^2 t$ 监控或电动机过热	加减速时间超过极限值（200 ms） 电流极限值设定太低 负载惯量过大 加减速过于频繁 伺服电动机不良 机械负载太重
电动机运行不平稳			伺服电动机不良 速度调节器比例增益太低 速度反馈不良 由于屏蔽不当或"地线"错误，引起干扰
熔断器熔断			功率模块不良 电源模块或直流母线电压控制线路故障

（3）611A 系列驱动系统的故障诊断与维修

611A 系列驱动系统与 610 系列十分类似，其故障分析的方法基本相同。

在 611A 系列驱动系统中，由于伺服驱动、主轴公用电源模块，因此故障多与电源模块有关，当 611A 伺服驱动系统出现故障时可以根据表 7 - 5 进行分析处理。

表 7 - 5　611A 伺服驱动系统的常见故障及其诊断

故障现象	原因分析	措　施
电源模块无任何显示	驱动系统电源未输入 驱动系统电源模块内部熔断器熔断 电源模块连接端 X181 的 1U1/2U1、1V1/2V1、lW1/2W1 未短接 电源模块不良	检查机床强电回路，加入主电源 更换电源模块内部熔断器 短接 X181 的 1U1/2U1、1V1/2V1、lW1/2W1 端 更换电源模块
加入电源后，电源模块只有 EXT 指示灯亮	电源模块端子 9/48 未接通 电源模块端子 9/63 未接通 电源模块端子 9/64 未接通 电源模块不良	检查机床强电回路或者 PLC 程序，加入对应的使能信号 更换电源模块
加入电源后，电源模块 EXT、UNIT 指示灯一直保持同时亮	电源模块端子 9/63 未接通 电源模块端子 9/64 未接通 驱动系统电源模块内部熔断器熔断 电源模块不良	检查机床强电回路或者 PLC 程序，加入对应的使能信号 更换电源模块内部熔断器 更换电源模块
电源模块使能信号正常，但只有 EXT 指示灯亮	电源模块端子 AS1/AS2 未接通 直流母线未连接或者连接错误 电源模块不良	检查机床强电回路或者 PLC 程序，加入对应的 AS1/AS2 控制信号 重新连接直流母线 更换电源模块
电源模块输入报警指示灯（≈）亮	输入电源缺相 电源电压过低 电源模块不良	检查机床强电回路 测量输入电源，提高输入电压 更换电源模块
电源模块输入 ± 15 V、+ 5 V 报警指示灯亮	驱动系统控制总线未连接或者连接错误 电源模块内部辅助电源回路故障	重新连接控制总线 对电源模块进行维修处理或者更换电源模块
电源模块 UDC 报警指示灯亮	直流母线电压过高 外部输入电压过高 电源模块不良	检查外部输入电压 检查直流母线电压 更换电源模块

续表

故障现象	原因分析	措施
电源模块 UNIT 指示灯亮,但无准备好信号输出	电源模块设定不正确 +24 V 电源故障 电源模块不良	改变设定,更换或维修电源模块
电源模块只有 UNIT 指示灯亮,准备好信号输出	正常工作状态	
伺服驱动模块报警指示灯 H1 亮	电动机相序错误 驱动模块过热 伺服电动机过热 电动机与驱动器间的电缆连接不良 环境温度过高 电动机温度传感器不良 伺服驱动模块设定错误 机械运动部件干涉 电动机负载过大 驱动模块不良	根据不同原因,分别处理
伺服驱动模块报警指示灯 H2 亮	测速反馈电缆连接不良 伺服电动机内装式测速发电机不良 伺服电动机内装式转子位置检测故障 驱动模块不良	根据不同原因,分别处理

7.4 位置检测系统的故障诊断与维修

在伺服系统中,不仅有位置检测反馈还有速度检测反馈,检测元件的精度是影响机床精度的主要因素之一。检测的精度不仅取决于检测传感器,也取决于测量电路。在实际生产过程中,数控机床检测反馈系统常出现故障,因此,分析检测反馈系统对数控机床的故障与维修很有必要。

7.4.1 位置检测系统的故障形式

当位置控制出现故障时,往往在 CRT 上显示报警号及报警信息。大多数情况下,若正在运动的轴实际位置误差超过机床参数所设定的允差值，则产生轮廓误差报警；若机床坐标轴定位时的实际位置与给定位置之差超过机床参数设定的允差值，则产生静态误差监视报警；若位置测量硬件出现故障，则产生测量装置监控报警等。

7.4.2 位置检测元件的维护

1. 光栅的维护

光栅有两种形式，一是透射光栅，即在一条透明玻璃片上刻有一系列等间隔密集线纹；二是反射光栅，即在长条形金属镜面上制成全反射或漫反射间隔相等的密集条纹。光栅输出信号有：两个相位信号输出，用于辨向；一个零标志信号（又称一转信号），用于机床回参考点的控制。

光栅尺的维护要点如下。

（1）防污

① 光栅尺由于直接安装于工作台和机床床身上，因此，极易受到冷却液的污染，从而造成信号丢失，影响位置控制精度。

② 冷却液在使用过程中会产生轻微结晶，这种结晶在扫描头上形成一层薄膜且透光性差，不易清除，故要慎重选用冷却液。

③ 加工过程中，冷却液的压力不要太大，流量不要过大，以免形成大量的水雾进入光栅。

④ 光栅最好通入低压压缩空气（10^5 Pa 左右），以免扫描头运动时形成的负压把污物吸入光栅。压缩空气必须净化，滤芯应保持清洁并定期更换。

光栅上的污染物可以用脱脂棉蘸无水酒精轻轻擦除。

（2）防振

光栅拆装时要用静力，不能用硬物敲击，以免引起光学元件的损坏。

2. 光电脉冲编码器的维护

光电脉冲编码器是在一个圆盘的边缘上开有间距相等的缝隙，在其两边分别装有光源和光敏元件。当圆盘转动时，光线的明暗变化经光敏元件变成电信号的强弱，从而得到脉冲信号。编码器的输出信号有：两个相位信号输出，用于辨向；一个零标志信号，用于机床回参考点的控制。另外还有 +5 V 电源和接地端。

光电脉冲编码器的维护要点如下。

（1）防污和防振

由于编码器是精密测量元件，使用环境或拆装要与光栅一样注意防污和防振。污染容易造成信号丢失，振动容易使编码器内的紧固件松动脱落，造成内部电源短路。

（2）防松

脉冲编码器用于位置检测时有两种安装方式。一种是与伺服电动机同轴安装，称为内装式编码器，如西门子 1FT5、1FT6 伺服电动机上的 ROD320 编码器；另一种是编码器安装于传动链末端，称为外装式编码器，当传动链较长时，这种安装方式可以减小传动链累积误差对位置检测精度的影响。由于连接松动往往会影响位置控制精度，因此不管采用哪种安装方式，都要注意编码器连接松动的问题。另外，在有些交流伺服电动机中，内装式编码器除了位置检测外，同时还具有测速和交流伺服电动机转子位置检测的作用，如三菱 HA 系列交流伺服电动机中的编码器（ROTARY ENCODER OSE253S）。因此，编码器连接松动还会引起进给运动不稳定，影响交流伺服电动机的换向控制，从而引起机床的振动。

例如一数控机床出现进给轴"飞车"失控的故障。该机床伺服系统为西门子 6SC610 驱动装置和 1FT5 交流伺服电动机 ROD320 编码器，在排除数控系统、驱动装置及速度反馈等故障因素后，将故障定位于位置检测控制。经检查，编码器输出电缆及连接器均正常，拆开 ROD320 编码器，发现一紧固螺钉脱落并置于 +5 V 与接地端之间，造成电源短路，编码器无信号输出，数控系统处于位置环开环状态，从而引起"飞车"失控故障。

3. 感应同步器的维护

感应同步器是一种电磁感应式的高精度位移检测元件，它由定尺和滑尺两部分组成且相对平行安装，定尺和滑尺上的绕组均为矩形绕组，其中定尺绕组是连续的，滑尺上分布着两个励磁绕组，即 sin 绕组和 cos 绕组，分别接入交流电。

感应同步器的维护要点如下。

1）安装时，必须保持定尺和滑尺相对平行，且定尺固定螺栓不得超过尺面，调整间隙在 0.09 ~ 0.15 mm 为宜。

2）不要损坏定尺表面耐切削液涂层和滑尺表面一层带绝缘层的铝箔，否则会腐蚀厚度较小的电解铜箔。

3）接线时要分清滑尺的 sin 绕组和 cos 绕组，其阻值基本相同，必须分别接入励磁电压。

4. 旋转变压器的维护

旋转变压器输出电压与转子的角位移有固定的函数关系，可用作角度检测元件，一般用于精度要求不高或大型机床的粗测及中测系统。

旋转变压器的维护要点如下。

1）接线时，定子上有相等匝数的励磁绕组和补偿绕组，转子上也有相等匝数的 sin 绕组和 cos 绕组，但转子和定子的绕组阻值不同，一般定子线电阻值稍大，有时补偿绕组自行短接或接入一个阻抗。

2）由于结构上与绕线转子异步电动机相似，因此，对于有刷旋转变压器，炭刷磨损到一定程度后要更换。

5. 磁栅尺的维护

磁栅是由磁性标尺、磁头和检测电路 3 部分组成。磁性标尺是在非导磁材料如玻璃、不锈钢等材料的基体上，覆盖上一层 10 ~ 20 μm 厚的磁性材料，形成一层均匀、有规则的磁性膜。

磁栅尺的维护要点如下。

1）不能将磁性膜刮坏，防止铁屑和油污落在磁性标尺和磁头上，要用脱脂棉蘸酒精轻轻地擦其表面。

2）不能用力拆装和撞击磁性标尺和磁头，否则会使磁性减弱或使磁场紊乱。

3）接线时要分清磁头上激磁绕组和输出绕组，前者绕在磁路截面尺寸较小的横臂上，后者绕在磁路截面尺寸较大的竖杆上。

7.4.3　位置检测系统的故障诊断

当数控机床出现以下故障现象时，应考虑故障是不是由位置检测系统的故障引起的。

1. 机械振荡（加/减时）

可能的故障原因：

1）脉冲编码器出现故障，此时检查速度单元上的反馈线端子电压是否下降，如有下降表明脉冲编码器不良。

2）脉冲编码器十字联轴节可能损坏，导致轴转速与检测到的速度不同步。

3）测速发电动机出现故障。

2. 机械暴走（"飞车"）

在检查位置控制单元和速度控制单元的情况下，再继续诊断。

可能的故障原因：

1）脉冲编码器接线错误（检查编码器接线是否为正反馈，A 相和 B 相是否接反）。

2）脉冲编码器联轴节损坏（更换联轴节）。

3）测速发电动机端子接反或励磁信号线接错。

3. 主轴不能定向或定向不到位

在检查定向控制电路设置，定向板与调整主轴控制印刷线路板的同时，应检查位置检测器（编码器）是否不良。

4. 坐标轴振动进给

在检查完电动机线圈是否短路，机械进给丝杠同电动机的连接是否良好，整个伺服系统是否稳定之后，再继续诊断。

可能的故障原因：

1）脉冲编码器不良。

2）联轴节连接不平稳可靠。

3）测速机不可靠。

5. NC 报警中因程序错误，操作错误引起的报警

如 FANUC 6ME 系统的 NC 报警 090、091。出现 NC 报警，有可能是主电路故障和进给速度太低引起，同时还有可能是：

1）脉冲编码器不良。

2）脉冲编码器电源电压太低（调整电源电压，使主电路板的 +5 V 端上的电压值在 4.95 ~ 5.1 V 内）。

3）没有输入脉冲编码器的一转信号，因而不能正常执行参考点返回。

6. 伺服系统的报警号

如 FANUC 6ME 系统的伺服报警：416、426、436、446、456；SIEMENS 880 系统的伺服报警：1364；SIEMENS 8 系统的伺服报警：114、104 等。

当出现如上报警号时，有可能是：

1）轴脉冲编码器反馈信号断线、短路和信号丢失，用示波器测 A 相、B 相一转信号。

2）编码器内部因受到污染而太脏，使信号无法正常接收。

知识拓展

802S/C系列数控系统是SIEMENS公司于20世纪90年代末专为简易数控机床开发的集CNC、PLC于一体的经济型控制系统，系统性能价格比高，近年来在国产经济型和普及型数控车、铣、磨床上有较大量的使用。

1. SIEMENS 802S系统基本结构

SIEMENS 802S系统是步进电动机控制系统，由系统操作面板（OP020）、机床操作面板（MCP）、中央控制单元（ECU模块）、输入输出模块（DI/DO模块）、步进驱动器（STEPDRIVE C和STEPDRIVE C+）、步进电动机（五相二十拍细分步进电动机）等组成，如图7-2所示。SIEMENS 802S系统各部件的连接关系如图7-3所示。

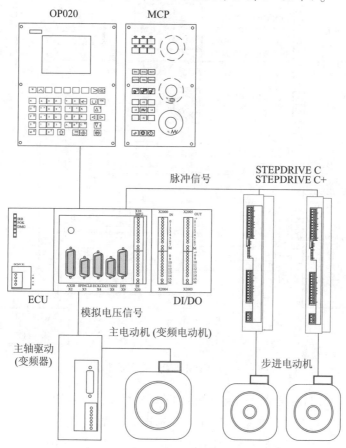

图7-2 SIEMENS 802S系统的组成框图

2. SIEMENS 802S系统的特点

① 采用32位微处理器（AM486DE2）。

② 采用S7-200的集成式PLC编程环境可以满足相当复杂和多变的外部逻辑要求。PLC模块带16点数字输入和16点数字输出，额定电平为直流24 V，输出最大负载电流为

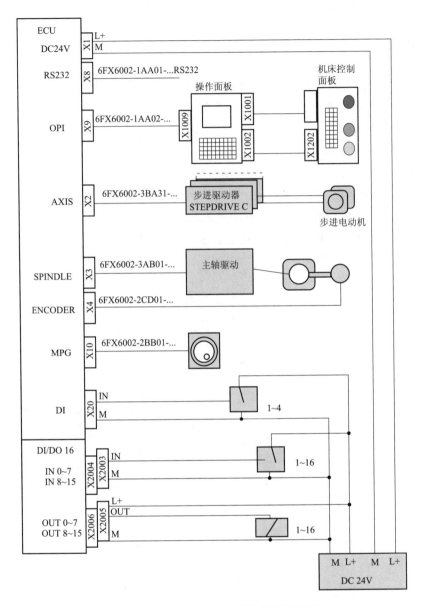

图 7 - 3　SIEMENS 802S 系统部件连接图

0. 5 A。DI/DO 模块可通过总线插头直接接到 ECU 模块上，输入输出点数可根据需要通过增加模块来逐级增加，最多可扩展至 4 个 DI/DO 模块（即 64 点输入和输出）。

③ 装备分离式小尺寸操作面板（OP020）和机床控制面板（MCP）。

④ 启动数据少，安装调试方便，具有中英文菜单显示，操作编程简单。

⑤ 可以用机床数据来匹配各种可能的机械配置，具有很好的灵活性。

⑥ 利用 RS - 232 通信接口，可与计算机或其他设备进行数据交换。

⑦ 可控制 2~3 个进给轴和 1 个开环主轴（如变频器），可通过脉冲和方向信号与步进电动机驱动器相连，以控制进给轴。

⑧ 具有 8 M 静态存储器，4 M FLASH 存储器（闪存）。

⑨ 具有丰富的加工指令、图形编程、固定循环、示教功能。

⑩ 装置 5.7 ft 液晶显示屏。

3. SIEMENS 802S 步进驱动系统故障硬件报警与处理

驱动系统中有 4 个 LED 发光二极管用于模块报警，分别是 RDY、TMP、FLT 和 DIS。LED 报警灯的含义以及所应采取的措施见表 7-6。

表 7-6 发光二极管报警说明

符号	颜色	报警灯亮时的含义	措施
RDY	绿	驱动就绪	
DIS	黄	驱动正常，但电动机无电流	检查输出使能信号
FLT	红	电压过高或过低 电动机相间短路 电动机相与地短路	测量 AC 85 V 工作电压 检测电缆零件
TMP	红	驱动超温	驱动系统损坏，更换或与供应商联系

4. 步进电动机驱动系统常见故障及其维修

（1）步进驱动装置故障（STEPDRIVE C Fault）

故障现象：驱动装置上的绿色发光二极管 RDY 亮，但驱动装置的输出信号 RDY 为低电平。如果 PLC 应用程序中对 RDY 信号进行扫描，则导致 PLC 运算结果错误。

故障原因：机床接地不良（PE 与交流电源的中性线连接），静电放电（工作环境差）。

排除方法：首先将电气柜中的 PE 与大地连接，如果仍有故障，则驱动装置模块可能损坏，应更换模块。

（2）高速时电动机堵转

故障现象：在快速点动（或运行 GOO）时步进电动机堵转丢步（注意：这里所指的丢步是步进电动机在设定的高速时不能转动，而不是像某些简易数控系统那样，由于硬件不稳定，在系统工作过程中出现随机的丢步），或使用了脉冲监控功能系统出现 25201 报警。

故障原因：传动系统设计有问题。传动系统在设定高速时所需的转矩大于所选用步进电动机在设定的最高速度下的输出转矩。如果选择的步进电动机正确，802S 一定不会丢步。因此，如果出现丢步，说明所选择的步进电动机不合适。在设计时须注意步进电动机的矩频特性曲线。

排除方法：① 若进给倍率为 85% 时高速点动不堵转，则可使用折线加速特性；② 降低最高进给速度；③ 更换大转矩步进电动机。

（3）传动系统定位精度不稳定

故障现象：某坐标的重复定位精度不稳定（时大时小）。

故障原因：该传动系统机械装配有问题。由于丝杠螺母安装不正，产生运动部件的装配应力，如图7-4所示。

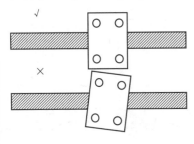

图7-4　丝杠螺母装配

排除方法：重新安装丝杠螺母。

（4）参考点定位误差过大

故障现象：参考点定位误差过大。该现象大多出现在参考点配置方式2（单接近开关回参考点）。

故障原因：接近开关或检测体的安装不正确，接近开关与检测体之间的间隙为检测临界值；所选用接近开关的检测距离过大，检测体和相邻金属物体均在检测范围内；接近开关的电气特性差，接近开关的重复特性影响参考点的定位精度。

排除方法：①检查接近开关的安装。②调整接近开关与检测体间的间隙。接近开关技术指标表示的是最大检测距离，调整时应将间隙调整为最大间隙的50%。③更换接近开关。

（5）返回参考点动作不正确

故障现象：返回参考点的动作不正确。

故障原因：选用了负逻辑（NPN型）的接近开关，即DC 0 V表示接近开关动作；DC 24 V表示接近开关无动作。

排除方法：更换正逻辑接近开关（PNP型）。

（6）传动系统定位误差较大

故障现象：某坐标的定位误差较大，可重复。

故障原因：丝杠螺距误差过大。

排除方法：进行丝杠螺距误差补偿，或更换较高精度的丝杠。如果丝杠无预紧力安装，丝杠螺距误差补偿就没有意义。

（7）传动系统定位误差较大

故障现象：某坐标的定位误差较大，不重复。

故障原因：电动机与丝杠之间的机械连接松动。

排除方法：检查电动机与丝杠之间的连接。

（8）螺纹加工时螺纹乱扣

故障现象：在进行螺纹加工时，螺纹不能重复，即乱扣。

故障原因：主轴与主轴编码器之间的机械连接松动。

排除方法：检查主轴与编码器之间的连接。当主轴编码器连好后，在NC屏幕上显示的主轴角位置与卡盘的实际位置是唯一的；如果检测结果不是唯一的，则说明主轴与编码器间连接松动。

5. 操作错误（Operating Errors）引起的进给驱动系统故障

（1）重新通电后，键盘失效

故障现象：① 在设定了一些机器数据后重新通电；② NC 在正常工作一段时间后，系统在引导过程未完成时停机。屏幕显示：

Load NC system OK

Init OP system OK

Init NC system

屏幕界面显示上述信息后，无正常工作画面，并且所有操作键无效。

故障原因：① 在调试时，某些未列在调试手册中上电生效的机床数据被修改；② 由于系统口令未关闭，在操作时无意识改动了不该修改的机床数据。

排除方法：将 NC 的调试开关拨到位置1，重新通电。这时，所有数据变为默认值。调试完毕后一定要关闭口令。调试时，如果没有特殊要求，尽可能按调试手册列出的数据进行调整。

（2）驱动装置报警，电动机不动

故障现象：步进电动机不动。屏幕显示位置在变化，而且驱动装置上标有 DIS 的黄色发光管亮。

故障原因：报警灯 DIS 的黄色管亮，表明驱动装置正常，但电动机无电流。

① 前提条件：PLC 用户程序中已给出了使能信号；标准机床数据被加载，标准机床数据使系统工作在仿真方式，即无驱动信号，如脉冲、方向和使能的输出。这种情况发生在新的 802S 系统中，这时机床参数为默认值；或者是系统调试完成后未做过数据存储，静态存储器断电后系统自动加载了默认数据。

② PLC 用户程序中未输出坐标使能信号，但有系统状态显示。

排除方法：①根据调试手册输入所有必要的机床数据；②修改 PLC 用户程序，加入坐标使能信号输出。

（3）驱动就绪，电动机不动

故障现象：步进电动机不动。屏幕显示位置在变化，而且驱动装置上标有 RDY 的绿色发光管亮。

故障原因：报警灯 RDY 亮，表明驱动就绪。此时电动机不动的原因有：系统工作在程序测试 PRT 方式，这在自动方式的"程序控制"下设定；或者是驱动装置故障。

排除方法：① 在自动方式下，选取"程序控制"子菜单，取消"程序测试"方式；② 更换故障驱动装置。

6. 机床数据错（Machine Data Setting Errors）引起的进给驱动系统故障

（1）螺纹加工时工件螺距值不正确

故障现象：螺纹加工时实际螺纹的螺距大于或小于编程的螺距。

故障原因：查阅机床参数一览表可知，数据号 MD31020 的机床数据名称为 ENC - RESOL，该数据内存为编码器每转所发生的脉冲数。螺距＝脉冲当量×编码器每转所发生的脉冲数。

由此可见，数据号 MD31020 中所有数值影响螺距值，该故障原因是主轴参数 MD31020 ENC – RESOL 中输入了不正确的脉冲数。

排除方法：将正确的编码器每转脉冲数输入主轴参数 MD31020 中。

（2）高速进给时常出现丢步报警

故障现象：系统报警 25201 在高速时经常出现。

故障原因：脉冲监控功能相关的机器数据值错。这里涉及的两个机床数据一个是 MD31100 BER0—CYCLE 值不对；另一个是 MD31110 BER0—EDGETOL 值过小。

排除方法：查阅机床参数一览表可知，参数 MD31100 的值应为丝杠每转步进电动机的脉冲数；参数 MD31110 的值应考虑最大速度下坐标的跟随误差、接近开关两个边沿的距离以及反向间隙，即每转步数监控容差。

丝杠每转步进电动机的脉冲数 = 电动机每转的步数/减速比跟随误差对应的脉冲数 = 丝杠每转步进电动机的步数×最高速度下跟随误差/丝杠螺距

根据上述公式改填机床数据（参数 MD31100 和参数 MD31110）。

例如：电动机每转 1000 脉冲，电动机丝杠直联，丝杠螺距为 5 mm，进给速度为 6 m/min 时的跟随误差为 2 mm，跟随误差对应的脉冲数为 400。即参数 MD31100 存入数值 "1 000"；参数 MD31110 中存入值 "400"。

（3）不能修改螺距误差补偿数据

故障现象：螺距误差补偿后，仍需要对补偿数据进行修改时，修改后的补偿文件不能传入系统，而只能通过 PCIN 下载修改后补偿文件，或运行补偿程序对补偿数据进行赋值。

故障原因：查阅机床参数一览表可知，数据号 MD32700 的机床数据名称为 ENC – CIMP – ENABL，该数据为丝杠螺距误差补偿功能使能，当置位 "0" 时，可以写入丝杠螺距误差补偿数据；置位 "1" 时，则不可以写入丝杠螺距误差补偿数据。

由于轴参数 MD32700 = 1，数控系统内部的螺距误差补偿值文件为写保护状态，出现不能修改丝杠螺距误差补偿故障。

排除方法：在加载丝杠螺距误差补偿值之前，必须将补偿轴的机床参数 MD32700 设为 "0"，然后加载数据，在加载完毕后再将 MD32700 设为 "1"。

（4）返回参考点运动方向错误

故障现象：返回参考点运动方向不正确。手动方式下，手动操作坐标轴正、负点动，运动方向均正确，但返回参考点运动方向与定义方向相反，返回参考点采用双开关方式。

故障原因：①选用了负逻辑（NPN 型）的接近开关作为减速开关（即 0 V DC 表示接近开关动作；24 V DC 表示接近开关无动作）；或普通行程开关作为减速开关时采用了常闭接法。②使用标准 PLC 用户程序或用户 PLC 程序是在标准 PLC 程序的基础上建的，即 PLC 机床参数 MD14512 [2]、MD14512 [3] 定义输入位的正负逻辑时，对应于返回参考点减速开关的逻辑定义位设定为负逻辑。

排除方法：①更换正逻辑接近开关（PNP），或将对应的输入位设定成负逻辑，或采用常开接法的普通行程开关作为返回参考点减速开关；② 改正机床参数 MD14512 [2]、MD14512 [3] 逻辑定义位的设定。

先导案例解决

1. 故障诊断

出现此种故障，很有可能是数控系统外部出现故障而使机床无法正常运动。

2. 故障排除

首先打开机床电柜，查看伺服板上的状态指示灯。很明显，三轴（X、Y、Z）伺服板上都有报警。报警灯旁都有 LV 字样，可以初步断定交流电源 L1、L2 和 L3 电压有毛病。其次用万用表检查电源电压，发现相线 L2 电压只有 L1、L3 的一半（即 100V 左右）。进一步断定原因在机床以外。最后，检查外部进线线路，发现有某处线与线接触不牢。将此排除后，开动机床，一切正常。

生产学习经验

【案例7-1】一台配置 SIEMENS 810T 系统的数控车床，机床在正常加工零件的过程中突然停机，CNC 显示 ALM2000 报警。故障原因是什么？如何排除？

【案例7-2】一台配套 SIEMENS 810M 的龙门加工中心，在手动移动 X 轴时，CNC 出现 ALM1040 报警。故障原因是什么？如何排除？

【案例7-3】一台配套 SIEMENS 810 系统的数控铣床，手动操作时，发现 Y 轴位置显示正常，但实际坐标轴没有运动，CNC 无任何报警。

【案例7-4】一台配套 SIEMENS 直流伺服驱动与 1HU3076 直流伺服电动机的进口加工中心，出现"X 位置跟随误差过大"报警。

【案例7-5】一台配套 6RA26 ＊＊系列直流伺服驱动系统的数控滚齿机，驱动器引起跟随误差报警。

【案例7-6】一台配套 SIEMENS 6SC610 交流伺服驱动的立式加工中心，偶然出现剧烈振动的故障。

【案例7-7】一台配套 SIEMENS 810M 的进口立式加工中心，开机后电动机出现尖叫的故障。

【案例7-8】一台配套 SIEMENS 810M 系统、610 交流伺服驱动的卧式加工中心机床，出现调节器模块不良引起的故障。

【案例7-9】一台配套 SIEMENS 810M 的进口双主轴同时加工立式加工中心，出现开机后伺服电动机即旋转的故障。

【案例7-10】一台配套 SIEMENS 810M 的立式加工中心，主轴定位时出现振荡的故障。

【案例7-11】采用 SIEMENS 810M、配套 611A 主轴驱动器的龙门加工中心，主轴定位出现超调的故障。

| 【案例7-1】 | 【案例7-2】 | 【案例7-3】 | 【案例7-4】 |

【案例7-5】　【案例7-6】　【案例7-7】　【案例7-8】

【案例7-9】　【案例7-10】　【案例7-11】

本章小结

本章主要学习了主轴伺服系统和进给伺服系统的常见故障及其诊断、直流伺服电机与交流伺服电机的维护要求，以及位置检测系统的故障诊断与维修。这些也是本章的学习重点与难点。

伺服驱动系统出现的故障率占数控机床总故障率的1/3。所以，熟悉伺服系统典型的故障类型、现象，掌握不同故障现象的正确诊断分析思路，合理应用所学的诊断方法是十分重要的。

思考与练习

7-1　数控机床伺服系统是以什么为控制对象的？

7-2　数控机床伺服系统的组成部分有哪些？

7-3　数控机床伺服系统的工作原理是什么？作用是什么？

7-4　按作用或功能不同分，数控机床的伺服系统有哪几类？

7-5　画出开环、半闭环、闭环伺服系统的原理框图。

7-6 数控机床主轴驱动变速形式主要有哪几种？

7-7 主轴伺服系统出现故障时，通常以何种形式表现出来？

7-8 主轴伺服系统常见的故障形式有哪些？

7-9 直流主轴伺服系统的特点是什么？

7-10 直流主轴伺服系统的日常维护内容有哪些？

7-11 直流主轴伺服系统的常见故障现象有哪些？

7-12 如果直流主轴电动机电刷磨损严重，或电刷上有火花痕迹，或电刷滑动面上有深沟，那么可能的故障原因是什么？

7-13 交流主轴伺服系统的特点是什么？

7-14 650系列交流主轴驱动系统，若接通电源时，数码管上所有数码位均显示8，即显示状态为888888，可能的故障原因是什么？

7-15 611A系列主轴驱动系统，若开机时，611A主轴驱动系统的液晶显示器上无任何显示，可能的原因是什么？

7-16 进给伺服系统的结构形式有哪几种？

7-17 进给伺服系统常见的故障形式有哪些？

7-18 直流伺服电动机的维护内容是什么？

7-19 直流伺服电动机的常见故障是什么？

7-20 若直流伺服电动机在运转、停车或变速时有振动现象，则故障原因是什么？

7-21 交流伺服电动机常见故障是什么？

7-22 对于6RA26**系列直流伺服驱动器，如果指示灯未能指示故障，那么产生故障的原因可能是什么？

7-23 610系列驱动系统的使用要求是什么？

7-24 SIEMENS 802S系统的特点是什么？SIEMENS 810系统的特点是什么？

7-25 步进驱动系统中有4个LED发光二极管用于模块报警，它们分别是什么？

7-26 位置检测系统的故障形式有哪些？

7-27 光栅的维护内容是什么？光电脉冲编码器的维护内容是什么？

第8章 可编程控制器模块的故障诊断与维修

本 章知识点

1. 可编程控制器的概念、特点、分类和功能；
2. 数控机床可编程控制器的功能及与外部信息的交换；
3. 可编程控制器的结构组成和工作原理；
4. 可编程控制器的维护、故障的表现形式和故障诊断的方法。

先导案例

某数控机床的换刀系统在执行换刀指令时不动作，机械臂停在行程中间位置上，CRT 显示报警号，查手册得知该报警号表示换刀系统机械臂位置检测开关信号为 "0" 及 "刀库换刀位置错误"。如何诊断与排除故障？

8.1 概　述

在数控机床中，除了对各坐标轴的位置进行连续控制外，还需要对诸如主轴正转和反转、启动和停止、刀库及换刀机械手控制、工件夹紧松开、工作台交换、气液压、冷却和润滑等辅助动作进行顺序控制。顺序控制的信息主要是 I/O 控制，如控制开关、行程开关、压力开关和温度开关等输入元件，继电器、接触器和电磁阀等输出元件；同时还包括主轴驱动和进给伺服驱动的使能控制和机床报警处理等。现代数控机床均采用可编程控制器（PLC）来完成上述功能。

8.1.1 PLC 基础知识

1. PLC 的概念

国际电工委员会（IEC）于 1987 年 2 月颁布了 PLC 标准草案第 3 稿，该草案中对 PLC 的定义是："PLC 是一种数字运算操作的电子系统，主要为在工业环境下应用而设计。它采用了可编程序的存储器，用来在其内部存储执行逻辑运算、顺序控制、定时、计数和算术运算等操作的指令，并通过数字式、模拟式输入和输出，控制各种类型机械的生产过程。PLC及其有关外围设备，都按易于与工业系统联成一个整体、易于扩充其功能的原理设计。"上述定义强调了 PLC 主要应用于工业环境，因此必须具有很强的抗干扰能力、广泛的适应能力和应用范围。

2. PLC 的特点

（1）可靠性高，适用于工业现场环境

PLC 有很强的抗干扰能力，能在恶劣的工业环境中可靠地工作，这是因为在 PLC 的硬件和软件上采取了提高可靠性的措施。

① 硬件措施主要有：屏蔽、滤波、电源调整与保护、连锁、模块化结构、环境检测与诊断电路等。

② 软件措施主要有：自诊断程序、故障检测、信息保护与恢复等。

（2）编程简单，易于掌握

PLC 采用梯形图编程，尤其对从事继电器控制工作的技术人员和工人，不必掌握很多复杂难懂的计算机语言的控制技术，就能在短时间内学会使用 PLC。根据用户需要，在总体方案确定的情况下，选购、组装 PLC 硬件和编制用户应用软件可同时进行，使得施工周期短，见效快。

（3）控制程序可变，具有很好的柔性

在生产工艺流程改变或生产设备更新的情况下，不必改变 PLC 的硬件设备，只需改变用户程序就可满足要求。PLC 除用于单机控制外，在 FMC、FMS 和 FA 中也被大量采用。

（4）直接带负载能力强

与一般微机控制设备相比较，PLC 的输出模板有较强的驱动负载的能力，一般都能直接驱动执行元件的线圈，接通和断开强电电路。

（5）接口简单，维护方便

PLC 的输入输出接口都设计成可直接与现场强电相接，有直流 24 V、48 V，交流 11 V、220 V 等各种电压等级产品，在组成系统时直接选用，简单方便。接口电路一般为模块式，便于维修及更换。特别是有的 PLC 可以带电插拔输入/输出模块，例如，在运行中发现某个模块出现故障，可以不停电，直接带电取下坏板块，换上好板块，大大缩短了故障修复时间。

（6）功能完善

现代 PLC 具有数字和模拟量输入/输出、逻辑和算术运算、定时、计数、顺序控制、功率驱动、通信、人机对话、自检、记录和显示功能，使设备控制水平大大提高。

（7）便于实现机电一体化

由于 PLC 的结构紧凑，体积小，所以容易装入机械设备内部，实现机电一体化。微机PLC 容易装入仪表中，实现机电一体化。

（8）通信、网络技术趋于标准化，有利于实现计算机网络控制

3. PLC 的分类

PLC 类型很多，可以从不同的角度进行分类。

（1）按结构形式划分

按结构形式 PLC 分为整体式和模块式两种。整体式 PLC 是把各组成部分安装在少数几块印刷线路板上并同电源一起装配在一个壳体内形成一个整体。这种 PLC 结构简单，节省材料，体积小，通常为小型 PLC 或低档 PLC。其 I/O 点数固定且较少，使用不是很灵活。有时点数不够，可再增加一个只含有输入/输出部分的扩展箱来扩充点数。与此相应，含有 CPU 主板的部分称为主机箱。主机箱与扩展箱之间用信号电缆相连。

模块式 PLC 是把 PLC 划分为相对独立的几部分制成标准尺寸的模块，主要有 CPU 模块（包括存储器）、输入模块、输出模块、电源模块等几种类型的模块，然后把各模块组装到一个机架内构成一个 PLC 系统。这种结构形式可根据用户需要方便地组合，对现场的应变能力强，同时还便于维修。

（2）按控制规模分

控制规模主要指控制开关量的出入点数及控制模拟量的模入、模出，或两者兼而有之（闭路系统）的路数，但主要以开关量计。模拟量的路数可折算成开关量的点，大致一路相当于 8～16 点。依这个点数，PLC 可分为超小型机、小型机、中型机及大型机 4 种类型。

① 超小型机，其 I/O 点数在 64 以内，内存容量在 256～1 000 B；

② 小型机，其 I/O 点数在 64～256，内存容量在 1～3.6 KB；

③ 中型机，其 I/O 点数在 256～2 048，内存容量在 3.6～13 KB；

④ 大型机，其 I/O 点数在 2 048 以上，内存容量在 13 KB 以上。

4. PLC 的主要功能

（1）顺序控制功能

这是指用 PLC 的与、或、非指令取代继电器触点串联、并联及其他各种逻辑连接，进行开关控制。

（2）运动控制功能

这是指通过高速计数模块和位置控制模块等进行单轴或多轴控制。

（3）过程控制功能

这是指通过 PLC 的智能 PID 控制模块实现对温度、压力、速度、流量等流量参数的闭环控制。

（4）数据处理功能

这是指 PLC 进行数据传送、数据比较、数据移位、数制转换、算术运算与逻辑运算以及编译和译码等操作。

（5）通信联网功能

这是指通过 PLC 之间的联网、PLC 与上位计算机的连接等，实现远程 I/O 控制或数据

交换，以及完成规模较大系统的复杂控制。

（6）监控功能

这是指 PLC 能监视系统各部分运行状态和进程，对系统中出现的异常情况进行报警和记录，甚至自动终止运行；也可用于在线调整和修改控制程序中的计时器、计数器的设定值或强制置 I/O 状态。

（7）步进控制功能

这是指用步进指令来实现有多道加工工序的控制，只有前一道工序完成后，才能进行下一道工序操作的控制，以取代由硬件构成的步进控制器。

（8）定时、计数控制功能

这是指用 PLC 提供的定时器、计数器指令实现对某种操作的定时或计数控制，以取代时间继电器和计数继电器。

（9）数模转换功能

这是指通过 D/A、A/D 模块完成模拟量和数字量之间的转换。

8.1.2　数控机床 PLC 与外部信息的交换

PLC、CNC 和机床三者之间的信息交换包括以下 4 个部分。

1. 机床至 PLC

机床侧的开关量信号通过 I/O 单元接口输入至 PLC 中，除极少数信号外，绝大多数信号的含义及所占 PLC 的地址均可由 PLC 程序设计者自行定义，如在 SIEMENS 810 系统中，机床侧的某一开关信号通过 I/O 端子板输入至 I/O 模块中。设该开关信号用 I10.2 来定义，在软键功能 DIAGNOSIS 的 PLC STATUS 状态下，通过观察 IB10 的第 2 位是"0"或"1"来获知该开关信号是否有效。

2. PLC 至机床

PLC 控制机床的信号通过 PLC 的开关量输出接口传送到机床侧，所有开关量输出信号的含义及所占用 PLC 的地址均可由 PLC 程序设计者自行定义。如在 SIEMENS 810 系统中，机床侧某电磁阀的动作由 PLC 模块的输出信号来控制，设该信号用 Q1.4 来定义。该信号通过 I/O 模块和 I/O 端子板输出至中间继电器线圈，继电器的触点又使电磁阀的线圈得电，从而控制电磁阀的动作。同样，Q1.4 信号可在 PLC STATUS 状态下，通过观察 QB1 的第 4 位是"0"或"1"来获知该输出信号是否有效。

3. CNC 至 PLC

CNC 送至 PLC 的信息可由 CNC 直接送入 PLC 的寄存器中，所有 CNC 送至 PLC 的信号含义和地址（开关量地址或寄存器地址）均由 CNC 厂家确定，PLC 编程者只可使用，不可改变和增删。如数控指令的 M. S. T 功能，通过 CNC 译码后直接送入 PLC 相应的寄存器中。如在 SIEMENS 810 系统中，M03 指令经译码后，送入 FY27.3 寄存器中。

4. PLC 至 CNC

PLC 送至 CNC 的信息也由开关量信号或寄存器完成，所有 PLC 送至 CNC 的信号地址与含义由 CNC 厂家确定，PLC 编程者只可使用，不可改变和增删。如 SINUMERIK 810 数控系统中 Q108.5 为 PLC 至 CNC 的进给使能信号。

图 8-1 为内装式 PLC 输入/输出信息示意图。

8.1.3 数控机床 PLC 的功能

1. 机床操作面板控制

将机床操作面板上的控制信号直接送入 PLC，以控制数控系统的运行。机床操作面板上各类控制开关的功能可以参阅具体的机床操作说明。

2. 机床外部开关输入信号控制

将机床侧的开关信号送入 PLC，经逻辑运算后，输出给控制对象。这些控制开关包括各类控制开关、行程开关、接近开关、压力开关和温控开关等。

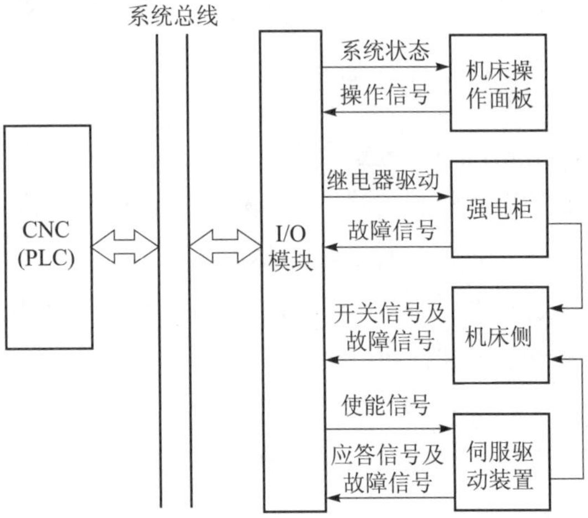

图 8-1　内装式 PLC 输入/输出信息

3. 输出信号控制

PLC 输出的信号经强电柜中的继电器、接触器，通过机床侧的液压或气动电磁阀，对刀库、机械手和回转工作台等装置进行控制，另外还对冷却泵电动机、润滑泵电动机及电磁制动器进行控制。

4. 伺服控制

控制主轴和伺服进给驱动装置的使能信号，以满足伺服驱动的条件，通过驱动装置，驱动主轴电动机、伺服进给电动机和刀库电动机等。

5. 报警处理控制

PLC 收集强电柜、机床侧和伺服驱动装置的故障信号，将报警标志区中的相应报警标志位置位，数控系统便显示报警号及报警文本以便于故障诊断。

6. 软盘驱动装置控制

有些数控机床用计算机软盘取代了传统的光电阅读机。通过控制软盘驱动装置，实现与数控系统进行零件程序、机床参数、零点偏置和刀具补偿等数据的传输。

7. 转换控制

有些加工中心的主轴可以立/卧转换，当进行立/卧转换时，PLC 完成下述工作：

① 切换主轴控制接触器；

② 通过 PLC 的内部功能，在线自动修改有关机床数据位；

③ 切换伺服系统进给模块，并切换用于坐标轴控制的各种开关、按键等。

8.2　可编程控制器的结构组成和工作原理

8.2.1　PLC 的结构组成

1. 硬件组成

PLC 是由中央处理器（CPU）、存储器、输入/输出单元（模块）、编程器、扩展接口、外设 I/O 接口和电源组成。PLC 的硬件设备是通用的，便于用户按需要组合。

（1）中央处理器（CPU）

中央处理器是 PLC 的主要部分，是系统的核心。它通过输入模块（板）将现场的外设状态读入并按照用户程序处理，根据处理结果通过输出模块去控制现场设备。PLC 常用的 CPU 为单片机或微处理器。在小型 PLC 中，大多采用 8 位微处理器和单片机；在中型 PLC 中，大多采用 16 位微处理器和单片机，并为双 CPU 系统，一个字处理器和一个位处理器，采用主从关系的结构；在大型 PLC 中，大多采用高速位片式微处理器和多 CPU 系统，字处理器都为 16 位或 32 位的。

（2）存储器

PLC 的存储器用来存储程序和数据，分以下两部分。

① 系统程序存储器。

系统程序存储器用以存放系统程序，包括系统管理程序、监控程序、模块化应用功能子程序，以及对用户程序做编译处理的编译解释程序等。系统程序根据 PLC 功能的不同而不同，在 PLC 使用过程中不能改变，因此通常在 PLC 出厂时由制造厂用 PROM 或 EPROM 存储器制成，用户不能修改这一部分存储器的内容。

PLC 系统所用存储器基本上由 PROM、EPROM 及 RAM 这 3 种组成，存储能力的大小随 PLC 的大小而变化。

② 用户存储器。

用户存储器随控制器的使用环境而定，随生产工艺的不同而变动。其包括用户程序存储区及工作数据存储区。其中，用户程序存储区主要存放用户已编制好或正在调试的应用程序；工作数据存储区则包括存储各输入端状态采样结果和各输出端状态运算结果的输入/输出（I/O）映像寄存器区（或称输入/输出状态寄存器区）、定时器/计数器的设定值和经过值存储区、存放暂存数据和中间运算结果的数据寄存器区等。这类存储器一般由随机存取存储器 RAM 构成，其中存储内容可通过编程器读出并更改。

（3）输入/输出单元（模块）（I/O 模块）

I/O 模块是 CPU 与现场用户 I/O 设备之间联系的桥梁。PLC 的输入模块用以接收和采集外设各类输入信号（如从操作按钮、各种开关、数字拨码盘开关等送来的开关量，或由电位器、传感器等提供的模拟量），并将其转换成 CPU 能接受和处理的数据。PLC 的输出模块则是将 CPU 输出的控制信息转换成外设所需的控制信号去驱动控制对象（如接触器、电磁阀、指示灯、调整装置等）。

PLC 提供了各种操作电平和驱动能力的 I/O 模块和各种用途的 I/O 功能模块供用户选用。如输入/输出电平转换、电气隔离、串/并行变换、数据传送、误码校验、A/D 或 D/A 变换及其他功能模块。

（4）编程器

编程器用于对用户程序的编制、编辑、调试检查，还可以通过其键盘调用和显示 PLC 内部的一些状态和系统参数实现监控功能，一般编程器上有供编程用的各种功能键和数码显示灯，以及编程、监控转换开关等。它通过接口与 CPU 联系，完成人机对话。PLC 在正常工作时可不需要编程器，所以编程器设计为独立部件，一般只在程序输入和检修时使用。因此，一台编程器可供多台 PLC 使用。

编程器可分为简易型和智能型两类。简易型只能连机编程，且只能输入和编辑梯形图的指令表程序，但其价格便宜，一般用于小型 PLC 编程，或者用于 PLC 控制系统的现场调试和检修。智能型编程器既可连机编程又可脱机编程，既可输入指令表程序，又可直接生成和编辑梯形图程序，使用起来方便、直观，但价格较高。

（5）扩展接口

当用户的输入输出设备所需的 I/O 点数超过了主机（基本单元）的 I/O 点数时，可用 I/O 扩展单元来加以扩展。I/O 扩展接口就是用于扩展单元与基本单元之间的连接，它使得 I/O 点数的配置更为灵活。

（6）外设 I/O 接口（通信接口）

这是指 PLC 主机与其他 PC、上位计算机、外部设备及其他终端的连接口。

（7）电源

PLC 的电源是指将外部输入的交流电，经过整流、滤波、稳压等处理后转换成满足 PLC 的 CPU、存储器、输入输出接口等内部电子电路工作需要的直流电源电路或电源模块。输入、输出接口电路的电源彼此独立，以避免或减少电源间的干扰。

2. 软件组成

PLC 软件是指 PLC 工作时所使用的各种程序的集合，包括系统软件和应用软件。软件系统与硬件系统相结合才能构成具有一定功能，可实现一定控制任务的 PLC 系统。二者相辅相成，缺一不可。

（1）系统软件

系统软件也称系统程序，是由 PLC 生产厂家编制并固化在 ROM 中与相应的硬件一起提供给用户的。系统软件是可用来管理、协调 PLC 各部分的工作，以发挥 PLC 硬件的功能，方便用户使用的通用程序。一般系统程序应包括以下功能。

① 系统配置登记及初始化。

不同的控制对象，不同的控制过程，其 PLC 控制系统的配置不同。所以系统程序在 PLC 通电或复位时首先对各模块进行登记，分配地址，进行初始化，为系统的运行做好准备。

② 系统自诊断。

对 CPU、存储器、电源、I/O 模块进行故障诊断测试，若发现异常则停止执行用户程序，显示故障代码，等待处理。

③ 命令识别与处理。

操作人员通过键盘操作对 PLC 发出各种工作指令，系统程序不断地监视键盘，接收每一个操作命令并加以解释，然后按相应的指令去完成相应的操作，最后将结果显示给操作人员。

④ 用户程序编译。

用户使用 PLC 编写的工作程序送入 PLC 后，首先要由系统编译程序对其进行翻译，变成 CPU 可以识别执行的指令码程序后，才被送入用户程序存储器，同时还要对用户输入的程序进行语法检查，发现错误则返回提示。

⑤ 模块化程序及调用管理。

有些生产厂家为方便用户编程，向用户提供一些小程序模块，每个模块都具有一定的功能和调用条件，用户需要时只需按调用条件进行调用即可，而不必另行编写。

（2）应用软件

应用软件也称应用程序，是用户根据系统控制的需要用 PLC 的程序语言编写的。

① PLC 的编程语言。

PLC 是专为工业生产过程的自动控制而开发的通用控制器，使用编程简单是它的一个突出优点。如同普通计算机一样，PLC 也有编译系统，它可以把一些文字符号和图形符号编译成机器代码。PLC 主要的编程语言有梯形图和语句表，各厂家的编程语言只能在本厂的 PLC 上使用。只要熟悉了某一种 PLC 机型的使用，熟悉了一两种通用编程语言，再使用其他机型、其他编程语言就相对简单了。

② PLC 的指令系统。

PLC 具有丰富的指令集，既可实现复杂的操作，又易于编程。这些指令可分为两类：基本指令和特殊功能指令。其中基本指令是指直接对输入、输出点进行操作的指令，包括输入、输出和逻辑"与"、"或"、"非"等。特殊功能指令是指进行数据处理、运算程序控制等操作的指令，包括定时器与计数器指令、数据移位指令、数据传送指令、数据比较指令、算术运算指令、数制转换指令、逻辑运算指令、程序分支与跳转指令、子程序与中断控制指令、步进指令以及一些操作系统指令等。

表 8 - 1 和表 8 - 2 分别为 SIEMENS 数控系统中常用的 S7 - 200、S7 - 300 的基本指令。有关 S7 - 200、S7 - 300 的指令系统可参阅相关手册。

表 8 – 1　S7 – 200 的基本指令

指令名称	梯形图形式	功能说明
常开触点	—┤ bit ├—	—
常闭触点	—┤ bit /├—	—
常开立即触点	—┤ bit I ├—	直接读取外部输入的状态
常闭立即触点	—┤ bit /I ├—	直接读取外部输入的状态并取反
非	—┤ NOT ├—	实现触点的逻辑取反功能
输出	—(bit)	实现逻辑值的输出功能
立即输出	—(bit I)	输入线圈的状态直接输出
正跳变	—┤ P ├—	检测输入端信号的正跳变（上升沿）
负跳变	—┤ N ├—	检测输入端信号的负跳变（上升沿）
置位	—(bit S) N	使所指定线圈开始的 N 个点置位并保持
复位	—(bit R) N	使所指定线圈开始的 N 个点复位并保持
立即置位	—(bit SI) N	使所指定输出线圈开始的 N 个输出点直接置位并保持
立即复位	—(bit RI) N	使所指定输出线圈开始的 N 个输出点直接复位并保持
空操作	—(N NOP)	执行 N 步空操作（$0 \leqslant N \leqslant 255$）

表 8 – 2　S7 – 300 的基本指令

指令名称	梯形图形式	功能说明
常开触点	I0.0 —┤ ├—	—
常闭触点	I0.2 —┤ / ├—	—
与	I0.0　　 I0.1 —┤ ├—┤ ├—	实现两个触点的逻辑与功能
或	I0.0 —┤ ├— I0.1 —┤ ├—	实现两个触点的逻辑或功能

指令名称	梯形图形式	功能说明
非	─┤NOT├─	实现触点的逻辑取反功能
输出	Q0.0 ─( )─┤	实现逻辑值的输出功能
置位	Q0.0 ─(S)─┤	使所操作线圈置位并保持
复位	Q0.0 ─(R)─┤	使所操作线圈复位并保持
SR 触发器	S ─ SR ─ Q R ─	对相应的位进行置位或复位操作，并且复位优先
RS 触发器	R ─ RS ─ Q S ─	对相应的位进行置位或复位操作，并且置位优先
上升沿检测 1	POS ─ Q M_BIT ─	检测输入端信号的正跳变（上升沿）
上升沿检测 2	─(P)─	检测输入端信号的正跳变（上升沿）
下降沿检测 1	NEG ─ Q M_BIT ─	检测输入端信号的负跳变（下降沿）
下降沿检测 2	─(N)─	检测输入端信号的负跳变（下降沿）

8.2.2　PLC 的工作原理

PLC 控制是在硬件的支持下，通过执行反映控制要求的用户程序来实现的。这一点和计算机的工作原理是一致的。

PLC 采用循环扫描方式。循环扫描，就是采用对整个程序循环执行的工作方式。就是说，用户程序的执行不是从头到尾只执行一次，而是执行完一次之后，又返回去执行第二次、第三次……直至停机。如果程序的每一条指令执行时间足够快，整个程序并不长，即使在上一次执行程序所占用的时间内，控制对象的变化状态没有捕捉到，也能保证在下一次执行程序时，该条件依然存在。

程序循环一次的时间，定义为一个扫描周期。它的长短，首先和每条指令的执行时间长短有关，其次和程序中所用指令类型包括指令条数的多少有关。前者主要和 PLC 的主频有关，PLC 选择确定之后，它也随之而定；后者则和被控系统的复杂性，以及程序编制者的水平有关。

下面从 PLC 工作过程的角度来加深认识 PLC 的工作原理。

PLC 的工作过程基本是用户程序的执行过程，是在系统软件的控制下顺序扫描各输入点的状态，按用户逻辑解算控制逻辑，然后顺序向各输出点发出相应的控制信号。除此之外，为提高工作可靠性和及时接收外来的控制命令，在每个扫描周期还要进行故障自诊断和处理与编程器、计算机的通信请求。整个扫描过程如图8-2所示。

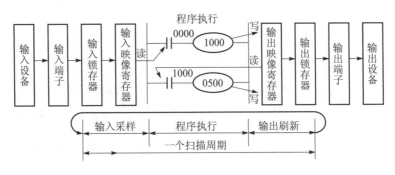

图8-2　PLC扫描的工作过程

1. 自诊断

自诊断功能可使 PLC 系统防患于未然，从而在发生故障时能尽快修复。为此，PLC 每次扫描用户程序以前都对 CPU、存储器、输入输出模块等进行故障诊断。若自诊断正常便继续扫描过程，一旦发现故障或异常现象则转入处理程序，保留现行工作状态，关闭全部输出，然后停机并显示出错信息。

2. 与外设通信

自诊断正常后 PLC 即扫描编程器、上位机等通信接口，如有通信请求便相应处理。在与编程器通信过程中，编程器把编程指令和修改参数发送给主机，主机把要显示的状态、数据、错误代码等返回给编程器进行相应指示。编程器还可以向主机发送运行、停止、清内存等监控命令。在与上位通信过程中，PLC 将接收上位机发来的指令进行相应的操作，如把现场的 I/O 状态、PLC 的内部工作状态、各数据参数发送给上位机以及执行启动、停机、修改参数等命令。

3. 输入现场状态

完成前两步工作后 PLC 便扫描各输入点，读入各点的状态和数据，如开关的通/断状态、A/D 转换值、BCD 码数据等，并把这些状态值和数据写入已定义为输入状态表和数据存储器的暂存单元，形成现场输入的"输入过程映像"。这一过程也称为输入采样和输入刷新。在一个扫描周期内，"输入过程映像"的内容不变，即使外部实际开关状态已发生了变化，也只能在下一个扫描过程中的输入采样时刷新，解算用户逻辑时所用的输入值是该输入的"输入过程映像"值而不是当时现场的实际值。

4. 解算用户逻辑

即执行用户程序。一般是从用户程序存储器的最低地址（0000H）存放的第一条程序开始，在无跳转情况下按存储器地址递增的方向顺序扫描用户程序，按用户程序进行逻辑判断和算术运算，因此称之为解算用户逻辑。解算过程中所用的计数器、定时器、内部继电器、特殊功能继电器等编程元件为相应存储单元的即时值，而输入继电器、输出继电器则用其输入过程映像值。在一个扫描周期内，某个输入信号的状态不管外部实际情况是否已经变化，对整个用户程序是一致的，不会造成运算结果的混乱。

5. 输出结果

将本次扫描过程中解算逻辑的最新结果送到输出模块取代前一次扫描解算的结果，也称为输出刷新。解算用户逻辑到用户程序结束为止，每一步所得到的输出信号被存入输出过程映像寄存器并未送到输出模块，相当于输出信号被输出门阻隔，待全部解算完后打开输出门一并输出，所有输出信号由输出过程寄存器送到输出模块，其相应开关动作，驱动用户输出设备。

在依次完成上述 5 步操作后，PLC 又从自诊断开始进行下一次扫描。如此不断反复循环扫描，以实现对过程及设备的连续控制，直到收到停止命令，或遇到其他如停电、故障等现象时才停止工作。

8.3 数控机床可编程控制器的故障诊断与维修

8.3.1 可编程控制器的维护

机器设备在一定工作环境下运行，总是要发生磨损甚至损坏。尽管 PLC 是由各种半导体集成电路组成的精密电子设备，而且在可靠性方面采取了很多措施，但由于所应用的环境不同，将对 PLC 的工作产生较大的影响。因此，对 PLC 进行维护是十分必要的。PLC 维护的主要内容如下。

1. 供电电源

检查在电源端子处测量电压变化是否在标准范围内。一般电压变化上限不超过额定供电电压的 110%，下限不低于额定供电电压的 80%。

2. 外部环境

温度在 0～55 ℃范围内，相对湿度在 85% 以下，振动幅度小于 0.5 mm，振动频率为10～55 Hz，无大量灰尘、盐分和铁屑。

3. 安装条件

检查基本单元和扩展单元安装是否牢固，连接电缆的连接器是否完全插入并旋紧，接线螺钉是否有松动，外部接线是否有损坏。

4. 寿命元件

对于接点输出继电器，阻性负载寿命一般为 30 万次，感性负载则为 10 万次。

对于锂电池，要检查电压是否下降。存放用户程序的随机存储器（RAM）、计数器和具有保持功能的辅助继电器等均用锂电池保护，一般锂电池的工作寿命为 5 年左右，当锂电池的电压逐渐降低到一定的限度时，PLC 基本单元上电池电压跌落指示灯亮，这就提示由锂电池支持的电压还可保留一周左右，必须更换锂电池。

调换锂电池的步骤如下。

1）购置好锂电池，做好准备工作；

2）拆装之前，先把 PLC 通电约 15 s（使作为存储器备用电源的电容充电，在锂电池断开后，该电容对 RAM 短暂供电）；

3）断开 PLC 交流电源；

4）打开基本单元的电池盖板；

5）从电池支架上取下旧电池，装上新电池；

6）盖上电池盖板。

从取下旧电池到换上新电池的时间要尽量短，一般不允许超过 3 min。如果时间过长，用户程序将消失。

8.3.2　可编程控制器故障诊断

1. 可编程控制器故障的表现形式

在数控加工过程中，数控机床 PLC 故障的表现形式及故障现象多种多样，引起故障的原因很多，不仅有机械方面、电气方面单独作用的原因，而且也有机械、电气共同作用的原因。对于 PLC 故障，主要根据梯形图和输入/输出状态信息，分析故障产生的原因，判断故障发生的部位，采取排除故障的措施。

数控机床可编程控制器故障的表现形式如下。

（1）从 CNC 故障报警可直接找到故障原因

这种根据报警信息直接找到故障的数控机床，要求 CNC 有非常完善的检测功能，CNC 与 PLC 之间的通信功能非常强大，因此系统软件和硬件复杂。但随着科学技术的发展，数控系统功能不断完善，特别是自诊断技术的发展，越来越多的数控机床具有这种故障报警功能，对数控维修人员来说，机床的故障诊断与维修变得越来越直观。

（2）有 CNC 故障显示，但不反映故障的真正原因

一些数控机床的故障诊断功能不很完善，当出现故障时，CNC 报警信息只能大概指出故障部位，有时 CNC 报警信息显示的内容与故障部位毫无关联，可能误导维修人员。维修人员要根据自己的经验和数控机床的具体情况综合分析判断，才能找出故障的真正原因。

（3）出现故障没有任何提示

因为数控系统没有该故障方面的检测，CNC 没有任何提示显示，维修人员不知从何下手，只能根据数控机床的具体故障现象，综合分析判断。当涉及线路板级维修时，由于没有技术图纸有时需要自己绘制草图，维修难度较大。

例如，经济型数控机床电动控制刀架，在自动换刀时出现故障，根据系统检测功能强弱，以及 CNC 显示报警情况，分析上述 3 种故障表现形式。

数控系统发出换刀指令，刀架电动机旋转执行换刀动作。若数控系统内有相应的检测软件，外围有相应的检测硬件，既检测电动机的旋转情况，又检测刀架到位信号及应答信号。当出现故障时，数控系统报警显示，并指出是哪一个器件出现问题。根据 CNC 故障报警信

息可直接找到发生故障的器件。

若数控系统仅检测刀架应答信号，当出现故障时，系统仅能指出是电动刀架出现问题，不能报警指出具体发生故障的器件，需要维修人员继续排查。若数控装置发出换刀指令，经过一段时间延时后，不再检测刀架应答信号而执行后面的程序，当出现刀架旋转不到位的故障时，数控系统没有任何提示。这种情况非常危险，操作人员一定要注意紧急停车。

对于上述故障表现形式的后两种，可以利用数控系统的自诊断功能，根据 PLC 的梯形图和输入/输出状态信息来分析和判断故障的原因。这种方法是解决数控系统外围故障的基本方法。如 SIEMENS 数控系统通过操作面板上的诊断（DIAGNOSIS）功能键，在监视器上显示输入/输出状态信息（PLC STATUS 菜单）。SIEMENS 数控系统也可以通过便携式编程器如 PG685、PG710、PG750 等实时观察 PLC 梯形图或流程图，或者通过 RS－232C 通信与装有专用软件的通用微机连接，观察 PLC 梯形图或流程图，微机操作系统有 S5－DOS、S5－DOS/SMATIC、STEP5 等编程软件包。

FANUC 系统可以直接利用 CNC 系统上的诊断（DGNOS PAPRM）功能跟踪梯形图的运行，FANUC 系统可用 P－E 或 P－G 编程器装置和 FAPTLAD 编程语言进行 PLC 编程。对 FANUC 10、11、12 和 15 系统也可通过数控系统的 MDI/CRT 直接进行 PLC 编程和梯形图跟踪。

MITSUBISHI 公司 MELDAS50 系列数控系统，可以通过 MDI/CRT 进行梯形图跟踪及 PLC 梯形图设计，编程方法与 MITSUBISHI 公司 FX 系列 PLC 控制器相同。

2. 可编程控制器故障诊断

对于数控机床的 PLC 故障诊断，维修人员应充分利用数控装置显示报警信息，根据控制对象的工作原理，结合 PLC 梯形图分析控制对象动作的逻辑关系，通过查询 PLC 的 I/O 接口状态，分析故障产生的原因，确定故障发生的部位，做到快速、准确地排除故障。常用的 PLC 故障诊断的方法有以下几种。

（1）根据报警号诊断故障

现代数控系统有丰富的自诊断功能，能在显示器上显示故障的报警信息，为维修人员提供各种机床的状态信息，充分利用这些状态信息，就能迅速排除故障。这要求维修人员熟悉数控机床维修手册中故障信息代码的含义，能够根据报警信息确定故障发生的部位。

（2）根据动作顺序诊断故障

数控机床上用于换刀的机械手及托盘装置的自动交换动作，都是按一定的顺序来完成的。因此观察机械装置的运动过程，比较发生故障时和正常时机床的状态信息，就可发现疑点，诊断出故障原因。这要求维修人员掌握数控机床自动交换动作的顺序、机械机构工作原理。

（3）根据控制对象的工作原理诊断故障

数控机床的 PLC 程序是按照控制对象的顺序控制工作原理编制的，通过对控制对象工作原理的分析，结合 PLC 的 I/O 状态，也是诊断故障的有效方法。这要求维修人员掌握数控机床自动交换执行机构的电气控制原理，熟悉控制执行机构必须满足的输入条件。

（4）根据 PLC 的 I/O 状态诊断故障

数控机床的输入输出信号通过 PLC 的 I/O 接口来实现，只要熟悉控制对象的 PLC 的 I/O 通常状态和故障状态，可以不必分析梯形图中的逻辑关系，通过对比 PLC 的 I/O 接口状态就能找出故障原因。这要求维修人员平时记录通常状态 PLC 的 I/O，掌握 I/O 接口地址的具体含义及信号的流向，当机床出现故障时，查找与正常 PLC 的 I/O 不同状态的接口地址，就能很快确定故障发生的原因。

（5）通过 PLC 梯形图诊断故障

如果 PLC 的输入输出点数多，逻辑控制复杂，就要通过 PLC 梯形图来分析和诊断故障。采用这种方法诊断机床故障，首先要掌握机械动作执行顺序，以及互连锁关系，然后利用 CNC 系统的自诊断功能或通过机外编程器，根据 PLC 梯形图查看相关的输入/输出及标志位的状态，以确定故障原因。这要求维修人员熟悉该机床的 PLC 基本指令，掌握 PLC 中输入/输出继电器、内部继电器等使用方法，标志继电器的含义等，能够根据梯形图分析动作执行的顺序。

（6）动态跟踪梯形图诊断故障

有些 PLC 发生故障时，静态查看输入/输出及标志状态均为正常，但在运行过程中输入/输出及标志状态已变化，此时必须通过 PLC 动态跟踪，实时跟踪输入/输出及标志状态的瞬间变化，根据 PLC 动作原理作出诊断。这要求维修人员熟悉 PLC 基本指令，能够根据梯形图分析动作执行顺序。

对于数控机床的 PLC 故障诊断，应具体问题具体分析，上述的诊断方法可结合应用。故障诊断的关键是：

① 要熟悉控制对象的各种条件标志，特别是输入/输出信号标志。

② 熟悉检测开关安装位置如限位开关、接近开关和压力开关等在数控机床中的具体位置，当输入条件不满足时可以很快定位测量。

③ 要了解执行机构的动作顺序和互连锁关系，熟悉 PLC 基本指令，能够分析梯形图。

④ 能够进行 PLC 动态跟踪操作，根据逻辑关系实时跟踪输入/输出及标志状态的瞬间变化。

3. SIEMENS 810 系统 PLC 报警产生机理

SIEMENS 810 系统的 PLC 通过机床制造厂家编制的用户程序，可以对机床侧的故障进行诊断，出现故障后进行报警，在屏幕上显示报警信息，并采取相应的处理措施。

6000～6063 号报警和 7000～7063 号报警属于 PLC 报警，是机床制造厂家为特定机床设计的，报警信息来自机床制造厂家编写的、事先存储在 NC 系统中的报警文本，它为操作者提供维护信息，为维修人员提供维修线索。

6100～6163 号是为 PLC 程序编制者提供的报警，可指示 PLC 的程序问题或 PLC 自身错误。

当机床出现 6000 ~ 6063 号报警时，较简单的问题通过显示的报警信息就可确认故障原因，复杂一些的要根据机床的 PLC 用户程序和电气原理图进行检查，可利用数控系统的 DIAGNOSIS 功能监视 PLC 的一些状态变化，从而判断故障原因。

若遇到较复杂的故障最好使用机外编程器对 PLC 程序的运行进行在线监视。

（1）SIEMENS 810 系统的诊断菜单

诊断功能（DIAGNOSIS）是 SIEMENS 810 系统非常有用的功能，在任何操作状态下，在软键功能中找到 DIAGNOSIS 功能，按下面的软键后，进入诊断菜单，其菜单功能如图 8 – 3 所示。

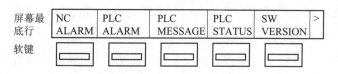

图 8 – 3　DIAGNOSIS 诊断菜单

诊断菜单可以显示 NC 报警信息、PLC 报警信息、PLC 操作信息、PLC 状态显示、NC 系统版本显示，按 > 键进入扩展菜单（图 8 – 4）。在扩展菜单内可以显示、修改 NC 机床数据和 PLC 机床数据，还可以显示进给轴和主轴的伺服数据等。

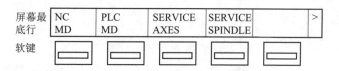

图 8 – 4　DIAGNOSIS 扩展诊断菜单

在图 8 – 3 所示的诊断菜单中，按 PLC ALARM 下面的软键，可以查看已发生的还没有被清除的全部 PLC 报警（6000 ~ 6063 和 6100 ~ 6163 范围内的）信息，如图 8 – 5 所示。

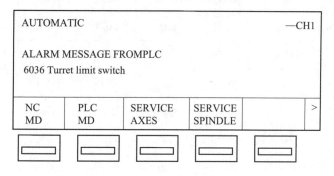

图 8 – 5　PLC 报警显示画面

（2）PLC 报警产生机理

SIEMENS 810 系统的 PLC6000 ~ 6063 故障报警和 7000 ~ 7063 操作信息显示的报警信息来自机床厂家编制的报警文本，该文本格式如下。

% PCA

N6000 = AXES DRIVE NOT OK

⋮

N6063 = OIL LEVEL IS LOW

N7000 = WORN WHEEL

⋮

N7063 = BRING WHEEL ABOVE VERTICAL MASTER

M02

SIEMENS 810 系统的报警文本只能在编程器或者计算机上编制，然后在数控系统初始化菜单中通过 RS-232 接口传入数控系统，这个报警文本在 GA1 和 GA2 版本中只能传入不能传出，在 GA3 版本中既可以传入也可以传出。

出现故障报警后，报警号和报警信息显示在屏幕第二行的故障显示行上。

那么故障是如何检测出来的，又如何按照机床厂家编制的报警文本显示机床报警的呢？这些报警是 PLC 系统根据输入端子输入的故障检测信号，通过 PLC 用户逻辑程序把相应的标志位置位，产生报警信号。NC 系统与 PLC 之间有信号约定，PLC 的报警标志位与报警号和相应的报警信息是一一对应的。NC 系统根据从 PLC 传来的报警信号，把存储在存储器中的机床厂家编制的报警文本的相应报警信息调出，在屏幕上显示报警信息。表 8-3 是 810 系统 PLC 标志位与报警号的关系。

表 8-3 PLC 报警号与 PLC 标志位的关系

故障号 位 标志	7	6	5	4	3	2	1	0
FB100	6007	6006	6005	6004	6003	6002	6001	6000
FB101	6015	6014	6013	6012	6011	6010	6009	6008
FB102	6023	6022	6021	6020	6019	6018	6017	6016
FB103	6031	6030	6029	6028	6027	6026	6025	6024
FB104	6039	6038	6037	6036	6035	6034	6033	6032
FB105	6047	6046	6045	6044	6043	6042	6041	6040
FB106	6055	6054	6053	6052	6051	6050	6049	6048
FB107	6063	6062	6061	6060	6059	6058	6057	6056

例如，如果 PLC 将 F106.6 置位，NC 系统就会产生 6054 号报警，并从存储器的报警文本中调出 6054 号的报警信息在显示器上显示。如果故障消除，按应答键可将 F106.6 复位，故障报警显示也随之消除。

（3）利用诊断功能实时观察 PLC 的各种状态

在诊断菜单中，可以实时显示 PLC 的各种状态，如输入状态、输出状态、标志位、数据位状态，以及定时器和计数器的状态等。这对故障检测是非常有用的。

在诊断（DIAGNOSIS）菜单中，按 PLC STATUS 下面的软键，进入 PLC 状态显示菜单，如图 8-6 所示，按相应的软键可以实时观察 PLC 的输入、输出、标志位和数据位等的状态。

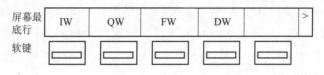

图 8-6　PLC 状态显示菜单

按 > 按键进入如图 8-7 所示的画面，可显示定时器和计数器的实时状态。

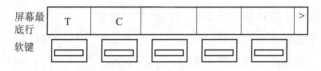

图 8-7　PLC 状态显示扩展菜单

例如在图 8-6 所示的 PLC 状态显示菜单中，按 IW（输入字）下面的软键，进入 PLC 输入状态显示画面（图 8-8），通过键盘上的方向键和翻页键，可以找到所要观察的 PLC 输入点的状态。

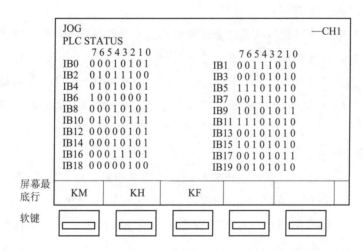

图 8-8　PLC 输入状态显示

知识拓展

1. 数控机床 PLC 程序设计步骤

（1）确定 PLC 型号及其硬件配置

不同型号 PLC 具有不同的硬件组成和性能指标。它们的基本 I/O 点数和扩展范围、程

序存储量往往差别很大。因此，在 PLC 程序设计之前，要对所用 PC 型号、硬件配置（如内装型 PLC 是否要增加 I/O 板，通用型 PLC 是否要增加 I/O 模板等）作出选择。

对 PLC 的性能指标主要考虑 I/O 点数和存储容量。另外，所选择 PLC 的处理时间、指令功能、定时器、计数器、内部继电器的技术规格、数量等指标也应满足要求。

（2）制作接口信号文件

需要设计和编制的接口技术文件有输入/输出信号电路原理图、地址表、PLC 数据表。这些文件是制作 PLC 程序不可缺少的技术资料。梯形图中所用到的所有内部和外部信号、信号地址、名称、传输方向，与功能指令有关的设定数据，与信号有关的电器元件等都反映在这些文件中。编制文件的人员除需要掌握所用 CNC 装置和 PLC 控制器的技术性能外，还需要具有一定的电气设计知识。

（3）绘制梯形图

梯形图逻辑控制顺序的设计，从手工绘制梯形图开始。在绘制过程中，设计员可以在仔细分析机床工作原理或动作顺序的基础上，用流程图、时序图等描述信号与机床运动时间的逻辑顺序关系，然后据此设计梯形图的控制关系和顺序。

在梯形图中，要用到大量的输入触点符号。设计员应搞清输入信号为"1"和"0"状态的关系。若外部信号触点是常开触点，当触点动作时（即闭合），则输入信号为"1"；若信号触点是常闭触点，当触点动作时（即打开），则输入信号为"0"。一个设计得好的梯形图除要满足机床控制的要求外，还应具有最少的步数、最短的顺序处理时间和易于理解的逻辑关系。

（4）用编程机编制顺序程序

手工绘制的梯形图，可先转换成指令表的形式，再用键盘输入编程机进行修改。

如果设计员能熟练使用编程机，且具有一定的 PLC 程序设计知识，也可省去手工绘制梯形图这一步骤，直接在编程机上编制梯形图程序。由于编程机具有丰富的编辑功能，可以很方便地实现程序的显示、输入、输出、存储等操作。因此，采用编程机编制程序可以大大提高工作效率。

（5）顺序程序的调试与确认

编好的程序需要经过运行调试。一般来说，顺序程序要经过"仿真调试"和"联机调试"两个步骤。仿真调试是在实验室条件下，采用仿真装置或模拟实验台进行调试程序。联机调试是将机床、CNC 装置、PLC 装置和编程设备连接起来进行整机机电运行调试。只有这样，才能最终确认程序的正确性。

（6）顺序程序的固化

将经过反复调试并确认无误的顺序程序用编程机或编程器写入 EPROM 中，这称为顺序程序的固化。在 PLC 装置上，用存储了顺序程序的 EPROM 代替 RAM，使机床在各种方式下做运行检查。如果满足了整机控制的各项技术要求，则顺序程序的调试即告结束。

（7）程序的存储和文件整理

联机调试合格的 PLC 程序，是重要的技术文件，除固化到 EPROM 中外，还应存入软盘。技术文件是分析故障原因、扩展功能以及编制其他顺序程序的重要技术资料，所以对程序文件要整理存档。

2. 数控机床自动换刀控制 PLC 程序设计

某数控机床具有一个 8 把刀的转塔式刀架，该刀架可以在数控机床自动工作方式下，通过数控程序实现换刀，以适应零件的多工序连续加工；另外，在数控机床手动工作方式下，通过机床操作面板的手动换刀按钮手工操作换刀过程。该数控机床转塔通过刀架电机驱动旋转，换刀时，要先控制液压装置使转塔从刀架上松开，转塔旋转实现刀具的更换操作，转塔旋转到指定位置后，控制液压装置使转塔压紧在刀架上。

由于数控机床的各辅助功能一般都由一个 PLC 统一控制实现，但由于篇幅所限，我们不可能对数控机床 PLC 的所有控制功能逐一进行分析，而 PLC 的选型却是建立在这一基础上的，因此在这里省略这一部分内容。另外，为简化系统分析，该自动换刀装置与数控机床其他执行元件的连锁功能在这里不作分析。本系统需要 9 个输入点和 3 个输出点，表 8 - 4、表 8 - 5 分别是 PLC 的输入/输出地址分配表。该控制系统的流程图如图 8 - 9 所示。根据该流程图可以很方便地编制出 PLC 的梯形图程序。

表 8 - 4 控制系统 PLC 的输入地址分配表

序号	信号说明	PLC 端口号
1	转塔松开确认	X0
2	转塔夹紧确认	X1
3	转塔旋转手动按钮	X2
4	刀具位置 1	X3
5	刀具位置 2	X4
6	刀具位置 3	X5
7	刀具位置奇偶校验	X6
8	机床手动工作状态	X7
9	机床自动工作状态	X8

表 8 - 5 控制系统 PLC 的输出地址分配表

序号	信号说明	PLC 端口号
1	转塔松开	Y0
2	转塔夹紧	Y1
3	传塔刀架旋转	Y2

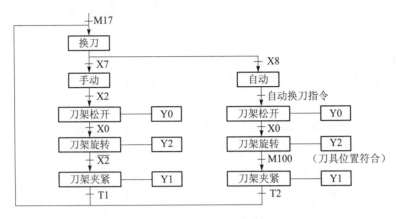

图 8-9　自动换刀控制系统流程图

该换刀控制系统在手动方式下，按动手动操作按钮，执行换刀操作，先是 Y0 接通，转塔松开，当 X0 闭合后，Y2 接通，转塔旋转，当旋转到指定的刀具后，松开手动操作按钮，Y0、Y2 断开，Y1 接通，转塔夹紧，完成手动换刀操作。在自动工作方式下，其动作过程与手动方式一样，只是各个动作的转换条件不同，如换刀开始信号由数控程序的 M 功能去触发一个辅助继电器，作为换刀开始指令；通过刀架上的传感器检测刀具的位置，当刀具位置与程序指令符合时，M100 接通，转换条件满足，刀架夹紧，完成换刀操作。这里对刀具位置检索的梯形图程序作简略的介绍。表 8-6 示出了刀具位置与传感器输入信号状态的关系。另外，刀具的命令位置对应于辅助继电器 M110～M117；刀具的实际位置对应于辅助继电器 M120～M127。图 8-10 是刀具位置检索的梯形图程序，M100 接通就表明刀具的实际位置与命令位置相符，转塔旋转已到位，此时 Y2 断开，Y1 接通，换刀完毕。

表 8-6　传感器与刀具位置的对应关系

刀具位置	传感器状态			
	X3	X4	X5	X6
1	0	0	0	0
2	0	0	1	1
3	0	1	1	0
4	0	1	0	1
5	1	1	0	0
6	1	0	0	1
7	1	0	1	0
8	1	1	1	1

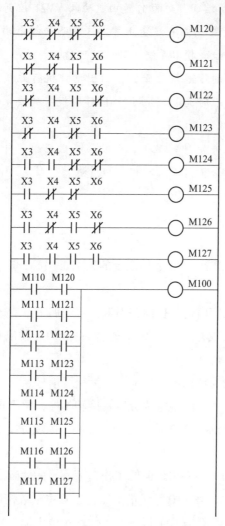

图 8 - 10　刀具位置检索的梯形图程序

先导案例解决

1. 故障诊断

根据报警内容，可诊断故障发生在换刀装置和刀库部分，由于相应的位置检测开关无信号送至 PLC 接口，从而导致机床中断换刀。造成开关无信号输出的原因有两个：一是由于液压或机械上的原因造成动作不到位而使开关得不到感应；二是电感式接近开关失灵。

2. 故障排除

首先检查刀库中的接近开关，用一薄铁片去感应开关，以排除刀库部分接近开关失灵的可能性；接着检查换刀装置机械臂中的两个接近开关，一个是"臂移出"开关 SQ21，另一个是"臂缩回"开关 SQ22。由于机械臂停在行程中间位置上，这两个开关输出信号均为"0"，经测试，这两个开关均正常。

其次检查机械装置，"臂缩回"的动作是由电磁阀YV21控制的，手动电磁阀YV21，把机械臂退回至"臂缩回"位置，机床恢复正常，这说明手控电磁阀能使换刀装置定位，从而排除了液压或机械上阻滞造成换刀系统不到位的可能性。

由以上分析可知，PLC的输入信号正常，输出动作执行无误，问题在PLC内部或操作不当。经操作观察，两次换刀时间的间隔小于PLC所规定的要求，从而造成PLC程序执行错误引起故障。

对于只有报警号而无报警信息的报警，必须检查数据位，并与正常情况下的数据相比较，明确该数据位所表示的含义，以采取相应的措施。

● 生产学习经验 ●

【案例8-1】配备SIEMENS 820数控系统的某加工中心，产生7035号报警。如何诊断故障并排除？

【案例8-2】某数控机床出现防护门关不上，自动加工不能进行的故障，而且无故障显示。该防护门是由气缸来完成开关的，关闭防护门是由PLC输出Q2.0控制电磁阀YV2.0来实现。如何排除故障？

【案例8-3】故障现象为机床不能启动，但无报警信号。

【案例8-4】机床同上，故障现象为分度台旋转不停，但无报警号。

【案例8-5】配备SIEMENS 810系统的加工中心，出现分度工作台不分度的故障且无故障报警。

【案例8-6】某卧式加工中心出现回转工作台不旋转的故障。

【案例8-7】配备SIEMENS 810系统的双工位、双主轴数控机床，如图8-11所示。故障现象是，机床在AUTOMATIC方式下运行，工件在工位Ⅰ加工完成，工位Ⅰ的主轴Ⅰ还没有退到位且回转工作台正要旋转时，工位Ⅱ的主轴Ⅱ停转，自动循环中断，并出现报警且报警内容表示工位Ⅱ的主轴Ⅱ速度不正常。

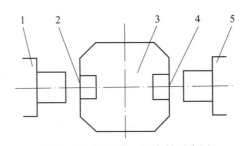

图8-11 双工位、双主轴示意图

1—主轴Ⅰ；2—工位Ⅰ；3—回转工作台；4—工位Ⅱ；5—主轴Ⅱ

【案例8-8】图8-12为某立式加工中心自动换刀控制示意图。故障现象为，换刀臂平移至 C 时，无拔刀动作。

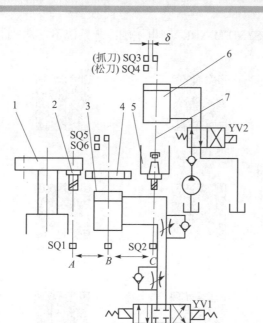

图 8 - 12 自动换刀控制示意图

1—刀库；2—刀具；3—换刀臂升降油缸；4—换刀臂；5—主轴；6—主轴油缸；7—拉杆

【案例 8 - 9】一台配备 SIEMENS 810 系统的数控淬火机床经常出现 3 号报警。

【案例 8 - 10】一台配备 SIEMENS 810 系统的数控磨床出现 7012 "Loading chute is empty"（装载滑道空）报警。

【案例 8 - 11】一台配备 SIEMENS 810 系统的数控磨床出现 3 号报警。

【案例 8 - 12】一台数控内圆磨床自动加工循环不能连续执行。

【案例 8 - 13】一台配备 SIEMENS 810 系统的数控车床出现 6036 报警。

【案例 8 - 14】一台配备 SIEMENS 810 系统的数控车床显示 6003 号报警 "Z AXIS – VE OVERTRAVEL"（Z 轴超负限位）。

【案例 8 - 15】一台配备 SIEMENS 810 系统的数控外圆磨床出现报警 6023 "Pusher Forward Timeout"（退料器向前超时）。

【案例 8 - 16】一台配备 SIEMENS 810 系统的数控机床出现 6017 报警 "Slide Axis Moter Temperature"（滑台轴电动机超温）。

【案例 8 - 17】一台配备 SIEMENS 810 系统的内圆磨床出现报警 6055 "Part parameters change too great"。

【案例 8 - 18】一台配备 SIEMENS 810 系统的双工位专用铣床，自动加工循环不能连续执行。

【案例 8 - 19】一台配备 SIEMENS 810 系统的数控磨床主轴起动不了，出现报警 6009

"EL. SPINDLE COOLINGSYSTEM NOK"（电主轴冷却系统不正常）。

【案例8-1】　　　　【案例8-2】　　　　【案例8-3】　　　　【案例8-4】

【案例8-5】　　　　【案例8-6】　　　　【案例8-7】　　　　【案例8-8】

【案例8-9】　　　　【案例8-10】　　　　【案例8-11】　　　　【案例8-12】

【案例8-13】　　　　【案例8-14】　　　　【案例8-15】　　　　【案例8-16】

【案例8-17】　　　　【案例8-18】　　　　【案例8-19】

本章小结
BENZHANGXIAOJIE

　　本章主要学习了有关PLC的一些基本知识；同时对数控机床PLC的功能及与外部信息的交换、可编程控制器的维护、故障的表现形式和故障诊断的方法也做了深入的讲解。本章的重点是PLC的结构组成和工作原理，可编程控制器的维护，故障的表现形式和故障诊断的方法。

思考与练习

8-1　简述可编程控制器（PLC）的含义、主要特点和主要功能。

8-2 在可编程控制器（PLC）的硬件和软件上采取了哪些可靠性措施？

8-3 可编程控制器（PLC）的硬件组成和软件组成是什么？

8-4 简述可编程控制器（PLC）的工作过程和工作原理。

8-5 在数控机床中，可编程控制器（PLC）主要用来控制哪些对象？

8-6 可编程控制器（PLC）的维护内容有哪些？

8-7 数控机床可编程控制器（PLC）模块的故障有哪些表现形式？用哪些方法来诊断可编程控制器（PLC）的故障？

8-8 在进行可编程控制器（PLC）模块故障诊断过程中，有哪些关键点值得我们关注？

8-9 简述 SIEMENS 810 系统 PLC 报警产生的机理。

8-10 如何利用 SIEMENS 810 系统的诊断功能实时观察 PLC 的状态？

1　职业概况

1.1　职业名称

数控机床装调维修工。

1.2　职业定义

使用相关工具、工装、仪器，对数控机床进行装配、调试和维修的人员。

1.3　职业分四个等级

该职业有四个等级，分别为中级（国家职业资格四级）、高级（国家职业资格三级）、技师（国家职业资格二级）、高级技师（国家职业资格一级）。

1.4　职业环境条件

室内，常温。

1.5　职业能力特征

具有较强的学习、理解、计算能力；具有较强的空间感、形体知觉、听觉和色觉，手指灵活、形体动作协调性好。

1.6　职业文化程度

高中毕业（或同等学力）。

1.7　培训要求

1.7.1　培训期限

1.7.2　培训教师

1.7.3　培训场地设备

1.8　鉴定要求

1.8.1　适用对象

1.8.2　申报条件

——中级（具备以下条件之一者）：

（1）取得装配钳工、机修钳工。车工、磨工、铣工、镗工等职业初级职业资格证书后，连续从事本职业工作2年以上，经本职业中级正规培训达标准学时数，并取得结业证书。

（2）取得装配钳工、机修钳工。车工、磨工、铣工、镗工等职业初级职业资格证书后，连续从事本职业工作4年以上。

（3）连续从事相关职业工作7年以上。

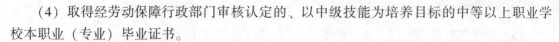

（4）取得经劳动保障行政部门审核认定的、以中级技能为培养目标的中等以上职业学校本职业（专业）毕业证书。

——高级（具备下列条件之一者）：

（1）取得本职业中级职业资格证书后，连续从事本职业工作4年以上，并经本职业高级正规培训达规定标准学时数，并取得结业证书。

（2）取得本职业中级职业资格证书后，并连续从事本职业工作7年以上。

（3）取得高级技工学校或经劳动保障行政部门审核认定的，以高级技能为培养目标的高等职业学校本专业毕业证书。

——技师（具备下列条件之一者）：

（1）取得本职业高级职业资格证书后，连续从事本职业工作5年以上，并经本职业高级正规培训达规定标准学时数，并取得结业证书。

（2）取得本职业高级职业资格证书后，并连续从事本职业工作8年以上。

（3）取得本职业高级职业资格证书的高级加工学校本职业（专业）毕业生，连续从事本职业工作2年以上。

——高级技师（具备下列条件之一者）：

（1）取得本职业技师职业资格证书后，连续从事本职业工作3年以上，并经本职业高级正规培训达规定标准学时数，并取得结业证书。

（2）取得本职业技师职业资格证书后，并连续从事本职业工作5年以上。

1.8.3　鉴定方式

分为理论知识考试和技能操作考核。理论知识考试采用闭卷考试方式，技能才做考核采用实际操作或模拟操作方式。理论知识考试和技能操作考核均实行百分制，成绩皆达60分以上者为合格。技师和高级技师还须进行综合评审。

1.8.4　考评人员与考生配比

理论考评员与考生配比为1∶15，每个标准教室不少于2名考评人员；技能操作考评员与考生配比为1∶5，且不少于3考评人员；综合评审委员不少于5人。

1.8.5　鉴定时间

理论知识考试不少于120 min；技能操作考核时间为：中级不少于180 min，高级、技师、高级技师不少于240 min；综合评审不少于30 min。

1.8.6　鉴定场所、设备

理论知识考试在标准教室里进行；技能操作考核在具有必备设备、工具、夹具、量具的场所或现场进行。

2　基本要求

2.1　职业道德

2.1.1　职业道德基本知识

2.1.2　职业守则

（1）遵守法律、法规和有关规定。

（2）爱岗敬业、具有高度的责任心。

（3）严格执行工作程序、工作规范、工艺文件和安全操作规程。

（4）工作认真负责，团结合作。

（5）爱护设备及工具、夹具、刀具、量具。

（6）着装整洁，符合规定；保持工作环境清洁有序，文明生产。

2.2　基础知识

2.2.1　基础理论知识

（1）机械识图知识。

（2）电气识图知识。

（3）公差配合与形位公差。

（4）金属材料及热处理基础知识。

（5）机床电气基础知识。

（6）金属切削刀具基础知识。

（7）液压与气动基础知识。

（8）测量与误差分析基础知识。

（9）计算机基础知识。

2.2.2　机械装调基础知识

（1）钳工操作基础知识。

（2）数控机床机械结构基础知识。

（3）数控机床机械装配工艺基础知识。

2.2.3　电气装调基础知识

（1）电工操作基础知识。

（2）数控机床电气结构基础知识。

（3）数控机床电气装配工艺基础知识。

（4）数控机床操作与编程技术知识。

2.2.4　维修基础知识

（1）数控机床精度与检测基础知识。

（2）数控机床故障与诊断基础知识。

2.2.5　安全文明生产与环境保护知识

（1）现场文明生产要求。

（2）安全操作与劳动保护知识。

（3）环境保护知识。

2.2.6　质量管理知识

（1）企业质量目标。

（2）岗位质量要求。

（3）岗位质量保证措施与责任。

2.2.7 相关法律、法规知识

（1）《中华人民共和国劳动法》相关知识。

（2）《中华人民共和国合同法》相关知识。

3 工作要求

本标准对初级、中级、高级、技师、高级技师的技能要求依次递进，高级别涵盖低级别的要求。根据所从事工作，中级、高级在职业功能"一、二"模块中任选其一进行考核，技师、高级技师在职业功能"一、二"模块中任选其一进行考核。

3.1 中级（附表1）

附表1 中级要求

职业功能	工作内容	技能要求	相关知识
数控机床机械装调	机械功能部件装配	1. 能读懂本岗位零部件装配图 2. 能读懂本岗位零部件装配工艺卡 3. 能绘制轴、套、盘类零件图 4. 能按照工序选择工具、工装 5. 能钻绞孔，并达到以下等级：公差等级 IT8，表面粗糙度 $Ra1.6\ \mu m$ 6. 能加工 M12 以下的螺纹，没有明显的倾斜 7. 能手工刃磨标准麻花钻头 8. 能刮削平板，并达到以下要求：在 25 mm×25 mm 范围内接触点数不小于 16 点，表面粗糙度 $Ra0.8\ \mu m$ 9. 能完成有配合、密封要求的零部件的装配 10. 能完成有预紧力要求或有特殊要求的零部件装配 11. 能对以下功能部件中的一种进行装配： （1）主轴箱 （2）进给系统	1. 机械零部件装配图与零部件配合公差知识 2. 机械零部件装配知识结构 3. 机械零部件装配工艺知识（如轴承与轴承组的装配，有配合、密封要求组件的装配等） 4. 轴、套、盘类零件图的画法 5. 数控机床功能部件（如主轴箱、进给传动系统、刀架、刀库、机械手、液压站等）的结构、工作原理及其装配工艺知识 6. 典型装配工装结构原理知识 7. 钳工基本知识 8. 手工刃磨标准麻花钻头的知识 9. 加工切削参数的选择 10. 有特殊要求的数控机床部件的装配方法 11. 液压、气压润滑、冷却知识

职业功能	工作内容	技能要求	相关知识
数控机床机械装调	机械功能部件装配	（3）换刀装置（刀架、刀库与机械手） （4）辅助设备（液压系统、气压系统、润滑系统、冷却系统、排防护等）	
	机械功能部件调整与整机调整	1. 能对上述功能部件中的一种进行装配后的试车调整 2. 能进行一种型号的数控系统的操作 3. 能应用一种型号的数控系统进行加工编程	1. 功能部件空运转试验知识 2. 功能部件装配精度的测试方法 3. 通用量具、专用量具、检具的使用方法 4. 数控机床系统面板、机床操作面板的使用方法 5. 数控机床操作说明书
数控机床维修	机械功能部件维修	1. 能读懂维修零部件装配图 2. 能按照工序选择维修的工具、工装 3. 能对以下功能部件中的一种进行拆卸和再装配： （1）主轴箱 （2）进给系统 （3）换刀装置（刀架、刀库与机械手） （4）辅助设备（液压系统、气压系统、润滑系统、冷却系统、排防护等） 4. 能检修齿轮、花键轴、轴承、密封件、弹簧、紧固件等 5. 能检查调整各种零部件的配合间隙 6. 能绘制轴、套、盘类零件图	1. 零部件装配识图知识 2. 机械零部件装配结构知识 3. 机械零部件装配工艺知识 4. 机械零部件装配图与零部件配合公差知识 5. 典型工装的结构原理 6. 配合件的检修知识 7. 齿轮、花键轴、轴承、紧固件等的检修方法 8. 齿轮啮合间隙调整知识 9. 轴承间隙调整知识 10. 数控机床调整知识 11. 液压与气压知识 12. 轴、套、盘类零件图的方法
	机械功能部件调整与整机调整	1. 能对上述功能部件中的一种进行维修后的试车调整 2. 能进行一种型号数控系统的操作 3. 能应用一种型号数控系统进行加工编程 4. 能判断加工中因操作不当引起的故障	1. 各功能部件空运转试车知识 2. 数控机床操作与数控系统操作说明书 3. 加工中因操作不当引起的故障表现形式

职业功能	工作内容	技能要求	相关知识
数控机床电气装调	电器功能部件装配	1. 能读懂数控机床电气装配图、电气原理图、电气接线图 2. 能对以下功能部件的一种进行配线与装配： （1）电气柜的配电板 （2）机床操纵台 （3）电气柜到机床各部分的连接 3. 能根据工作内容选择常用仪器、仪表 4. 能在薄铁板上钻孔 5. 能刃磨标准麻花钻 6. 能使用电烙铁焊接电气元件 7. 能根据电气图要求确认常用电气元件及导线、电缆线的规格	1. 数控机床电气装配图、电气原理图、电气接线图的识图知识 2. 常用仪器、仪表的规格及用途 3. 仪器、仪表的选择原则及使用方法 4. 锡焊方法 5. 常用电气元件、导线、电缆线的规格 6. 电工操作技术与装配知识 7. 接地保护知识
	电气功能部件调整	1. 能对系统操作面板、机床操作面板进行操作 2. 能进行数控机床一般功能的调试	1. 数控机床操作面板的使用方法 2. 数控机床一般功能的调试方法
数控机床电气维修	电气功能部件维修	1. 能读懂数控机床电气装配图、电气原理图、电气接线图 2. 能对以下功能部件进行拆卸和再装配： （1）电气柜的配电板 （2）机床操纵台 （3）电气柜到机床各部分的连接 3. 能对电气维修中配线质量进行检查，能解决配线中出现的问题	1. 数控机床电气装配图电气原理图、电气接线图的识图知识 2. 常用仪器、仪表的规格及用途 3. 仪器、仪表的选择原则及使用方法 4. 锡焊方法 5. 常用电气元件、导线、电缆线的规格 6. 电工操作技术与装配知识 7. 电气装配规范
	整机电气调整	1. 能对系统操作面板、机床操作面板进行操作	1. 数控机床操作面板的使用方法

续表

职业功能	工作内容	技能要求	相关知识
数控机床电气维修	整机电气调整	2. 能进行数控机床一般功能的调试 3. 能使用数控机床诊断功能或电气梯形图等分析故障 4. 能排除数控机床调试中常见的电气故障	2. 数控机床一般功能的调试方法 3. 分析、排除电气故障的常用方法 4. 机床常用参数知识 5. 数控机床诊断功能和电气梯形图知识

3.2 高级（附表2）

附表2 高级要求

职业功能	工作内容	技能要求	相关知识
数控机床机械装调	机械功能部件装配和机床总装	1. 能读懂数控机床总装配图或部件装配图 2. 能绘制连接件装配图 3. 能根据整机装配调试要求准备工具、工装 4. 能完成两种以上机械功能部件的装配或一种以上型号的数控机床总装配 5. 能进行数控机床总装后集合精度、工作精度的检测和调整 6. 能读懂三坐标测量报告、激光检测报告，并进行一般误差分析和调整	1. 数控机床总装配图或部件装配图识图知识 2. 连接件装配图的画法 3. 整机装配、调试所用工具、工装原理知识及使用方法 4. 数控机床液压与气动工作原理 5. 数控机床总装配知识 6. 数控机床集合精度、工作精度检测和调整方法 7. 阅读三坐标测量报告、激光检测报告的方法 8. 一般误差分析和调整的方法
	机械功能部件与整机调整	1. 能读懂数控机床电气原理图、电气接线图 2. 机床通电试车时，能完成机床数控系统初始化后的资料输入 3. 能进行系统操作面板、机床操作面板的功能调整 4. 能进行数控机床试车（如空运转）	1. 数控机床电气原理图、电气接线图识图知识 2. 电气元件标注及画法 3. 数控系统的通信方式 4. 数控机床参数基本知识 5. 数控系统的使用说明书

职业功能	工作内容	技能要求	相关知识
数控机床机械装调	机械功能部件与整机调整	5. 能通过修改常用参数调整机床性能 6. 能进行两种型号以上数控系统的操作 7. 能进行两种型号以上数控系统的加工编程 8. 能根据零件加工工艺要求准备刀具、夹具 9. 能完成试车工件的加工 10. 能使用通用量具对所加工的工件进行检测，并进行误差分析和调整	6. 试车工艺规程 7. 刀具的几何角度、功能及刀具材料的切削性能知识 8. 零件加工中夹具的使用方法 9. 零件加工切削参数的选择 10. 数控机床加工工艺知识 11. 加工工件测量与误差分析
数控机床机械维修	整机维修	1. 能读懂机床总装配图或部件装配图 2. 能读懂数控机床电气原理图、电气接线图 3. 能读懂数控机床液压与气动原理图 4. 能拆卸、组装整台数控机床（如数控机床主轴箱与床身的拆装、床鞍与床身的拆装、加工中心主轴箱与床身的拆装、工作台与床身的拆装等） 5. 能通过数控机床诊断功能判断常见机械、电气、液压（气动）故障 6. 能排除数控机床的机械故障 7. 能排除数控机床的强电故障	1. 数控机床总装配图或部件装配图识图知识 2. 数控机床电气原理图、电气接线图识图知识 3. 电气元件标注及画法 4. 液压与气动原理图 5. 拆卸与组装数控机床的方法 6. 应用数控机床诊断功能判断常见机械、电气、液压（气动）故障的方法 7. 数控机床的机械故障排除知识 8. 数控机床强电的故障排除知识
	整机调整	1. 能完成机床数控系统初始化后的资料输入 2. 能进行系统操作面板、机床操作面板的功能调整 3. 能通过修改常用参数调整机床性能 4. 能进行数控机床几何精度、工作精度的检测和调整	1. 数控系统的通信方式 2. 数控机床操作说明书 3. 数控机床参数基本知识 4. 数控系统操作说明书 5. 数控机床几何精度、工作精度检测方法 6. 三坐标测量报告、激光检测报告阅读方法

职业功能	工作内容	技能要求	相关知识
数控机床机械维修	整机调整	5. 能读懂三坐标测量报告，并进行一般误差分析和调整（如垂直度、平行度、同轴度、位置度等） 6. 能对数控机床加工编程 7. 能根据零件加工工艺要求准备刀具、夹具 8. 能使用通用量具对所加工的工件进行检测，并进行误差分析和调整	7. 对三坐标测量报告、激光检测报告中误差进行分析和调整方法 8. 刀具的几何角度、功能及刀具材料的切削性能知识 9. 零件加工中夹具的使用方法 10. 零件加工切削参数的选择 11. 数控机床加工工艺知识 12. 加工工件测量与误差分析
数控机床电气装调	整机电气装配	1. 能读懂数控机床电气装配图、电气原理图、电气接线图 2. 能读懂机床总装配图 3. 能读懂数控机床液压与气动原理图 4. 能读懂与电气相关的机械图（数控刀架、刀库与机械手等） 5. 能按照电气图要求安装两种型号以上数控机床全部电路，包括配电板、电气柜、操作台、主轴变频器、机床各部之间电缆线的连接等	1. 数控机床电气装配图、电气原理图、电气接线图的识图知识 2. 数控机床 PLC 梯形图知识 3. 机床总装配图知识 4. 数控机床液压与气动原理知识 5. 与电气相关的机械部件图（数控刀架、刀库与机械手等）识图知识 6. 一般电气元件的名称及用途 7. CNC 接口电路，伺服装置，可编程控制器、主轴变频器等数控系统硬件知识
	整机电气调整	1. 能在数控机床通电试车时，通过机床通信口将机床参数与 PLC 程序（如梯形图）传入 CNC 控制器中 2. 能使用系统参数、PLC 参数、变频器参数等对数控机床进行调整 3. 能通过数控机床诊断功能进行机床各种功能调试 4. 能应用数控系统编制加工程序（选用常用刀具） 5. 能进行数控机床试车（如空运转）	1. 数控系统的通信方式 2. 数控机床 PLC 程序（如梯形图）知识 3. 数控机床参数使用知识 4. 变频器操作及维修知识 5. 应用数控机床诊断功能调试机床各种功能的知识 6. 刀具的几何角度、功能及刀具材料的切削性能知识

职业功能	工作内容	技能要求	相关知识
数控机床 电气装调	整机电气调整	6. 能试车加工工件 7. 能调平机床导轨 8. 能调整数控机床几何精度	7. 数控机床操作方法 8. 数控系统的编程方法 9. 机械零件加工工艺 10. 机床水平调整的方法 11. 数控机床几何精度调整知识 12. 数控机床、数控系统操作说明书 13. 数控系统连接说明书 14. 数控系统参数说明书
数控机床 电气维修	整机电气维修	1. 能读懂数控机床电气装配图、电气原理图、电气接线图 2. 能读懂数控机床总装配图 3. 能读懂液压与气动原理图 4. 能读懂与电气相关的机械图（数控刀架、刀库与机械手等） 5. 能通过仪器、仪表检查故障点 6. 能通过数控系统诊断功能、PLC梯形图等诊断数控机床常见机械、电气、液压（气动）故障 7. 能完成两种规格以上数控机床常见强、弱电气故障的维修	1. 数控机床电气装配图、电气原理图、电气接线图的识读知识 2. 数控机床PLC梯形图知识 3. 数控机床总装配图知识 4. 液压与气动原理知识 5. 数控刀架、刀库与机械手原理知识 6. 仪器、仪表使用知识 7. 数控系统自诊断功能知识 8. 数控机床电气故障与诊断方法 9. 机床传动的基础知识 10. 数控机床液压与气动工作原理 11. 数控机床、数控系统操作说明书 12. 数控系统连接说明书 13. 数控系统参数说明书
	整机电气调整	1. 能读懂PLC梯形图，并能修改其中的错误 2. 能使用系统参数、PLC参数、变频器参数等对数控机床进行调整	1. 数控机床PLC（如梯形图）程序知识 2. 数控机床各种参数使用知识

续表

职业功能	工作内容	技能要求	相关知识
数控机床电气维修	整机电气调整	3. 能在数控机床通电试车时，通过机床通信口将机床参数与PLC程序（如梯形图）传入CNC控制器中 4. 能进行数控机床各种功能的调试 5. 能应用数控系统编制加工程序 6. 能对数控机床进行试车调整 7. 能选用常用刀具加工试车工件 8. 能对机床进行水平调整 9. 能进行数控机床几何精度检测 10. 能读懂三坐标测量报告，并进行一般分析（如垂直度、平行度、同轴度、位置度等） 11. 能使用通用量具对轴类、盘类工件进行检测，并进行误差分析	3. CNC接口电路、伺服装置，可编程控制器、主轴变频器等数控系统硬件知识 4. 变频器操作及维修知识 5. 数控系统的通信方式 6. 数控机床功能调试知识 7. 刀具的几何角度、功能及刀具材料的切削性能 8. 数控机床操作说明书 9. 数控系统的编程加工的方法 10. 机械零件加工工艺 11. 数控机床水平调整的方法 12. 数控机床几何精度调整知识 13. 三坐标测量报告、激光检测报告阅读知识 14. 通用量具使用方法 15. 轴类、盘类工件的检测与误差分析知识

3.3 技师（附表3）

附表3　技师要求

职业功能	工作内容	技能要求	相关知识
数控机床机械装调与维修	数控机床机械装配与调整	1. 能读懂数控机床电气、液（气）压系统原理图、电气接线图 2. 能提出装配需要的专用夹具、模具的设计方案，并能绘制草图 3. 能借助词典看懂进口设备相关外文标牌及产品简要说明 4. 能完编制新产品装配工艺规程 5. 能完成数控机床的机械总装、试车、机械部分的调试	1. 数控机床电气、液（气）压系统原理图识图知识 2. 一般夹具的设计与制造知识 3. 进口设备外文标牌及产品简要说明的中外文对照表 4. 数控系统加工编程知识 5. 装配工艺编制知识 6. 宏程序编程知识 7. 数控机床的机械调试知识

职业功能	工作内容	技能要求	相关知识
数控机床机械装调与维修	数控机床机械装配与调整	6. 能通过阅读使用说明书对各种型号数控系统进行加工编程 7. 能完成新产品的装配、调试 8. 能判断机械装配关系的合理性，并能对装配关系中不合理的结构提出修改方案，并能实施解决 9. 能读懂数控机床 PLC 程序，能诊断故障产生的原因，并予以排除 10. 能对三坐标测量报告、激光测量报告进行误差分析，并对数控机床的几何精度、工作精度、定位精度、重复定位精度进行调整	8. 自动控制知识 9. 数控机床 PLC 程序知识 10. 数控机床几何精度、工作精度、定位精度、重复定位精度的测量、误差分析及调整方法
数控机床机械装调	数控机床机械维修	1. 能排除数控机床的液压、气动故障 2. 能排除数控机床常见电气线路故障 3. 能判断数控机床弱电控制方面的故障点	1. 数控机床的液压、气动故障的排除方法 2. 数控机床常见电气线路故障排除方法 3. 数控机床弱电控制方面的故障点的排除方法
	数控机床机械技术改造	1. 能对数控机床机械结构的不合理处提出改进意见 2. 能对损坏的零件进行测绘、制图、修复	1. 数控机床机构及各部分工作原理 2. 机械零件测绘方法
数控机床电气装调与维修	数控机床电气装调与调整	1. 能读懂数控机床电气总装图、部件装配图、液（气）压系统原理图 2. 能绘制简单的机械零件图 3. 能借助字典看懂进口数控设备相关电气标牌及产品简要说明书 4. 能根据产品技术要求制定电气装配工艺流程 5. 能通过阅读使用说明书对其他型号的数控系统进行加工编程	1. 数控机床电气总装图、部件装配图、液（气）压系统原理图识读知识 2. 机械零件图的画法 3. 进口数控设备相关电气标牌及产品简要说明书 4. 数控机床电气装配工艺流程知识 5. 数控系统编程加工程序知识

职业功能	工作内容	技能要求	相关知识
数控机床机械装调与维修	数控机床电气装调与调整	6. 能对数控系统直线轴或旋转轴进行补偿 7. 能应用推广装调新工艺、新技术 8. 能完成新产品的装配、调试 9. 能分析重大质量问题的产生原因、并提出解决措施	6. 宏程序编程知识 7. 数控系统直线轴或旋转轴补偿知识 8. 数控多轴应用知识 9. 新产品、新工艺、新技术知识 10. 解决重大质量问题的措施与方法
	数控机床电气维修	1. 能修改数控机床的参数、并排除由此引起的故障 2. 能修改数控机床PLC程序中的不合理之处 3. 能排除数控机床的各种强、弱电电气故障 4. 能排除数控机床的常见机械故障	1. 数控机床PLC程序的编制知识 2. 数控机床各种强、弱电电气故障排除知识 3. 数控机床常见故障的排除方法
	数控机床电气技术改造	能对数控机床电气方面的不合理之处提出修改方案，并进行方案实施	1. 数控机床结构及各部分工作原理 2. 数控机床电气改造知识
培训与指导	指导操作	能指导高级及以下人员的实际操作	1. 培训教学的基本方法 2. 指导操作的基本要求和基本方法 3. 培训大纲的撰写方法
	理论培训	能撰写培训大纲	
管理	质量管理	1. 能在本职工作中贯彻各项质量标准 2. 能应用质量管理知识实施操作过程的质量分析与控制	相关质量标准
	生产管理	能组织有关人员协调作业	多人协同作业的组织管理方法

3.4 高级技师（附表4）

附表4 高级技师要求

职业功能	工作内容	技能要求	相关知识
数控机床装调与维修	数控机床机械装配与调整	1. 能读懂数进口数控设备的机械、电气、液（气）压系统原理图、电气接线图 2. 能借助词典看懂进口数控机床使用说明书 3. 能对进口数控设备编程 4. 能组织解决高速、精密、大型数控设备装配中出现的疑难问题 5. 能组织解决新产品装配、调整中出现的重大疑难问题（如加工精度、振动、变形、噪声等）	1. 进口数控设备的机械、电气、液（气）压系统原理图、电气接线图识读知识 2. 计算机 CAD 绘图知识 3. 专用的夹具、胎具知识 4. 进口数控机床使用说明书（中英文对照表） 5. 进口数控设备编程知识 6. 计算机 CAM 自动编程软件知识 7. 高速、精密、大型数控设备及新产品装配调试知识 8. 装配调试中出现的技术难题解决的方法
	数控机床机械维修	1. 能诊断并排除进口数控机床的机械、液压、气动故障 2. 能确定电气故障到集成线路板，并加以排除 3. 能通过网络咨询解决疑难问题	1. 进口数控机床的机械与电气故障的排除知识 2. 计算机网络的应用知识
	新技术应用	1. 能应用推广国内、外新工艺、新技术、新材料、新设备 2. 能对进口数控机床进行项目改造（机械部分）	1. 国内外新工艺、新技术、新材料、新设备应用知识 2. 数控机床项目改造知识
数控机床电气装调与维修	数控机床电气装配与调整	1. 能读懂各类数控机床（进口数控设备）的电气、机械、液（气）压系统原理图 2. 能绘制电气原理图与电气接线图	1. 进口数控设备的电气、机械、液（气）压系统原理图识读知识 2. 计算机 CAD 的绘图知识 3. 进口数控设备中的科技外文知识

职业功能	工作内容	技能要求	相关知识
数控机床装调与维修	数控机床机械装配与调整	3. 能借助字典看懂进口数控设备相关外文资料 4. 能对进口数控设备编程 5. 能组织解决在装配高速、精密、大型数控设备中出现的电气疑难问题 6. 能对电气故障进行检测，并能判断故障点到基本单元（如线路板的某个集成块） 7. 能解决新产品装配调试中出现的各种疑难问题或意外情况	4. 进口数控设备中的编程知识 5. 计算机 CAM 自动编程软件知识 6. 数控线路板故障分析的知识和方法 7. 机、电、液一体化知识
	数控机床电气维修	1. 能诊断并排除进口数控设备的全部电气故障 2. 能解决数控机床维修中与电气故障相关的机械故障 3. 能通过网络的咨询来解决疑难问题	1. 进口数控机床故障诊断与排除知识 2. 计算机网络应用知识
	新技术应用	1. 能应用推广国内外新工艺、新技术、新材料、新设备 2. 能对进口数控机床进行项目改造（电气部分）	1. 国内外新工艺、新技术、新材料、新设备知识 2. 进口数控机床的电气、机械、液（气）压原理知识 3. 进口数控机床项目改造知识
培训与指导	指导操作	能指导技师及以下人员的实际操作	
	理论培训	1. 能对高级及以下人员进行专业技能培训 2. 能撰写培训大纲	培训讲义的撰写知识
管理	质量管理	1. 能组织进行质量攻关 2. 能提出产品质量评审方案	1. 质量攻关的组织方法与措施 2. 产品质量评审知识
	生产管理	能根据生产计划提出调度及人员管理方案	生产管理基本知识

4 比重表

4.1 理论知识（附表5）

附表5 理论知识

项　　目			中级/%	高级/%	技师/%	高级技师/%
基本要求	职业道德		5	5	5	5
	基础知识		25	15	5	5
相关知识	每个职业功能任选其一进行考核	数控机床机械装调	机械功能部件装配	35	—	—	—
			机械功能部件装配和机床总装	—	40	—	—
			机械功能部件调整和整机调整	35	40	—	—
		数控机床机械维修	机械功能部件维修	35	—	—	—
			机械功能部件调整与整机调整	35	—	—	—
			整机维修	—	40	—	—
			整机调修	—	40	—	—
		数控机床电气装调	电气功能部件装配	35	—	—	—
			电气功能部件调整	35	—	—	—
			整机电气装配	—	40	—	—
			整机电气调整	—	40	—	—
		数控机床电气维修	电气功能部件维修	35	—	—	—
			整机电气维修	—	40	—	—
			整机电气调整	35	40	—	—
		数控机床机械装调与维修	数控机床机械装配与调整	—	—	30	30
			数控机床机械维修	—	—	30	30
			数控机床机械技术改造	—	—	20	—
			新技术应用	—	—	—	20
		数控机床电气装调与维修	数控机床电气装配与调整	—	—	30	30
			数控机床电气维修	—	—	30	30
			数控机床电气技术改造	—	—	20	—
			新技术应用	—	—	—	20
培训与指导			—	—	5	5
管　　理			—	—	5	5
合　　计			100	100	100	100

4.2 技能操作（附表6）

附表6 技能操作

项 目			中级/%	高级/%	技师/%	高级技师/%
技能要求	每个职业功能任选其一进行考核	数控机床机械装调 机械功能部件装配	50	—	—	—
		机械功能部件装配和机床总装	—	50	—	—
		机械功能部件调整和整机调整	50	50	—	—
		数控机床机械维修 机械功能部件维修	50	—	—	—
		机械功能部件调整与整机调整	50	—	—	—
		整机维修	—	50	—	—
		整机调整	—	50	—	—
		数控机床电气装调 电气功能部件装配	50	—	—	—
		电气功能部件调整	50	—	—	—
		整机电气装配	—	50	—	—
		整机电气调整	—	50	—	—
		数控机床电气维修 电气功能部件维修	50	—	—	—
		整机电气维修	—	50	—	—
		整机电气调整	50	50	—	—
		数控机床机械装调与维修 数控机床机械装配与调整	—	—	30	30
		数控机床机械维修	—	—	30	30
		数控机床机械技术改造	—	—	20	—
		新技术应用	—	—	—	20
		数控机床电气装调与维修 数控机床电气装配与调整	—	—	30	30
		数控机床电气维修	—	—	30	30
		数控机床电气技术改造	—	—	20	—
		新技术应用	—	—	—	20
	培训与指导		—	—	10	10
	管 理		—	—	10	10
	合 计		100	100	100	100

参 考 文 献

[1]蒋红平.数控机床维修[M],北京:高等教育出版社,2004.

[2]郭士义.数控机床故障诊断与维修[M].北京:机械工业出版社,2005.

[3]吴祖育、秦鹏飞.数控机床(第三版)[M].上海:上海科学技术出版社,2000.

[4]李峻勤,费仁元.数控机床及其使用与维修[M].北京:国防工业出版社,2000.

[5]杨仲冈.数控设备与编程[M].北京:高等教育出版社,2002.

[6]隋秀凛.机电控制技术[M].北京:机械工业出版社,2001.

[7]孙汉卿,等.数控机床维修技术[M].北京:机械工业出版社,2000.

[8]任建平.现代数控机床故障诊断及维修[M].北京:国防工业出版社,2002.

[9]余仲裕.数控机床维修[M].北京:机械工业出版社,2001.

[10]张魁林.数控机床故障诊断[M].北京:机械工业出版社,2002.

[11]王侃夫.数控机床故障诊断及维护[M].北京:机械工业出版社,2000.

[12]刘希金,等.数控机床故障检测与维修问答[M].北京:机械工业出版社,2000.

[13]娄斌超.数控机床故障诊断与维护[M].北京:中国林业出版社,2006.

[14]徐衡,等.数控机床故障维修[M].北京:化学工业出版社,2005.

[15]韩鸿鸾.数控机床的机械结构与维修[M].济南:山东科学技术出版社,2005.

[16]牛志斌.图解数控机床 – 西门子典型系统维修技巧[M].北京:机械工业出版社,2005.

[17]潘海丽.数控机床故障分析与维修[M].西安:西安电子科技大学出版社,2006.

[18]劳动和社会保障部教材办公室组织编写.数控加工工艺学[M].北京:中国劳动社会保障出版社,2000.

[19]郑晓峰.数控原理与系统[M].北京:机械工业出版社,2005.

[20]牛志斌.数控车床故障诊断与维修技巧[M].北京:机械工业出版社,2005.

[21]朱文艺,陆全龙.数控机床故障诊断与维修,北京:科学出版社,2006.

[22]吴文龙.数控机床控制技术基础 – 电气控制基本常识[M].北京:高等教育出版社,2004.

[23]龚仲华,孙毅,史建成.数控机床维修技术典型实例 – SIEMENS810/820系统[M].北京:人民邮电出版社,2006.

[24]龚仲华.数控机床维修技术与典型实例 – FANUC 6/0 系统[M].北京:人民邮电出版社,2005.

[25]叶晖.图解 NC 数控系统 – FANUC 0i 系统维修技术[M].北京:机械工业出版社,2005.

[26]范芳洪,石金艳.数控机床故障诊断与维修[M],北京:航空工业出版社,2012.

[27]顾春光.数控机床故障诊断与维修[M].北京:机械工业出版社,2010.

[28]李玉兰.数控机床安装与验收[M].北京:机械工业出版社,2010.

[29]王永水.数控机床故障诊断及典型案例解析(FANUC 系统)[M].北京:化学工业出版社,2014.